矮化密植枣园

生产机械化关键技术与装备

坎 杂 李景彬 付 威 编著

中国农业科学技术出版社

图书在版编目(CIP)数据

矮化密植枣园生产机械化关键技术与装备 / 坎杂，李景彬，付威编著 . --北京：中国农业科学技术出版社，2022. 11
ISBN 978-7-5116-6032-9

Ⅰ. ①矮… Ⅱ. ①坎…②李…③付… Ⅲ. ①枣-机械化栽培②枣-械化生产-设备 Ⅳ. ①S665. 1

中国版本图书馆 CIP 数据核字(2022)第 221656 号

责任编辑 贺可香
责任校对 王 彦
责任印制 姜义伟 王思文

出 版 者 中国农业科学技术出版社
北京市中关村南大街 12 号 邮编：100081
电 话 (010) 82106638 (编辑室) (010) 82109702 (发行部)
(010) 82109709 (读者服务部)
网 址 https://castp.caas.cn
经 销 者 各地新华书店
印 刷 者 北京建宏印刷有限公司
开 本 185 mm×260 mm 1/16
印 张 12. 5
字 数 320 千字
版 次 2022 年 11 月第 1 版 2022 年 11 月第 1 次印刷
定 价 68. 00 元

序　　言

《矮化密植枣园生产机械化关键技术与装备》一书凝结了“新疆特色经济作物生产机械化技术与装备”团队相关科研成果。本书详细介绍了新疆生产建设兵团红枣从直播建园、枣园管理到红枣收获等田间生产环节的技术装备，看到本书即将出版，在新疆农机研发领域耕耘数十载的我倍感欣慰。

红枣是我国第一大特色林果，其栽植面积和产量均居世界首位，在我国林果产业经济发展中，发挥着积极的推动作用。近年来，由于红枣产量和品质逐年提升，加速了红枣机械化的装备需求。2005 年以后，新疆开始大面积推广矮化密植红枣的栽培模式，矮化密植红枣机械化生产装备研发起步较晚，相关研究基础比较薄弱，尤其在用工多、劳动强度大的修剪、收获等季节性强和劳动密集的环节，目前仍主要靠人工完成，已成为制约红枣产业健康发展的主要技术瓶颈。因此，针对枣园田间生产全程机械化开展相关技术研究，研发适于矮化密植红枣机械化装备是新疆红枣产业健康可持续发展的必然趋势。

红枣田间生产全程机械化就是要实现种、管、收全部机械化作业，具体包括：直播建园、枣树嫁接、枣园修剪、除草、施肥、水肥管理、植保、红枣收获等机具。目前，枣园修剪、除草、施肥、水肥管理、植保、红枣收获等环节有部分机械使用，但存在机械化水平较低、用工量大、劳动强度大和劳动成本高等问题。红枣田间生产机械化过程就是要在枣园修剪、除草、施肥、水肥管理、植保和红枣收获等环节全部实现机械化作业，研发配备适合枣园机械化作业的整地机、开沟机、施肥机、除草机、修剪机、枣枝粉碎还田机、枣园作业平台、喷药机、自动化灌溉系统以及红枣收获机等农机装备，以便最大程度地提高作业效率、降低作业成本、解决劳动力紧缺等问题。

《矮化密植枣园生产机械化关键技术与装备》一书作者长期奋战在新疆红枣、葡萄等特色经济作物生产机械化研发，具有丰富的理论知识和实践经验，近年来尤其在红枣生产机械化技术领域积淀深厚、贡献突出。相信本书的编纂出版，可弥补我国当前红枣生产机械化技术应用基础研究工作，为红枣及干坚果作物机具的研发提供相关技术支持，对提升我国红枣收获装备创新水平、推动红枣机械化技术进步和应用起到积极的作用。

陈学庚

2022年1月16日

前　言

中国是红枣的原产国，也是世界上最大的红枣生产国和消费国，种植区包括新疆、河南、河北、山东、山西、陕西六大主产区，种植面积和产量均占全球的98%以上，国际贸易的红枣几乎100%来自中国。但是，由于我国红枣种植模式多样，大多数枣树栽植前未考虑机械化作业问题，导致现有枣园生产管理标准化程度低、机械化发展滞后，红枣田间生产机械化关键技术研究基础薄弱，总体还处于起步阶段，尤其在用工多、劳动强度大的修剪、收获等环节，目前仍主要靠人工完成，已成为红枣产业发展的主要技术瓶颈，不能满足当前枣园生产实际和技术装备市场需求。

新疆作为我国最大的优质红枣生产基地之一，2019年红枣产量约占全国的50%。自2005年以来，新疆生产建设兵团开始大力推广矮化密植红枣种植模式，新疆红枣种植面积迅速增长。基于矮化密植红枣种植模式，新疆生产建设兵团不断探索红枣田间生产机械化，引进和研制了多种田间作业技术装备，很大程度上推动了枣园田间生产全程机械化的发展。枣园生产全程机械化可有效提高红枣田间生产管理效率、减少用工量、降低作业成本、缩短农时，是我国红枣产业高质量可持续发展的必然趋势。

在国家重点研发计划课题“红枣收获技术与装备研发”、国家自然基金项目“枣树树冠三维自适应修剪机理研究”、新疆生产建设兵团应用基础研究项目“基于枣树树冠参数辨识的自适应整形修剪机理及装置研究”、新疆生产建设兵团民生实事“提升农业科技水平”项目“主干型红枣生产全程机械化技术装备示范与推广”等资助下，本书作者依托“新疆特色经济作物生产机械化技术与装备”团队，根据我国红枣品种、种植模式、生长条件和经营规模等生产实际，采用基础研究与产品开发并举，部件优化与整机研发并重，引进吸收和自主创新结合，紧扣枣园田间生产全程机械化技术装备市场需求，重点突破和攻克关键技术难题，不断优化提升技术路线，将理论分析、台架试验、田间试验、改进优化等方法相结合并贯穿整个研究过程，创制红枣田间生产亟须的技术装备，以期为枣园田间生产全程机械化提供科技支撑，并为其他果园作业技术装备研发提供借鉴和参考。

全书共分为七章，从农机与园艺融合的视角出发，结合我国红枣种植园艺和枣树生物学特征，提出枣园田间生产全程机械化相关技术装备的设计依据和作业要求，系统地梳理了枣园田间生产全程机械化典型模式、各环节的适用机具和相关技术规范，制定设计方案。第一章为国内外红枣种植情况，着重介绍了我国红枣重要产地新疆的红枣生产机械化概况；第二章为红枣建园，主要介绍了红枣的种植模式以及播种技术、苗期管理、枣树定植以及枣树嫁接等关键农艺技术；第三章阐述了果园除草机械设备，包括锄草机械和割草机械两类。第四章为枣园植保技术规程与机械概况，并介绍了一些其他常见的植保机械。第五章为枣园施肥机械主要介绍了枣树施肥相关工艺技术，以及机械化施肥方案与机具。第六章详细阐述了枣园修剪工艺的机械化，主要介绍枣园修剪机械化发展概况，根据枣树生物特征确立修剪技术要求，完成修剪设备的研制与试验。第七章为红枣收获机械化，根据红枣生长特性确定红枣收获机械类型，开展红枣收获关键技术研究，完成收获装备的研制与验证。

我国枣园田间生产全程机械化研究与推广应用任重道远，需要各级科技管理部门进一步加大科技投入力度，加强相关科研院所、高校和企业产学研深度融合；同时也需要农技推广部门和枣农全力配合，才能够有效推动枣园田间生产全程机械化进程。本书是对我国尤其是新疆地区枣园田间生产全程机械化生产模式和技术装备的归纳总结，希望起到抛砖引玉的启发作用，为枣园田间生产全程机械化技术装备的研发、应用、推广和普及贡献一份力量。

本书在编著过程中得到了石河子大学机械电气工程学院张晓海副教授（第 1 至 4 章）、蒙贺伟教授（第 5 章）、李亚丽博士（第 6 章）、丁龙朋高级实验师（第 7 章）等的大力支持，感谢他们为本书的出版付出辛勤的工作！

由于编著者水平有限，书中内容难免有疏漏、不足之处，敬请读者批评指正。

编著者

2022 年 1 月

目　录

1 绪 论

1.1 枣树栽培历史

枣树属鼠李科枣属植物，原产于中国，起源于黄河流域中上游，是中国第一大干果树种，也是中国最具特色和代表性的果树之一。河南省新郑市裴李岗文化遗址中出土的炭化枣核距今已有 7 700 年，标志着在农耕文明之前，红枣已经开始被广泛利用。

研究表明，我国在北宋时期，红枣陆续地传入到如今的日本、韩国、朝鲜、俄罗斯、阿富汗、印度、缅甸、巴基斯坦以及泰国等国家；西亚和欧洲的红枣是沿“丝绸之路”引入的，伊朗红枣的栽培历史已有 2 000多年，正是西汉时期张骞出使西域后，将枣引入了波斯（今伊朗）和地中海沿岸的希腊、罗马、西班牙、法国等国家。北美枣树的栽培历史较短：1837 年小枣种苗从欧洲传入美国，1908 年美国引入大枣。

1.2 国内外红枣种植概况

1.2.1 国外红枣种植概况

目前，全世界有 40 多个国家引种我国枣树，但栽培数量都不大，只有韩国形成了商品化栽培。在韩国，枣树主要分布在全罗南道、全罗北道、忠清北道和庆尚南道。主栽品种为从地方品种中优选出的棉城、无等、月出、红颜、福枣等，栽植面积超过 7 000hm^2，年产量达 2 万 t。日本因其他果树的大力发展，枣树的种植数量大幅减少，枣树的种植仅局限于农村庭院。欧美同样也有一些小型枣园，但红枣一直没有成为其重要的经济果树。印度有小规模的栽培，主要用于培养紫胶虫（表 1-1）。

表 1-1　枣树在世界上的分布

洲	国家
亚洲	中国、韩国、日本、泰国、马来西亚、印度、孟加拉国、缅甸、蒙古国、阿富汗、巴基斯坦、土库曼斯坦、吉尔吉斯斯坦、乌兹别克斯坦、亚美尼亚、阿塞拜疆、以色列、伊朗、伊拉克、叙利亚、黎巴嫩、巴勒斯坦、塞浦路斯、土耳其
欧洲	俄罗斯、乌克兰、英国、德国、法国、意大利、西班牙、葡萄牙、罗马尼亚、斯洛文尼亚、南斯拉夫、马其顿、希腊、保加利亚、捷克
非洲	埃及、坦桑尼亚
美洲	美国、加拿大
大洋洲	澳大利亚

1.2.2　国内红枣种植概况

我国枣树种植分布比较广泛，东经 76°～124°，北纬 23°～42.5°的平原、沙滩、盐碱地、山丘以及高原地带均有分布。红枣的主要产区有新疆、河北、山东、山西、河南和陕西 6 个省份，占总产量的 90%以上。其中新疆红枣栽植面积和产量占 40%以上，其余依次是河北、山东、山西、陕西、河南。

1978 年至 21 世纪初，我国红枣产量从 35 万 t 增长到 110 万 t；2019 年，我国红枣总产量为 746.4 万 t，相较于改革开放初期增长了 21 倍。2007 年全国枣树种植面积约为 150 万 hm^2；2018 年国家统计局数据显示，我国红枣种植面积为 331 万 hm^2（图 1-1）。

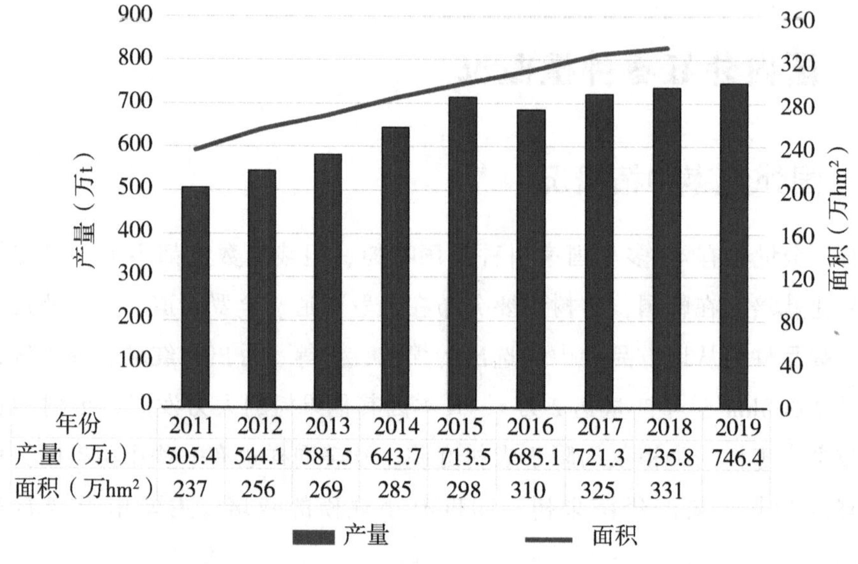

图 1-1　2011—2019 年全国红枣产量和种植面积

新疆红枣栽植较早，2000年以前主要分布在哈密等地区。由于日照时间长、昼夜温差大等得天独厚的自然条件，红枣的品质和产量较好，新疆开始大力发展红枣产业。其中和田红枣、若羌红枣、阿克苏红枣享誉盛名，尤其是新疆的骏枣，果形大、皮薄、肉厚、口感甘甜醇厚，其维生素 C、蛋白质、矿物质含量均高于同类产品，被誉为“中华第一枣”。目前新疆红枣已成为当地主要的经济作物，也是农民的主要经济来源。新疆红枣种植面积和产量如图 1-2 所示。

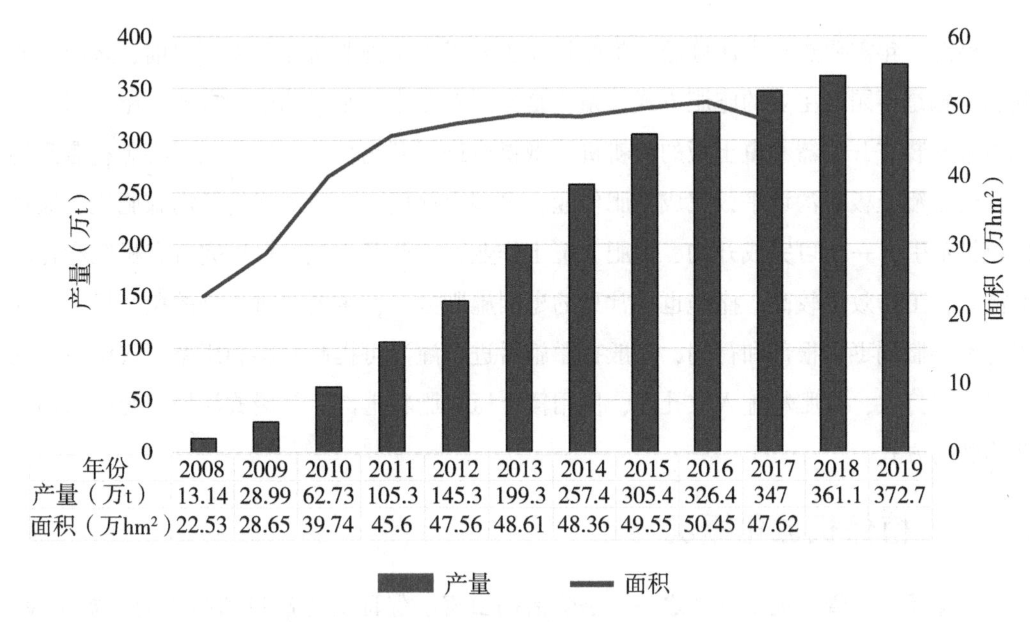

图 1-2　2008—2019 年新疆红枣种植面积和产量

1.3　新疆红枣生产机械化概况

由于国外红枣种植面积较少，商品化程度低，能够推广使用的红枣生产机械化装备未见报道。随着国内红枣产业的壮大，枣园栽培管理模式也逐渐标准化和规模化，提升了红枣生产过程中机械化技术需求。新疆红枣生产全过程中主要有直播建园、枣树嫁接、枣园修剪、除草、施肥、水肥管理、植保、红枣收获等环节。目前，枣园修剪、除草、施肥、水肥管理、植保、红枣收获等环节有部分机械使用，但存在机械化水平较低、人力参与较多、劳动强度大和劳动力成本高等问题。

1.3.1　修剪机械化概况

新疆枣园修剪劳动强度大、周期长，一般从红枣收获后的冬季持续到翌年枣树发芽前的春季，是枣园生产作业中用工量较大的环节。目前，由于修剪枣枝的短修枝剪、长修枝剪和电动修枝剪是果园修剪作业中常用的工具，其中短修枝剪与长修枝剪主要是通过人工操作剪刀柄完成修剪作业，电动修枝剪相比手动修枝剪效率高，修剪较轻松，但其重量略重，长时间作业手臂酸痛，会导致职业病。修剪后的残枝直接铺放于枣行之间，残枝需要处理，一般情况下，将残枝运输到空旷地方堆放或粉碎还田。

1.3.2 施肥机械化概况

枣园一年需要进行多次施肥，施肥作业主要以小型施肥机械为主。目前，条施、撒施和穴施是枣园最主要的施肥方式。条施是枣园施肥中较常见的施肥方式，施肥时，首先通过安装有开沟器和覆土板的旋耕机或微耕机进行开沟作业，然后人工将肥料撒到沟中，最后覆土板将沟填平，完成施肥作业；枣园也使用一些牵引式的开沟施肥机，通过拖拉机牵引，一次可完成开沟、施肥、覆土作业，有些开沟施肥机可完成有机肥和化肥的混施，工作效率较高。撒施也是常见的枣园施肥方式，主要通过小型的撒肥机或者人工将肥料撒到枣树根部和行间，一般在撒施后进行灌溉可提高肥料利用率。穴施主要在枣树周围打穴，将肥料施入穴孔中，使用覆土压在肥料上部。气爆式深松施肥机采用打孔施肥的方式。

1.3.3 植保机械化概况

植保是枣园管理关键环节之一，是防治病虫害、保证红枣产量和品质的重要手段。新疆枣园植保机械通常采用的是手持式喷枪（喷头），拖拉机牵引药箱和液泵，手持式喷枪带有很长的橡胶软管，拖拉机停靠在地头后通过人工牵引软管到枣树行间进行打药，工作效率较低。目前，部分枣园采用拖拉机牵引风送式喷药机进行植保作业，风送式喷药机通过液泵将药液进行加压，高压药液经喷头喷出进行施药。近年来，因植保无人机作业效率较高、应急性防控速度快等优点，正逐渐被推广。

1.3.4 红枣收获机械化概况

近年来，由于红枣产业的快速发展，国内有不少科研单位、高校和农机企业对红枣收获关键技术及装备进行了研究，研制生产了多种类型的红枣收获机械，依据红枣收获机收获方式的不同，可分为树上红枣收获机和落地红枣捡拾机，但是我国红枣机械化收获水平尚处于试验示范阶段。

2 红枣建园技术与装备

利用野酸枣种子，通过机械气吸式精量播种机或者人工按照预定的株行距播种酸枣种仁，次年以嫁接的模式进行红枣直播建园。成园后枣树生长整齐，幼树期宜进行大面积矮、密、早、丰栽培技术的推广应用，便于统一管理。常规红枣栽培流程是：苗圃育苗—苗圃嫁接—出圃—定植—成园。

与定植红枣嫁接苗相比，直播建园方式的优点是：一年播种、二年嫁接，嫁接当年结果见效，机械化程度高、节省劳力、成本低，成园时间短、见效快，实现一次性原床就地建园，苗木成活率高，从播种到结果见效比常规栽培提前2~3年，提高投入产出比，改变了以往建园速度慢、投资大、见效年限长的传统模式。

2.1 园址选择与规划

枣树是一种耐旱、耐瘠薄、适应性强、喜光照充足的多年生果树。园地应选择地下水位低、地势平坦、灌水方便、排水畅通的地块，新疆种植枣园的土壤 pH 值宜为7.5~8.5，土壤总含盐量低于0.3%，有机质含量在0.8 g/kg 左右土层深厚的壤土或沙壤地。

新疆多为平地建园，建园面积较大，在建园之前要进行园地规划。荒地应先进行工程性平地，退耕地可利用原有的条田渠、路、林进行规划。

道路系统规划：大型枣园道路可分主路、支路和小路三级。可根据需要设置宽度不同的道路。各级道路应与小区排灌系统、输电线路相互结合。主路位置应便于大型机动车运输。

排灌系统规划：枣园灌水形式分为明沟灌水、滴灌、涌泉灌等。枣园明沟灌水的输水和配水系统，包括干渠、支渠和园内灌水沟，三者相互垂直，并与道路相配合。排碱系统应根据地形和水流方向设置排碱沟。

林网规划：为防止风沙灾害，保证枣树正常结果，在枣园四周需设置防护林。四周主干防风林宽度应在8~12 m，面积较大的枣园要在小区内种植宽度在4 m 左右的区间防风林，防风林种植以乔灌相结合的方式为佳。

其他规划：较大面积的枣园还需设计宿舍、工具棚、配药池、晒场、库房等，其建筑面积根据需要而定。

枣树适宜沙土地种植，排水良好、渗透性强、透气性好；黏土地的通透性差，难排盐碱，没有经过长时间的压碱改良，枣树很难成活。一般经过多年种植的土地比新开垦的土地含碱低，土壤 pH 值为 7.0~7.5，更适合种植红枣。

2.2 种植模式

目前，矮化密植红枣栽培模式已成为新疆红枣的主要栽培模式，主要有以下优点：

（1）提早结果，早期生产，经济效益高。枣树在第 2 年嫁接后，当年就可以开花并结果，到第 2 年有近 70%的植株结果，到第 3 年植株 100%开花并结果。

（2）节约土地，降低投资。密植枣园可节约大量的土地，改变了粗放型管理模式，增加了产量，土地的利用率得到了大幅度的提高，降低了果园的投资成本。

（3）树体矮小，管理方便。密植果园多采取矮化砧、延缓剂等化学药剂控制果树的生长态势，树体矮小，管理十分方便。

（4）收回成本早，品种更新快。密植枣园投产产量较高，果农投资成本回收较快，在整个生产过程中收益高，可快速进行品种的更换，重新建园。

2.3 播种技术

2.3.1 播种前的准备

（1）土壤处理：播种前一年 11 月，将油饼 3 t/hm^2 或厩肥 20~30 t/hm^2 作为基肥施入，并进行冬灌，灌水量 2 700 m^3/hm^2；并将 0.45 t/hm^2 的过磷酸钙、0.15 t/hm^2 的尿素和 0.075 t/hm^2 钾肥与有机肥拌匀一起深翻进土壤中。

（2）镇压保墒：从 3 月中下旬开始耙地、播肥料、平整土地，铺膜前镇压土地，土地达到细、碎、松、平、均、净为标准。

（3）种子精选及处理：直播建园所用的种子需为当年充分成熟的酸枣种子，种仁要完整、饱满，成熟度在 95%以上。种皮褐红色、有光泽，无霉变，种仁饱满，大小均匀，瘪子率不超过 3%，破碎率不超过 5%。播种前 3 d 种子用清水浸泡 0.5 h，捞去漂起的破碎种子、虫瘿以及活力差的浮籽，然后将选好的种子用 50 ℃温水浸种 12 h，浸好的种子再杀菌。

（4）确保种子质量：播种前半月对种子做发芽试验，发芽率达85%以上方可播种。

（5）覆膜：为保证枣苗健康生长，提高第2年的嫁接成活率，有条件的地方应尽可能在播种行边进行覆膜及铺设滴灌带。

2.3.2 播种

（1）播种时间：一般在4月中下旬，即土壤解冻地温达到13 ℃以上时进行播种，或根据实际情况适当提前或推后，采用计划密植法，建园前期行距1~1.5 m，后期行距间伐到4 m以上。

（2）播种方式：根据建园技术要求，按行距划线，用播种机播单行枣仁，用除草剂封闭，5 cm地温持续12 ℃以上时进行机械铺膜播种，播深2.5~3.0 cm，每穴3~4粒种子，种子人工精选，种子饱满、色泽鲜艳，破碎率小于1%，纯度达97%，发芽率为85%以上，含水率小于12%，用种量3~5 kg/hm^2，4月30日前完成播种。播种后逐行检查，压膜覆土，覆土厚度不得超过2 cm，增加部分腰埂，防风揭膜。为避免漏播，播种时一定要配专人检查。

2.3.3 播种机械

对于大面积播种作业，一般采用的是机械式精量铺膜可调播种机，适用于在无杂草，土壤松碎的沙壤、壤土、轻黏土土壤中进行酸枣等铺膜播种作业，能同时完成种床整形、开沟、铺膜、压膜、膜边覆土、膜上打孔穴播、膜孔覆土和种行镇压等田间作业（图2-1）。

铺膜精量播种机主要由机架、整地装置、铺管装置、铺膜装置、播种装置、覆土装置等部件组成。机架由上、下悬挂架，主机架，膜卷支架等部件组成；整地装置由推土板、镇压滚筒组成。推土板可以上下调节。铺膜装置由开沟圆盘、压膜轮、导膜杆、展膜辊、一级覆土圆盘等组成；播种装置由种箱、排种管、穴播器、穴播器固定框架等部件组成。覆土装置由一级覆土圆盘、二级覆土圆盘、覆土滚筒、覆土滚筒架等部件组成。

播种机由拖拉机悬挂，随着机组的前进，推土板将拖拉机的轮胎印痕刮平，通过镇压滚筒的液压作用将土壤压实，随后开沟圆盘将压膜沟开出。地膜在导膜杆及展膜辊的作用下平铺于地面，压膜轮将地膜两侧压入膜沟中，同时也将地膜展平，一级覆土圆盘及时将土覆在膜边上，将地膜膜边压住，使地膜平整，防止播种时种穴错位。穴播器取种、清种，最后下种，种子在自重的作用下，将种子通过插接板进入成穴器的鸭嘴内。

图 2-1　机械式精量铺膜可调播种机

同时成穴器上的鸭嘴插入地表，铺膜播种时在地膜上破洞，并在鸭嘴压板的作用下，打开鸭嘴，将种子播入土壤中。继续运动，鸭嘴在自重及鸭嘴弹簧的作用下，将鸭嘴关闭，进入下一个工作循环。如此往复循环，就完成了整个穴式播种作业。

2.4　苗期管理

第 1 年苗期管理原则：必须做到前控、中促、后控。出苗后 30~40 d 内严禁灌水、施肥。在生长中期要促进生长，秋后要控制灌水，促进枝条的木质化程度，确保安全越冬。

（1）间苗：枣仁播种后 5~7 d 后出苗。当幼苗长至 3~4 片真叶时，进行间苗，每穴只保留 1 株，间苗时，去小苗留大苗、去弱苗留壮苗。

（2）定苗：出苗后，在苗高 10 cm 左右时按株距 0.4 cm 定苗，定苗时去弱留强。

（3）摘心：7 月上旬，当苗高 50 cm 时摘心，摘心后，把 10 cm 以下的裙枝、多头枝抹去，上面发出的丛枝也要摘心，摘心后 10 d 左右喷施 1 次矮壮素，浓度为 800~1 000倍液。

（4）肥水管理：苗齐后，全年灌水 6~7 次，总水量 450 m^3，春灌（采用漫灌）180 m^3，生长季滴水 150 m^3，10 月 20 日进行秋灌（采用漫灌），灌水量 120 m^3。

（5）虫害防治：6—7 月喷吡虫啉或啶虫脒等防治红蜘蛛 1~2 次，7 月下旬至 8 月上旬喷施菊酯类农药防治叶蝉。

（6）后期管理：8月20日前，全部停水停肥，促进苗木木质化，有利于苗木越冬，入冬前，所有酸枣苗用石硫合剂原液、生石灰、少量动物油、食盐加水配制成的石灰乳液，对树干进行涂白。10月20日前冬灌全部结束，严禁冬灌后地面结冰。翌年管理目标确保苗木长势一致，树体高100 cm以上，径粗1.5 cm以上，嫁接成活率达到75%以上，品种纯度为95%以上。

2.5 枣树定植

新建枣园如果出现缺苗时，可以进行移栽或补栽。方法如下：

（1）整好定植穴：栽前挖深、宽各40 cm的定植穴，挖穴时把表层土和底层土分放于穴的两侧，挖好后先把表土添入穴底，再填底土；每坑施过磷酸钙0.45~0.90 kg、腐熟有机肥30~45 kg，并于底土混匀填入坑内。当填至2/3深时，将苗木向上轻轻提一下，使根系向下，此时进行第一次踏实，然后把坑填平，再进行第二次踏实，栽植扶正，深浅适宜（按照“一埋、二踩、三提苗、四踏”的程序栽植，定植前或栽植后剪去二次枝的1/4与全干40 cm以上，以减少水分蒸发提高成活率）。

（2）苗木整理与处理：将苗木根系浸入水中浸泡24 h，栽前适当修剪病伤根及过长的根，以利于生长出新根，可提高栽植成活率。另外，定植前用50 mg/kg的萘乙酸或生根粉浸蘸根系3~5 s，可促进早发新根。

（3）提高栽植质量：栽植时尽量保持根系舒展，在根系周围多填湿土、细碎土，并向上轻提苗木，轻轻抖动，填上一半后要踏实，使根系与土壤密接。严格把握深度，尤其注意栽植过深不利于缓苗早发，过浅苗木易干旱死亡，固地性差。栽植要尽量快，以减少根系在空气中的暴露时间，防止根系失水，栽后要及时浇定植水，以利根系与土壤密接，防止定植穴风干。

2.6 枣树嫁接

枣树嫁接是枣树无性繁殖的一种方法，将健壮的枣枝、枝芽嫁接转移到枣树上形成新的植株。枣树嫁接特点是：嫁接时期长，嫁接方法多，成活率高；并能充分利用酸枣野生资源，产生良好的经济效益。图2-2为嫁接作业。

2.6.1 枣树嫁接前准备

（1）品种选择：嫁接时必须选适应当地气候、环境的优良品种，从健壮母树上选

图 2-2　嫁接作业

优良接穗，不能选瘦弱有病虫接穗。所选品种要进行区域试验，表现为品质优良、丰产、抗病、抗寒、结实早、高产稳产、果实整齐和维生素 C 含量高，具有开发应用前景，适合新疆栽植的品种。

（2）接穗采集和保管：结合冬剪，接穗从品种纯正、生长健壮、无枣疯病的品种采穗圃采集。选用生长健壮的 1 年生枣头一次枝或粗壮的 1~2 年生二次枝。采集的接穗要保湿防失水，按单芽截成枝段（芽上留 10 mm，芽下留 40~50 mm），及时封蜡。蘸好蜡的接穗放入纸箱或塑料袋中，贮藏于 0~5 ℃冷藏库中，春季嫁接前取出便可用于嫁接。

（3）嫁接时期：新疆地区枣树嫁接在春季进行，嫁接时间最好在砧木即将萌芽前开始，即 4 月中上旬至 5 月上旬，发芽前 7~10 d 即可嫁接，此时砧木树液已开始流动，伤口易愈合，苗可提早萌芽，苗木生长期长，成苗率高，能够培育出较多的壮苗。枣树嫁接时间根据各地气候条件确定，嫁接过早成活率低，嫁接过晚枝条生长势弱。

（4）保墒：为提高枣树嫁接成活率，嫁接前 1 周左右根据土壤墒情灌透水 1 次，增加土壤的水分，提高嫁接的成活率。

2.6.2　枣树嫁接方法

枣树春季主要利用枝接方法进行嫁接，具体方法如下。

（1）切接法：选择砧木靠近地面的根茎处树皮光滑无节疤处，将其剪断，从断面

1/5 处用剪刀斜切一刀，长 30~40 mm。将选好的接穗远离主芽端一面用剪刀削一个大斜面，削面长 25~35 mm，深度为削去接穗的一半，再将背面削一个小斜面，下端呈楔形，外侧宜厚于内侧，削面长 10~20 mm，削面要平整光滑。嫁接时将接穗大斜面朝里，小斜面朝外，顺着砧木切口插入，砧木与接穗的形成层要一边对齐，插好后接穗要露白 5 mm。嫁接完后用一条长 200 mm、宽 35 mm、厚 3 mm 弹性较好的塑料条，将伤口包严，注意将砧木的伤口和接穗露白处包严。

（2）劈接法：将砧木上半部分剪掉，剪口要平滑，并剪除接口以下的萌枝、萌蘖。用劈接刀或嫁接刀在砧木中间劈口，深度以接穗削面能插入为准。在接穗下端、芽的两侧削成两面等长的楔子形，靠砧木的外侧稍厚些，削面要平直光滑，切勿陡然尖削，削面长度 30~40 mm，斜度要与砧木劈开的裂口一致。插入接穗后要求接穗和砧木形成层对齐，当砧穗粗细不同时，以一侧形成层对齐为准，伤口不要全部插入，要求上面露白 5 mm。嫁接完后用一条长 200 mm、宽 35 mm、厚 3 mm 弹性较好的塑料条，将伤口包严，注意将砧木的伤口和接穗露白处包严，以防接穗松动和失水。从砧木的正中间劈开，将接穗削成两个削面同等大小的楔形，其余与切接相似。砧木等于或粗于接穗都可用此法，接时要求形成层对齐，嫁接时间可稍早于插皮接。

2.6.3　嫁接后管理

（1）抹除萌芽：嫁接后 15 d 左右砧木上开始发生萌芽，如不及时除掉会严重影响接穗萌芽的正常生长。除萌芽要随时进行，对小砧木上的要除净，如砧木较粗且接头较小，则不要全部抹除，在离接头较远的部位适当保留一部分，以利长叶养根。

（2）补接：在 5 月中上旬左右，对漏接的枣苗进行补接，在 6 月上旬左右，对没有成活的再进行芽接补接，以确保嫁接成活率达到 95%以上。

（3）田间管理

①绑棍：当幼树 150 mm 高时，及时为新生枝条绑棍，防止被风吹断。

②解嫁接口塑料条：嫁接成活后待枣树新枝高度达到 150 mm 时，将嫁接口处的塑料条解掉，确保枣树良好生长。

③摘心：灰枣按“三个 8”摘心，即苗木长有 8 个二次枝摘心；骏枣按“二个 5”摘心，即苗木长有 5 个二次枝摘心、二次枝 5 节。枣吊达到摘心的叶数就及时摘心，分批摘心。

④除草：嫁接后保持园内干净，及时中耕除草。

⑤松土：灌水后及时松土，达到保墒的目的。

⑥疏花疏果：枣树嫁接当年就可以结果，特别是骏枣结果能力很强，为确保树势和

下一年的坐果，开花期要进行疏花工作，坐果后及时观察，对于坐果特别多的果树进行疏果。

2.6.4 嫁接常用工具

目前，枣树嫁接时，使用的工具有芽接刀、枝剪和胶带等（图 2-3、图 2-4）。

图 2-3 芽接刀

图 2-4 枝剪

3　枣园除草机械

枣园杂草是影响枣树生长发育的主要因素之一，主要表现是与枣树争水分、争养分、引发病虫害、干扰光照等。因此，进行科学有效的管理和控制草害是保证枣树稳健生长发育、丰产高产、优质果品的关键技术之一。果园除草方式包括机械化除草和化学除草，其中，相较于后者，前者具有绿色安全、作业范围更广阔、多技术多方向复合发展等优点。根据枣园除草方式的不同，将除草机械分为锄草机械和割草机械两类。

3.1　锄草机械

枣园锄草机械是通过浅耕、浅旋和浅耙的手段进行除草，是较为理想的除草方式，耕作深度依据覆盖量和杂草而定。

3.1.1　微耕机

对于2~3 m的窄行距枣园，锄草作业一般选用微耕机如图3-1所示，其主要组成部件有动力传输部分、行走部分及工作部分。微耕机以小型柴油机或汽油机为动力，以

图3-1　微耕机

整体式变速齿轮箱或胶带离合器为传动，具有质量小、体积小结构简单操作方便、易于维修、工作可靠、使用寿命长、油耗低和生产效率高等特点。操纵系统全部安装在扶手位置，方便操纵。右扶手安装有旋钮式油门控制器，拉线另一端与发动机油门供油拉杆连接，左扶手安装离合器手柄，通过拉线与干式摩擦离合器连接，切断与结合发动机与变速箱动力。扶手中间是变速杆，变速箱内有主轴、副轴、倒挡轴，通过拨动主轴、倒挡轴上的双联直齿轮位置，可实现快挡、慢挡、倒挡，减速后将动力输出。微耕机可爬坡、越埂，阶梯越野性强。整机主要技术参数见表 3-1。

表 3-1　主要技术参数

项目	参数值
作业幅宽（mm）	1 050
作业速度（km/h）	0.5
播种深度（mm）	≥100
单位作业面积燃油消耗量（kg/hm²）	≤30

3.1.2　旋耕机

对于 3 m 以上的宽行距枣园，一般选用悬挂牵引式旋耕机作业（图 3-2）。通过扩展臂长使除草作业范围覆盖整个枣行，减少来回耕作的次数。枣树根系布满了行间，旋耕过深就会伤到较粗的树根，对枣树的生长结果会产生不利影响。中耕深度控制在 50~100 mm，距离树根 300 mm 以上。

图 3-2　悬挂牵引式旋耕机

旋耕机主要由机架、悬挂架、传动部分、旋耕刀轴、刀片、罩壳等部分组成。其中刀片和刀轴是旋耕机的主要工作部件，刀片焊在刀轴的刀座上且螺旋排列。罩壳由挡泥罩和平土拖板组成，其作用是挡住刀滚抛起的土块，并将其进一步粉碎。

传动部分由万向传动轴、中间齿轮减速箱、侧边传动箱组成，动力由拖拉机动力输出轴经万向传动轴传给中间齿轮箱，再经侧边传动箱传给刀轴。中间齿轮箱内有一对圆柱齿轮及一对圆锥齿轮。目前有的旋耕机采用变速箱式的传动装置，有的旋耕机动力从中央传给刀轴，整机受力均匀，但中央传动箱下面有漏耕现象，需要采用特殊结构的刀轴。由于侧边齿轮结构复杂，加工精度要求高，而侧边链传动零件少、质量轻、结构简单、加工精度要求低。

旋耕机工作时装有刀片的刀滚一方面由拖拉机动力输出轴驱动旋转，一方面随机组前进做直线运动，刀片切下的土垡向后上方抛出与罩壳及拖板撞击而进一步破碎，然后落回地面上，使土壤松碎且平整。旋耕刀切土时，土壤的反推力和拖拉机的前进方向相同。整机主要技术参数见表 3-2。

表 3-2　旋耕机主要技术参数

项目	参数值
配套动力（kW）	92~132.3
作业速度（km/h）	2~6.5
刀片数量	92
作业幅宽（mm）	3 400

3.1.3　自动避障除草机

为了能够实现果树株间除草作业，减少除草作业的盲区，一种触杆式侧向避障除草机，主要由牵引架、机架、滑移装置、避障装置组成。该避障除草机的牵引架与动力机械相连，为除草装置提供动力；滑移装置主要由液压侧移控制系统、滑杆套和滑杆组成，当避障装置的弹性触杆遇到障碍物时，弹性触杆受力弯曲同时触碰液压侧移控制系统的换向阀开关，使得机架整体沿滑移装置轴线向后运动，达到避障的效果（图 3-3）。一种仿形过障除草装置，主要包括机架、避障机构、升降油缸、调平机构和除草机构。除草机构主要由三把相距 120°的割刀组成，通过液压马达间接驱动除草割刀旋转，最终完成果园行间与株间割草作业（图 3-4）。

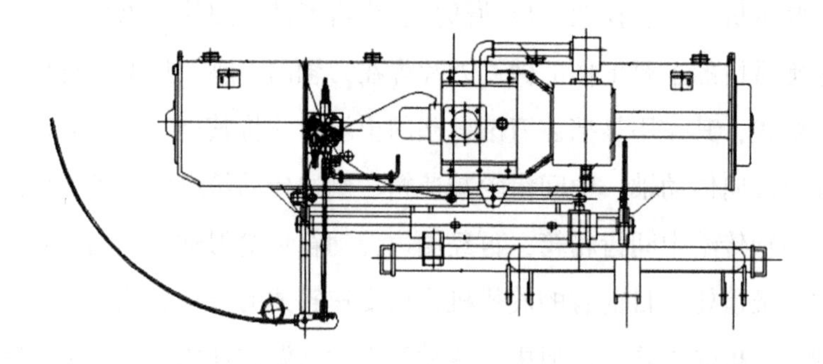

图 3-3　触杆式侧向避障除草机示意图

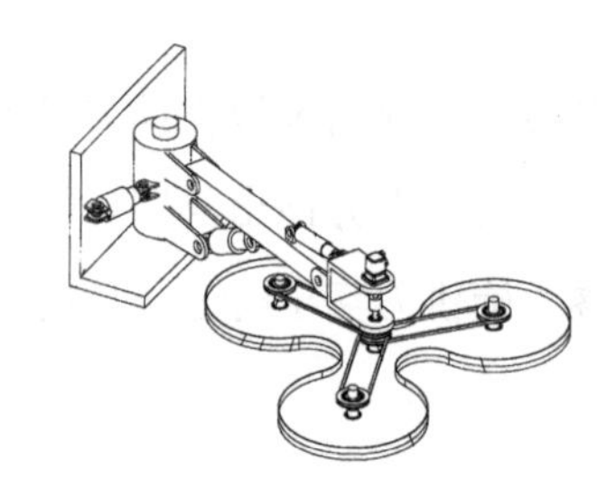

图 3-4　仿形过障除草机示意图

3.2　割草机械

割草机械是将具有一定高度的杂草割下并覆盖至枣园地表，用作枣园的有机肥，增加土壤肥力。目前是果园除草作业中运用最广泛的机械装备，也是发展最为成熟的机具。果园割草机采用多技术复合的方式将机械除草技术、生物除草技术、化学除草技术及其他除草技术联合起来，不仅弥补了机械除草方式固有的缺陷与不足，还整合了其他各项技术的优势，提高了除草效率。常用的割草机如下。

3.2.1　悬挂式割草机械

悬挂式果园割草机主要由机架、变速箱、悬挂装置和割草装置组成，其结构如图 3-5 所示。

变速箱安装在拖拉机后部，动力从拖拉机的后输出轴输出，通过万向节传递给割草机。割草机后侧装有地轮，通过调整地轮的高度来调整割茬。割草机周围安装有悬挂的铁链，防止杂草在甩刀的作用下飞溅。该割草机结构简单，使用方便，但是体积过大，在作业时需要较大的空间供拖拉机行走、转向等，但作业环境具有一定的局限性。悬挂

图 3-5 悬挂式果园割草机

式割草机械整机主要技术参数见表 3-3。

表 3-3 悬挂式割草机主要技术参数

项目	参数值
外形尺寸（mm）	1 800×1 850×1 125
配套动力（kW）	29. 4~36. 75
作业幅宽（mm）	1 600
整机质量（kg）	480
作业速度（km/h）	8. 5~11. 3

3. 2. 2 履带式割草机械

履带式果园割草机主要由电动地盘、履带式行走机构、增程器、悬挂装置及割草机机架、驱动电机、传动系统、导草罩、割草装置和限深轮组成，整机有手动和遥控器 2 种控制方式，其结构如图 3-6 所示。

割草机工作时，通过手动或遥控方式启动电机驱动中央带轮旋转，带轮传动轴转速经带轮传动机构变速后带动刀盘及割刀做旋转运动，完成割草工作。该割草机结构紧凑，履带式地盘，果园通过性好，转弯半径小，田间地头操作方便。履带式割草机械整机主要技术参数见表 3-4。

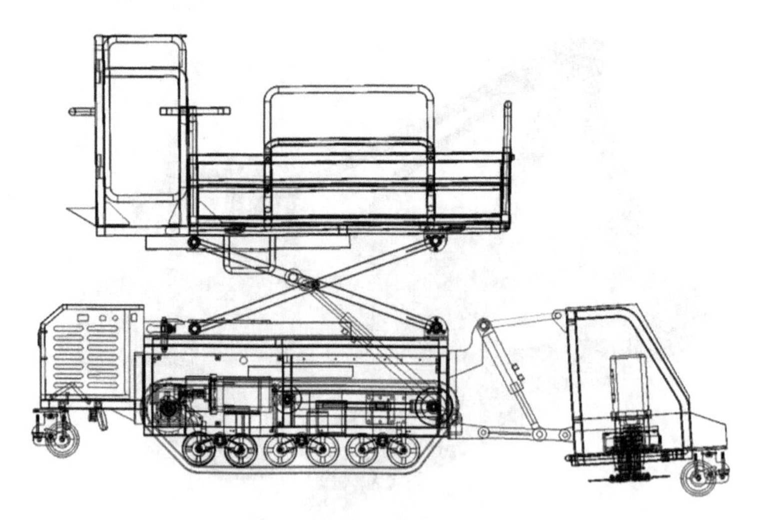

图 3-6　履带式果园割草机

表 3-4　履带式割草机主要技术参数

项目	参数值
外形尺寸（mm）	2 700×1 700×1 600
驱动电机（kW）	3.4
作业幅宽（mm）	1 200
整机质量（kg）	520
作业速度（km/h）	3~5

4 枣园植保技术与装备

植保作业是枣园生产管理过程中的必要环节之一。目前，枣园生产中病、虫、草害的防治方法主要有物理、生物、化学和综合防治等。化学防治具有快速、高效、防治及时的特点，特别是对突发性和大面积暴发性的病虫害，能做到快速应对和有效控制。因此，化学防治是当前农业生产过程中对作物进行病虫害防治的主要方法。

4.1 新疆枣园植保管理技术规程

植保作业质量直接影响红枣的产量和品质。枣园植保作业化学防治主要作用是杀菌杀虫、辅助授粉和促花保果等，通常新疆枣园一年要进行多次植保，每次植保的作用各不相同，具体植保时间和次数根据区域和红枣品种确立。以新疆生产建设兵团第一师红枣为例，植保时间和作业方法如下。

4.1.1 3月下旬至4月上旬

采用机械喷施的方法给枣园全树干喷施5波美度的石硫合剂，喷到枣树枝条均匀着药为止，主要作用是杀死蚧壳虫、红蜘蛛、黑斑病的虫卵和病菌，为即将要萌发的枣芽提供良好的生长环境。

5波美度的石硫合剂配置方法："波美度"石硫合剂的兑水重量=（母液波美度÷稀释后波美度-1）×母液重量。

4.1.2 4月中下旬

进行卷叶虫和枣瘿蚊的防治，采用喷药器械进行全树喷施，以枝枝不漏、叶叶着药、不流不淌为宜。选用48%毒死蜱乳油2 000倍液或10%吡虫啉乳油2 000倍液药剂进行防治（1 kg药剂兑水2 000 kg）。

4.1.3　5月

当枣吊（开花结果的枝条）生长至10 cm左右时，用机械喷施叶面肥，以枝枝不漏、叶叶着药、不流不淌为宜，促进枣吊快速生长。喷施方法：0.3%尿素（0.3 kg尿素兑水0.1 kg）每隔7 d左右喷施1次。

4.1.4　6月

6月中旬进入盛花期后，采用机械喷施的方法，在上午10：00前或下午19：00后，叶面喷施0.2%硼酸+0.2%尿素+0.2%磷酸二氢钾+1 kg红糖混合药剂（0.2 kg硼酸+0.2 kg尿素+0.2 kg磷酸二氢钾+1 kg红糖）加100 kg水混匀，以枝枝不漏、叶叶着药、不流不淌为度，每隔5~7 d喷施1次，连续喷施3次。为保证开花期间所需的空气湿度，隔天叶面喷施清水1次，促进坐果和防止落果。

4.1.5　7—8月

（1）病虫害防治：做好枣园病虫害监测预报，根据病虫为害情况进行防治。

叶螨兼枣瘿蚊防治：选用10%联苯菊酯乳油（即10 g联苯菊酯乳油加水100 kg），或新农威（8%螺虫乙酯+32%毒死蜱），即8 g螺虫乙酯和32 g毒死蜱兑水100 kg，2种药剂可交替使用，连喷2~3次。

黄刺蛾防治：选用苏云金杆菌（Bt）可湿性粉剂600倍液（即1 kg苏云金杆菌兑水600 kg）或0.3%苦参碱乳油2 000倍液（即1 kg含量是0.3%苦参碱乳油兑水2 000 kg），2种药剂可交替使用，连喷2~3次。

枣桃小食心虫防治：选用35%氯虫苯甲酰胺乳油（即35 kg的氯虫苯甲酰胺乳油兑水65 kg）或5%氯虫苯甲酰胺乳油（即5 kg氯虫苯甲酰胺乳油兑水95 kg）2种药剂可交替使用，或吡虫啉、高效氯氟氰菊酯连喷2~3次。

红枣黑斑病防治：7月上中旬，每隔15 d喷药唑醚·代森联1 500倍液（即1kg药剂兑水1 500 kg）或3%多抗霉素200倍液（即1 kg含量是3%多抗霉素兑水200 kg），2种药剂可交替使用，连喷2~3次。

（2）预防裂果：在幼果膨大期，每隔10 d叶面喷施0.2%氯化钙（200 g氯化钙兑水100 kg），喷3~4次喷到枝叶出现滴水为宜。

叶面喷肥：7月中旬前后，叶面喷施0.3%磷酸二氢钾（300 g磷酸二氢钾兑水100 kg），每周1次，连喷2~3次，喷到枝叶出现滴水为宜，促进果实膨大。

4.1.6 9月

9月雨水较多，易感黑斑病、炭疽病、褐腐病等，果实易引起裂果，造成枣果品质变劣或严重减产减收。在病虫害防治过程中，要以农业防治、物理防治、生物防治为主，多种防治方法相结合，禁止使用化学农药，可采取人工捕捉、摘卵块、摘病叶或采取诱杀的方法杀灭害虫，或利用生物、矿物源农药防治病虫害。

4.1.7 11月（收获期后）

果实采收后，落叶后树体均匀喷施5波美度石硫合剂，喷至枣树枝条滴水。

4.2 新疆枣园植保机械概况

新疆枣园采用宽行矮化密植的模式，大多为3 m或4 m的行距，有利于大型植保机作业。但由于很多大型高地隙自走式喷雾机并不适用于新疆枣园的种植模式，所以在新疆枣园中并不常见。目前，以拖拉机为动力牵引药箱的液体压力式喷雾机或风送式喷雾机是最常见的枣园植保机械。对于通过性差的3 m行距枣园，一般药箱需要配备长橡胶软管，把拖拉机停到地头后，用泵为药液加压，通过牵引长软管到枣行之间进行打药。对于行距大于4 m枣园，通过性较好的枣园一般采用牵引式喷杆打药机进行打药，药箱后两侧会安装2个立式喷杆，每个喷杆有多个喷头，一次可为两行枣树的单侧进行打药。对于主干型或者纺锤形枣树，采用在药箱后安装门式喷杆进行打药，这种打药机一次可为多行枣树的两侧进行打药，工作效率高。风送式打药机也是通过拖拉机牵引，药箱后装有风机，利用气流输送雾滴为两侧枣行打药。近年来，无人机打药技术不断发展，因为其打药工作效率高，省时省力，喷洒均匀，在枣园植保中也有使用（图4-1）。

4.3 其他常见的植保机械

化学防治主要有喷雾、喷粉、喷烟、毒饵、拌种和浸种等方式。通常把喷施农药以防治病虫害保护作物生长的各种药械，统称为植物保护机械。用机械喷施农药有功效高、喷施均匀、节省农药、避免药害和中毒事故等优点。植物保护机械的种类很多。按动力可分为人力手动、小型发动机带动（背负式或担架式）、拖拉机牵引或悬挂等。按用途和施药方法可分为喷雾机、喷粉机、弥雾机、喷烟机、药剂拌种机、土壤清毒机

图 4-1　新疆枣园常用的植保机械

等。枣园病虫害防治主要以化学药剂防治为主，本书主要介绍新疆枣园常见的植保机械。

喷雾是化学防治方法中的一个重要方面，由于有许多药剂本身就是液体，另外是可以溶解或悬浮于水中的粉剂。喷雾的优点是受气候的影响较小，药液能较好地覆盖在植株上，药效较持久，因此，它具有较好的防治效果和经济效果。但其缺点是耗水量大（需水 400 ~ 4 000 L/hm^2），因此在缺水或离水源较远的地区，采用喷雾防治就比较困难。

用喷雾方法喷出药液的雾滴大小与药效有密切的关系，雾滴直径应在什么范围内才能达到经济有效的防治效果，完全要根据防治对象、药剂种类、药液性质、沉降性能、能量消耗及工作环境等多种因素决定，目前尚无统一标准。根据经验，采用细小雾滴的防治效果比粗雾滴好。在喷药液量相同的情况下，雾滴越小，雾滴数目也越多，覆盖面积大且比较均匀，并能渗入微细空隙黏附在植株上，流失较少。此外，采用细小雾滴还可减少药剂与水的用量。因此，近年来低容量和超低容量的喷雾技术在国内外得到广泛的应用。

喷雾机可将药液雾化成细小的雾滴，并将雾滴喷洒在农作物的茎叶上。要求喷雾机在田间作业时雾滴大小适宜、分布均匀、精确喷洒到被喷目标需要药物的部位、雾滴浓度一致、机械部件不宜被药物腐蚀、有良好的人身安全防护装置。喷雾机按喷头喷药原理分为液体压力式喷雾机、风送式喷雾机和离心式喷雾机。

4.3.1　液体压力式喷雾机

液体压力式喷雾机的工作原理是通过特殊装置将液体加压雾化喷射出去，通常分为背负式液体压力式喷雾机和机动式液体压力喷雾机。

背负式液体压力喷雾机在我国应用较多，喷雾机主要由活塞泵、空气室、药液箱、胶管、喷杆、开关及喷头等组成。作业时，操作人员将喷雾器背在身后，通过手压杆带动活塞在缸筒内上、下移动，药液即经过水阀进入空气室，再经出水阀、输液胶管、开关及喷杆由喷头喷出。这种泵的最高工作压力可达 800 kPa 左右。为了稳定药液的工作压力，在泵的出水阀处装有空气室。目前，手动背负式喷雾器已经逐渐被电动背负式喷雾器取代，由于电动背负式喷雾器通过电机给液体加压，不需要手压杆加压，工作效率高，劳动强度小，喷洒效果好。背负式喷雾机由于结构简单、操作方便、价格低廉被广泛使用，但喷雾射程较短，喷洒范围较小，药液很难达到果树的树冠中间位置，且叶片背面附着率低。因此，背负式液体压力喷雾机在果园植保中已很少使用图 4-2a 所示。

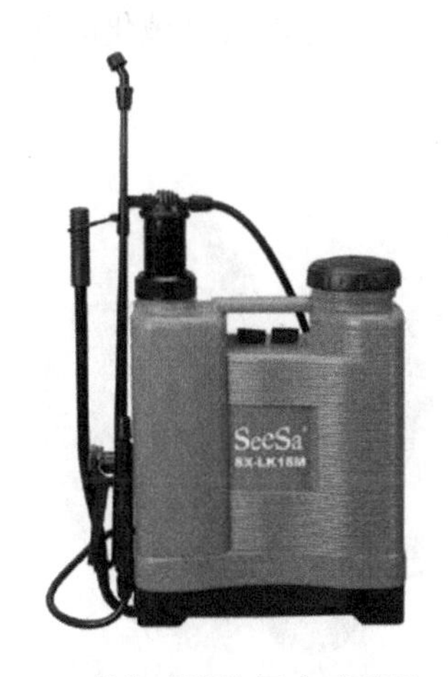

a. 背负式液体压力喷雾机

b. 牵引式液体压力喷雾机

图 4-2　液体压力式喷雾机

目前，新疆枣树植保作业应用机械液体压力喷雾机，这种喷雾机以内燃机、电动机或拖拉机作为动力，给液体加压通过喷洒部件将药液喷洒到农作物上的是植保机具。机动式液体压力喷雾机分为悬挂式液体压力喷雾机、牵引式液体压力喷雾机和自走式液体压力喷雾机。果园中最常用到的是牵引式液体压力喷雾机，该机型可进行单行两侧或者多行作业，具有喷雾速度快、工作效率高、覆盖范围广的特点，具体如图 4-2b 所示。

4.3.2 风送式喷雾机

风送式喷雾机主要由风机、药箱、液泵、喷头、喷管、搅拌器等组成，利用气流来输送雾滴。风送式喷雾机的喷头安装在气流通道中，雾滴一般可以利用液体自身的压力形成，也可以利用气体的压力形成。喷雾时，拖拉机驱动液泵运转，药箱中的药液进入液泵，在泵的作用下，药液由泵的出水管路进入调压分配阀，通过输药管进入喷洒装置的喷管中，进入喷管的具有压力的药液在喷头的作用下，以雾状喷出，通过风机产生的强大气流进行二次雾化，并将雾化后的细雾滴吹送到枣树冠层内，一般雾滴尺寸在 100 μm 左右。风送式喷雾机具有生产率高、成本低、节约农药等优点，并且高速气流有助于雾滴穿透枣树枝叶，促进叶片翻动，提高药液附着率。根据气流方向不同主要分为轴流式风送喷雾机、横流式风送喷雾机和离心式风送喷雾机（图 4-3）。

风送式果园喷雾机上融合多项先进技术，如静电喷雾技术、变量施药技术、传感探测技术、循环喷雾技术等，可使风送式喷雾机具备更高的作业效率和更好的防治效果，实现低喷量、精喷洒、少污染、高工效、高防效。目前，果园植保施药正由机械化向智能化转变、由粗放施药向精准施药方向转变。

a. 轴流式风送喷雾机

b. 横流式风送喷雾机

c. 离心式风送喷雾机

图 4-3　风送式喷雾机

4.3.3 植保无人机

近年来，植保无人机低空低量航空施药由于机动性好、作业效率高、具有全地形作业能力和节水省药等自身独特优势，在我国迅猛发展。植保无人机的主要优点有：不受地形地势限制，能够在地面装备不能进入的区域内作业；不受作物长势限制，有利于作物后期作业；与地面装备相比，不会损坏农作物；可以快速部署，突击能力强，利于消灭暴发性病虫害；作业效率远高于人工作业。

植保无人机根据旋翼个数不同主要分为单旋翼无人机和多旋翼无人机（图 4-4）。

a. 单旋翼无人机　　b. 多旋翼无人机

图 4-4　常见的植保无人机

5 枣园机械化施肥技术与装备

肥料是影响红枣产量和质量的重要因素之一，枣园施肥是枣园管理的重要环节，合理的施肥方式和施肥量可以有效促进枣树生长，提高果品产量。新疆各地区枣园机械化发展不均衡，枣园施肥作业工艺和相关机械也具有差异。本章对枣园肥料的种类及作用、枣园施肥方式及相关机械、典型技术装备等进行了介绍。

5.1 肥料种类及其作用

5.1.1 有机肥及其作用

有机肥料主要来源于植物和动物（俗称农家肥），是一种含有大量生物物质、动植物残体、排泄物、生物废物等物质的缓效肥料。有机肥料的作用主要是为农作物提供全面的营养，增加和更新土壤有机质，促进微生物繁殖，改善土壤的理化性质和生物活性，是绿色食品生产的主要养分，具有肥效长的特点。有机肥料主要包括农业废弃物，如秸秆、豆粕、棉粕等；畜禽粪便，如鸡粪、牛粪、羊粪、马粪、兔粪等；工业废弃物，如酒糟、醋糟、木薯渣、糖渣、糠醛渣等；生活垃圾，如餐厨垃圾等。

5.1.2 无机肥及其作用

无机肥是由提取、物理或化学工业方法制成的、标明的养分呈无机盐形式的肥料，主要包括单一肥料和复合（混）肥料，其具有养分含量高、肥效快、便于贮运和施用的优点。典型无机肥料种类及作用如下。

钾肥：钾肥能够促进作物的光合作用，促进枣树结果和提高作物的抗寒、抗病能力，从而提高枣树产量。主要包括：工业钾肥有硫酸钾、氯化钾、硝酸钾、磷酸钾、钾镁肥、钾钙肥等；其他钾肥有草木灰、窑灰钾肥、有机钾肥等。

磷肥：合理施用磷肥，可增加枣树产量，改善红枣品质，提高结果率，增加红枣糖分等。磷肥按来源分为天然磷肥和化学磷肥；按生产方法分为湿法磷肥和热法磷肥；按溶解度分为水溶性磷肥、弱酸溶性磷肥和难溶性磷肥。

氮肥：氮是作物体内氨基酸的组成部分，是构成蛋白质的成分，也是作物进行光合作用起决定作用的叶绿素的组成部分。主要包括铵态氮肥、硝态氮肥、酰胺态氮肥、长效氮肥。

复合肥：具有养分含量高、副成分少且物理性状好等优点，对于平衡施肥、提高肥料利用率、促进作物高产稳产有着十分重要的作用。主要包括磷酸一铵、磷酸二铵、磷酸二氢钾等。

5.1.3 生物肥及其作用

生物肥是指用特定微生物菌种培养生产的具有活性微生物的制剂，无毒无害、不污染环境。其功效具有综合性作用，主要是通过特定微生物的生命活力，能增加植物的营养或产生植物生长激素，刺激植物生长，改善植物品质，增强枣树抗病（虫）和抗逆性，同时增进土壤肥力，改良土壤结构，减少化肥的使用量、提高肥料利用率。

生物肥料按微生物种类分细菌类肥料、放线菌类肥料、真菌类肥料、藻类肥料和复合型微生物肥料；按作用特性分为微生物接种剂、复合微生物肥料。使用过程禁忌与化肥、农药、杀虫剂等合用或混用，施用需与所使用地区的土壤、环境条件相适宜，其对温度、水分有一定的要求，避免在高温干旱条件使用。

5.2 枣园施肥方式与工艺及相关机械

5.2.1 枣园施肥方式

根据施肥原理的不同，枣园的施肥方式主要分为叶面喷施、土壤施肥、水肥一体化、草肥覆盖等。

（1）叶面喷施：叶面喷施是将肥料溶解于水后以喷雾的方式将肥料溶液喷洒到枣树叶面上，这种施肥方式的特点是用肥少、见效快，主要用于果树生长关键时期的肥料补充，可配合果树的植保进行。

（2）土壤施肥：土壤施肥是将肥料施入土壤中由果树的根系从土壤中吸收，又分为撒施、沟施、穴施等。

撒施适于幼龄枣园施肥，是将肥料较为集中地撒施在树冠范围内，施肥后进行中耕或深耕，把肥料翻入土层中，如冠下散施。一般采用粗与精、迟效与速效相结合的混合肥。

沟施是在枣树附近开沟，然后将肥料施于沟内后覆土。根据开沟形式不同，分为放射状沟施、环状沟施、穴状沟施、条状沟施等。其中环状沟施适于秋季给瘠薄枣园和树冠较小的幼龄枣园增施有机肥，同时兼顾枣园土壤改良。施肥时，根据枣树根系向外扩展的广度，沿树冠外缘挖一条深 40 cm、宽 40 cm 的围沟（防止挖伤粗侧根）。穴状沟施以树干为中心，从树冠半径开始，挖成若干个分布均匀的小穴，将肥料施入穴中埋好。条状沟施适用于较规整的枣园，主要在树冠外沿相对两侧开沟，沟宽 40～50 cm、沟深 30～40 cm，沟长随树冠大小而定。

穴施是在枣树根系范围内开穴孔，将肥料注入穴孔内，这种施肥方式可集中利用肥料。

（3）水肥一体化：水肥一体化又称为灌溉施肥，是将肥料溶解于水后通过灌溉的方式（包括漫灌、喷灌、微灌等）一同送至根系附近，具有精量、可控的特点。

（4）草肥覆盖：草肥覆盖即在枣园行间种植绿肥或自然生草，具有保墒、改善土壤结构、提高土壤肥力和有机质含量等功能。

5.2.2 枣园有机肥替代化肥模式

为加快推进农业绿色发展，增强农业的可持续发展，林果业实施有机肥替代化肥，有效减少化肥用量，提升产品品质与土壤质量。借鉴国内其他林果，有机肥替代化肥具体模式如下。

（1）“有机肥+配方肥”模式

①基肥：基肥施用在采收后进行，基肥施肥类型包括有机肥、土壤改良剂、中微肥和复合肥等。其中有机肥的类型及用量为：农家肥（腐熟的羊粪、牛粪等）2 000 kg/667 m^2，或优质生物肥 500 kg/667 m^2，或饼肥 200 kg/667 m^2，或腐殖酸 100 kg/667 m^2，或黄腐酸 100 kg/667 m^2。土壤改良剂和中微肥建议硅钙镁钾肥 50～100 kg/667 m^2、硼肥 1 kg/667 m^2 左右、锌肥 2 kg/667 m^2 左右。复合肥建议采用高氮高磷中钾型复合肥，但在腐烂病发病重区域可采用平衡型，如用量 50～75 kg/667 m^2。基肥施用方法为沟施或穴施。沟施时沟宽 30 cm 左右、长度 50～100 cm、深 40 cm 左右，分为环状沟、放射状沟以及株（行）间条沟。穴施时根据树冠大小，每株树 4～6 个穴，穴的直径和深度为 30～40 cm。每年交换位置挖穴，穴的有效期为 3 年。施用时要将有机肥等与土充分混匀。

②追肥：追肥建议 3～4 次，第一次施一次硝酸铵钙或磷酸二胺，施肥量 30～45 kg/667 m^2；第二次施一次平衡型复合肥，施肥量 30～45 kg/667 m^2；第三次施肥类型以高

钾（前低后高）配方为主，施肥量 25~30 kg/667 m^2，配方和用量要根据果实大小灵活掌握，如果个头够大则要减少氮素比例和用量，反之可适当增加。

（2）“果+沼+畜”模式

①沼渣沼液发酵：根据沼气发酵技术要求，将畜禽粪便、秸秆、枣园落叶、粉碎枝条等物料投入沼气发酵池中，按 1∶10 的比例加水稀释，再加入复合微生物菌剂，对其进行腐熟和无害化处理，充分发酵后经干湿分离，分沼渣和沼液直接施用。

②基肥：沼渣每 667 m^2 施用 3 000~5 000 kg、沼液 50~100 m^3；借鉴苹果园，其专用配方肥选用平衡型，用量 50~75 kg/667 m^2；另外每 667 m^2 施入硅钙镁钾肥 50 kg 左右、硼肥 1 kg 左右、锌肥 2 kg 左右。采用条沟（或环沟）法施肥，施肥深度在 30~40 cm，先将配方肥撒入沟中，然后将沼渣施入，沼液可直接施入或结合灌溉施入。

③追肥：追肥建议 3~4 次，第一次施一次硝酸铵钙，施肥量 30~45 kg/667 m^2；第二次施一次平衡型复合肥，施肥量 30~45 kg/667 m^2；第三次施肥类型以高钾（前低后高）配方为主，施肥量 25~30 kg/667 m^2，配方和用量要根据果实大小灵活掌握，如果个头够大则要减少氮素比例和用量，反之可适当增加。

（3）“有机肥+生草+配方肥+水肥一体化”模式

①枣园生草：枣园生草一般在果树行间进行，可人工种植，也可自然生草后人工管理。人工种草可选择高羊茅、黑麦草、早熟禾、毛叶苕子和鼠茅草等。播深为种子直径的 2~3 倍，土壤墒情要好，播后喷水 2~3 次。不论人工种草还是自然生草，当草长到 30~40 cm 时要进行刈割，割后保留 10 cm 左右，割下的草覆于树盘下，每年刈割 2~3 次。

②基肥：基肥施用时间和方法同“有机肥+配方肥”模式。农家肥（腐熟的羊粪、牛粪等）1 500 kg/667 m^2，或优质生物肥 400 kg/667 m^2，或饼肥 150 kg/667 m^2，或腐殖酸 100 kg/667 m^2，或黄腐酸 100 kg/667 m^2。土壤改良剂和中微肥建议硅钙镁钾肥 50~100 kg/667 m^2、硼肥 1 kg/667 m^2 左右、锌肥 2 kg/667 m^2 左右。复合肥建议采用高氮高磷中钾型复合肥，但在腐烂病发病重和黄土高原区域可采用平衡型，用量 50~75 kg/667 m^2。

（4）“有机肥+覆草+配方肥”模式

①枣园覆草：枣园覆草的覆盖材料因地制宜，作物秸秆、杂草、花生壳等均可采用。覆草前要先整好树盘，浇一遍水，施一次速效氮肥。覆草厚度以常年保持在 15~20 cm 为宜。覆草适用于山丘地、沙土地、土层薄的地块效果尤其明显，黏土地覆草由于易使枣园土壤积水、引起旺长或烂根，不宜采用。另外，树干周围 20 cm 左右不覆

草，以防积水影响根茎透气。冬季较冷地区深秋覆一次草，可保护根系安全越冬。风大地区可零星在草上压土、石块、木棒等防止草被大风吹走。

②基肥：基肥施用时间和方法同“有机肥+配方肥”模式。基肥施肥类型包括有机肥、土壤改良剂、中微肥和复合肥等。有机肥的类型及其用量为：农家肥（腐熟的羊粪、牛粪等）2 000 kg/667 m^2，或优质生物肥 500 kg/667 m^2，或饼肥 200 kg/667 m^2，或腐殖酸 100 kg/667 m^2，或黄腐酸 100 kg/667 m^2。土壤改良剂和中微肥建议硅钙镁钾肥 50~100 kg/667 m^2、硼肥 1 kg/667 m^2 左右、锌肥 2 kg/667 m^2 左右。复合肥建议采用高氮高磷中钾型复合肥，用量 50~75 kg/667 m^2。

③追肥：追肥建议 3~4 次，第一次建议施一次硝酸铵钙，施肥量 30~45 kg/667 m^2；第二次建议施一次平衡型复合肥，施肥量 30~45 kg/667 m^2；第三次施肥类型以高钾（前低后高）配方为主，施肥量 25~30 kg/667 m^2，配方和用量要根据果实大小灵活掌握，如果个头够大则要减少氮素比例和用量，反之则可适当增加。

5.2.3 施肥工艺与相关机械

（1）全园普施工艺流程和相关机械：撒施也称为全园普施作业，即全园施撒等量肥料，适合于根系基本布满整个枣园的密植枣园。其工艺流程为：肥料→搅拌→均量撒施→浅翻→灌溉。该作业工艺是使用撒肥机械将肥料混合均匀后在整个枣园地表等量抛撒，然后用旋耕机配合浅翻将肥料掩埋以防止肥料散失，最后通过灌溉将肥料由水分运输至根系。该工艺特点是施肥效果好，适应有机肥和化肥等多种不同类型和物料特性的肥料，但肥料使用多、易造成肥料浪费和环境污染。

目前，全园普施机械主要有机引式撒肥机、人力撒肥机等（图 5-1、图 5-2）。其中机引式撒施机一般用于大行距枣园的有机肥普施作业，如牵引式撒肥车，这类撒肥机需要较宽的作业行距和较大的牵引功率。人力撒肥机适合小面积枣园的人工普施作业，适合小型密植枣园的行间撒施作业。

（2）开沟施肥工艺流程和相关机械：开沟施肥是在靠近枣园树根系附近开一条沟后将肥料施入沟内并覆土，一般用于较大行距和株距的成年树枣园，其作业工艺流程为：开沟→沟内排肥→覆土→镇压。开沟施肥的特点是施肥深度大（30~40 cm），近根排肥易于果树吸收且施肥相对集中，有少施高效的优点，同时，开沟施肥还可松土、修剪根系、切断果树老根（输导根），促进萌发新根（生长根），起到断根作用，能有效促进枣树根系发育，能促进树体生长和改良枣园土壤水分状况，提高叶片的净光合速率和增加光合产物积累，提高肥料吸收效果，提高枣树的产量和果品品质。作业机械一般分通用开沟机和专用开沟施肥机 2 种。

图 5-1 牵引式撒肥车

图 5-2 人力撒肥机

通用开沟机械由专用机械开出施肥沟，后续的施肥、覆土和镇压作业由人工或机具辅助完成，常见的开沟通用机械有牵引式和动力输入式等。牵引式如犁铧式开沟机等，动力输入式如横向单圆盘式开沟机，其工作时拖拉机除提供牵引动力外还向机具输入旋转动力，以驱动开沟部件旋转进行开沟作业。

专用开沟施肥机械是专门针对枣园施肥环节设计制造、可一次性完成开沟、施肥、覆土、镇压等多项作业的开沟施肥机械，如犁铲式开沟施肥机、圆盘开沟施肥机等（图 5-3、图 5-4）。

图 5-3　犁铲式开沟施肥机

图 5-4　圆盘开沟施肥机

（3）穴施工艺流程和相关机械：穴施施肥是将液体或固体肥料以集中定点的方式施于果树主干附近，其工艺流程为：开穴→注肥→覆土。作业时在果树的树冠周围挖若干深度为 30~60 cm 的沟穴，再把肥料按实际需求注入所挖的穴中，使肥料布满根系附近，然后将施肥后的沟穴覆土掩埋，该工艺施肥集中、肥效快。

完成穴施作业的机械称为穴施机械，主要分为机动式和人力式两类。如机动式穴施机履带自走气爆式精量施肥机（图 5-5），可同时完成气压深松和定点施肥作业。人力式穴施机适合于小型枣园管理，如市场上常见的背负式穴施机（图 5-6），工作时果农背负或手持肥料箱，利用脚的压力将施肥口压入土壤，达到一定的深度后肥料开关被打开，肥料箱中的肥料沿管道流入土壤，钻孔的深度以及每次的施肥量都可以人工调节，施肥效果好、节省肥料、价格低廉。

图 5-5　履带自走气爆式精量施肥机

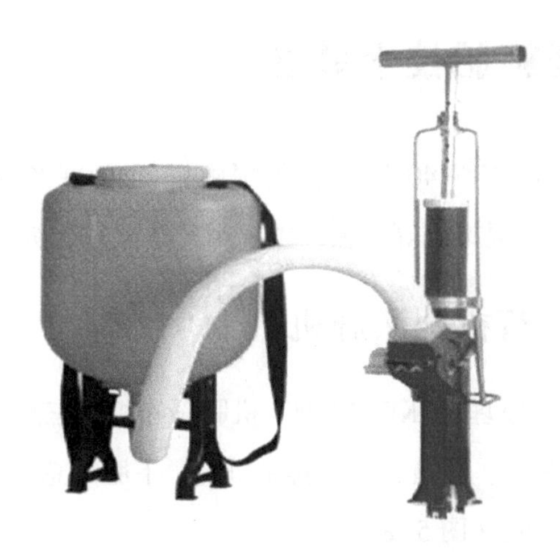

图 5-6　背负式穴施机

（4）水肥一体化工艺流程和相关设备：水肥一体化也称灌溉施肥或水肥耦合，是借助水肥一体化设备发展的一项新技术，其工艺流程为：肥料→溶解→加压→输送→灌溉。施肥时，利用水肥一体化设备的压力系统将可溶性固体肥料或液体肥料按要求配成肥液，加压后的肥液可与灌溉水一起通过管道系统输送至果树根部。该系统可根据传感器技术和智能控制系统实现施肥精量可控、定时定量浸润根系分布区域。目前常见的水肥一体化设备有喷灌、微灌等，具有肥料精准输送、水肥同施、精准施肥、节肥节水、智能可控等优点。

水肥一体化设备主要由水源工程、首部枢纽（包括水泵、动力机组、过滤器、肥液注入装置、测量控制仪表等）、输水和配水管道及滴头等部分组成（图 5-7）。

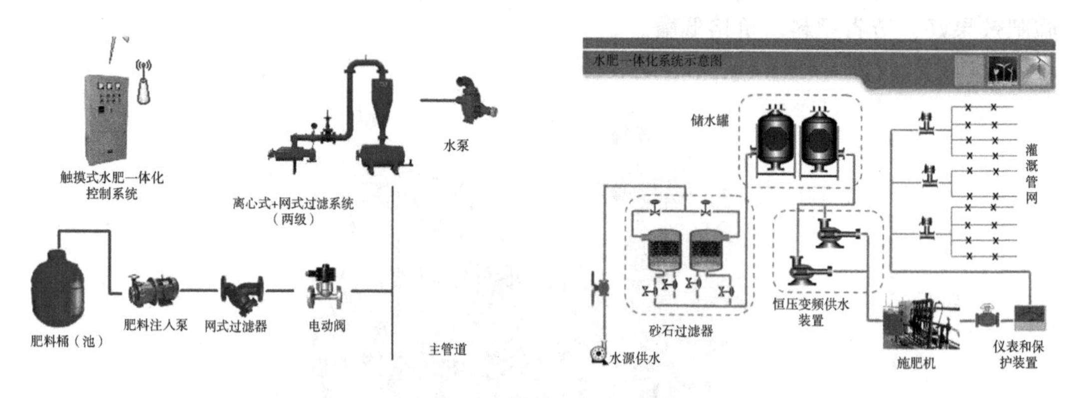

图 5-7　水肥一体化设备

以上 4 种方法施肥后均应立即灌水，以增加肥效。若无灌溉条件，应做好保水措施。

5.3　枣园典型施肥技术装备

枣园典型施肥机械如 1KF-40 型有机肥深施机、2KF-30 型有机肥深施作业机、2KF-30 型有机肥与颗粒肥混施机等机械，主要用于枣园的有机肥深施作业。

5.3.1　1KF-40 型有机肥深施机

（1）整机结构与工作原理：1KF-40 型有机肥深施机由三点悬挂、机架、变速箱总成、刀盘总成、导流罩总成、肥箱总成、排肥机构、下肥口总成、行走轮总成、限深油缸及刮土板总成等部分组成（图 5-8）。

该施肥机采用三点悬挂装置与拖拉机挂接，油缸进出油口通过快速接头与拖拉机液压输出接通。

工作前，将适量的农家肥加入肥箱中，调整拖拉机与需开沟施肥的作业行正对，调节拖拉机液压操作手柄使施肥机刀盘底部距地约 100 mm，打开肥量调节板调整至合适位置，并锁紧，启动拖拉机，将挡位挂至爬行挡；启动后轴输出，通过万向轴带动开沟机变速箱，并使得刀盘旋转，刀盘转动平稳后，操作拖拉机液压操作手柄，平稳地缩短液压油缸，使刀盘入地，直至达到所需要的开沟深度为止，保持该深度和刀盘转速不变，操作拖拉机平稳前行，此时刀盘开出一个约 250 mm 宽、深度一定的矩形深沟，碎

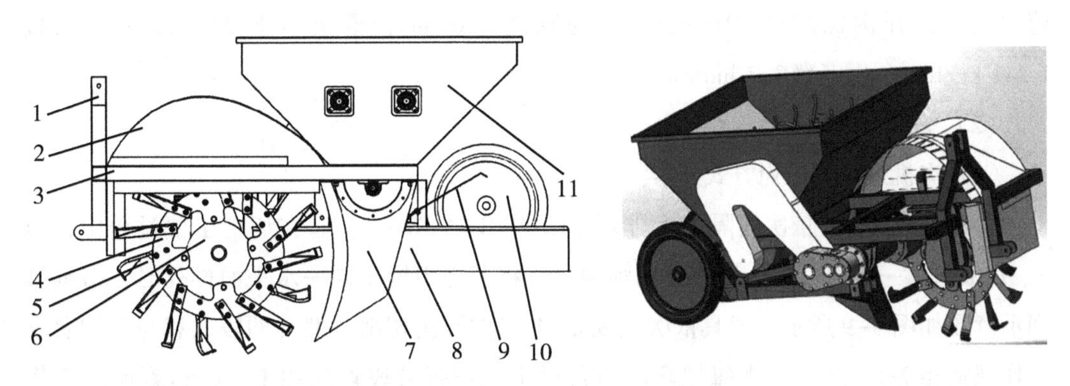

1. 三点悬挂；2. 导流罩总成；3. 机架；4. 刀盘总成；5. 开沟口；6. 变速箱总成；7. 下料口总成；8. 刮土板总成；9. 肥量调节板；10. 行走轮总成；11. 肥箱总成

图 5-8 1KF-40 型开沟施肥机

土通过导流罩排向沟边远离刀盘的一侧，同时肥料通过下肥口落至沟底，排出的土经刮土板的挤压作用，又回填至开出的沟槽中，如此可完成开沟、施肥、覆土等作业。作业完毕，拖拉机停止前行，操作拖拉机液压操作手柄，伸长油缸，将刀盘从沟内提出，停止拖拉机后轴输出，停止刀盘，待刀盘完全停止后，关闭肥量调节板，完成整个作业过程。具体性能参数如表 5-1 所示。

表 5-1 1KF-40 型有机肥深施机性能参数

参数名称	单位	规格
外形尺寸	mm	2 980×1 880×1 750
配套动力	kW	50 马力及以上
料箱容积	m^3	2
施肥行数	/	1
开沟宽度	cm	25
开沟深度	cm	0~35
作业速度	km/h	≥1.2
施肥量	m^3/667 m^2	1.5 以上，可调整

该机外形尺寸（长×宽×高）2 980 mm×1 880 mm×1 750 mm，配套动力 50 马力及以上，整机质量 950 kg，料箱容积 2 m^3，挂接方式为后置三点悬挂，开沟器形式为旋转刀盘式，排肥器形式为搅龙式，刀片数量 15 把，作业行数为 1 行，肥料要求为农家肥、颗粒肥、混合肥等，作业速度 0.6~1.2 km/h。施肥机工作平稳、性能可靠、生产率高、

施肥均匀，开沟深度达 410 mm，开沟宽度 280 mm，覆土厚度 240 mm，施肥量 1 241 kg/hm^2，生产率 3.7 hm^2/h。

（2）关键部件设计

①开沟机刀具的排列方式。

开沟刀具 A、B 依次间隔螺旋排列（即 A-B-A-B-…）。在切削土壤过程中，刀 A、B 依次对一定宽度的土壤进行切削加工，将两把刀置于同一水平面排列时，刀具排列示意图如图 5-9 所示。刀具依次完成 a、b 段的开沟切削宽度（两段之和与开沟要求工作幅宽相等），从而实现每把开沟刀具对土壤进行分段切削加工，以达到所需工作幅宽。

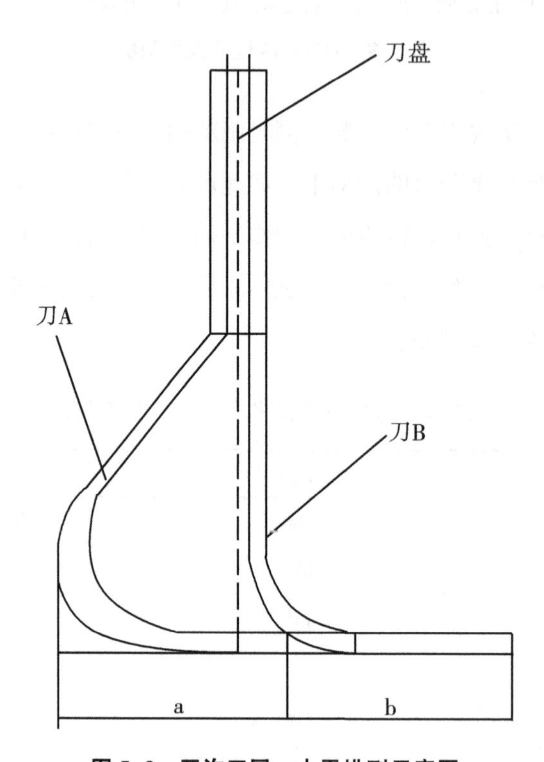

图 5-9　开沟刀同一水平排列示意图

开沟刀具主要由正切刃、侧切刃及抛土板组成。开沟刀具结构简图如图 5-10 所示。

②开沟机作业功耗模拟。

a. 模型构建

开沟机有限元模型：刀盘总成是深施有机肥开沟机的重要部件之一，由刀盘与开沟刀具组成。为提高仿真效率，仿真时对影响仿真效率的机架、导流罩、驱动机构等部件

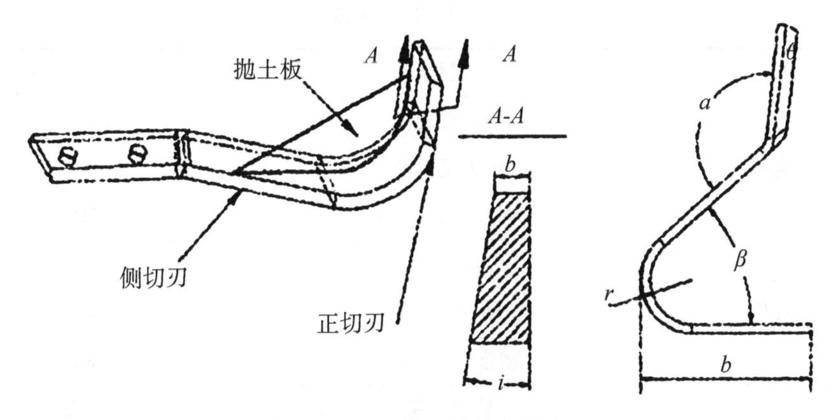

图 5-10 开沟刀具结构简图

进行了简化，忽略了螺栓、垫片及螺母等连接零件。开沟刀盘三维模型采用 SolidWorks 软件绘制，并以 . igs 格式保存导入 EDEM 软件中。

土壤颗粒模型：设立 4 个土壤颗粒模型：单球颗粒、双球颗粒、三角球颗粒及水平三球颗粒。

土壤—刀盘模型构建：在建立土壤-刀盘模型时，考虑刀盘切削方式与边界条件处理要求，土壤仿真模型设定为 1 500 mm×2 000 mm×600 mm 的去盖长方体，生成 1. 8×10^6 个土壤颗粒模拟开沟切削土壤环境，定义刀盘与试验一致的前进速度、转速。土壤—刀盘的交互作用模型如图 5-11 所示。

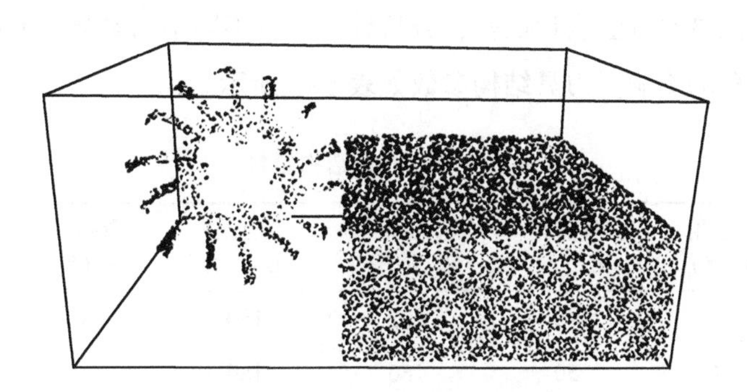

图 5-11 土壤—刀盘交互作用模型

b. 仿真参数

仿真参数分为材料参数与接触参数。本仿真材料参数包括土壤、刀盘密度、泊松比、剪切模量；接触参数包括土壤之间、土壤与刀盘之间的恢复系数、静摩擦因数及滚动摩擦因数。采用试验测定与参考文献两者结合的方式来确定仿真所需参数。仿真主要参数取值如表 5-2 所示。

表 5-2　仿真参数

项目	属性	数值
土壤颗粒	泊松比	0.26
	剪切模量 Pa	2×10^7
	密度（kg/m^3）	2 650
刀盘	泊松比	0.3
	剪切模量（Pa）	7.99×10^{10}
	密度（kg/m^3）	7 800
土壤—土壤	恢复系数	0.532
	静摩擦系数	0.25
	动摩擦系数	0.4
土壤—刀盘	恢复系数	0.3
	静摩擦系数	0.5
	动摩擦系数	0.01

c. 切削土壤过程仿真与分析

分别选取前进速度、刀盘转速和 3 组不同结构参数的刀具作为考察因素，分析不同结构参数与工作参数对开沟刀盘功率消耗的变化规律。

采用响应曲面试验方法设计试验，分析针对刀具不同结构参数及前进速度与转速对开沟工作功耗情况的影响。刀具结构参数如表 5-3 所示。

表 5-3　刀具结构参数

刀盘组合	切土角 β（°）	弯折角 α（°）	弯刀工作幅宽（°）	切土角 β（°）	弯折角 α（°）	弯刀工作幅宽（mm）
A	130	40	182	180	90	117.5
B	140	50	156	180	90	143
C	150	60	133	180	90	166

结合切削仿真模型的坐标系，将刀盘的工作情况做以下说明：刀盘以 X 负方向前进，逆时针切削土壤，刀盘逆时针旋转切削土槽，开沟刀正切刃与土壤接触，开沟刀侧切刃斜上方挤压土壤，切土角进行破碎土壤，被切削土壤随着开沟刀逆时针旋转抛撒，并随着抛土板向两侧抛出。为得到最佳的试验因素水平，对试验因素进行优化，建立前进速度、刀盘转速、刀盘组合的参数优化数学模型。刀盘切削抛洒如图 5-12 所示。

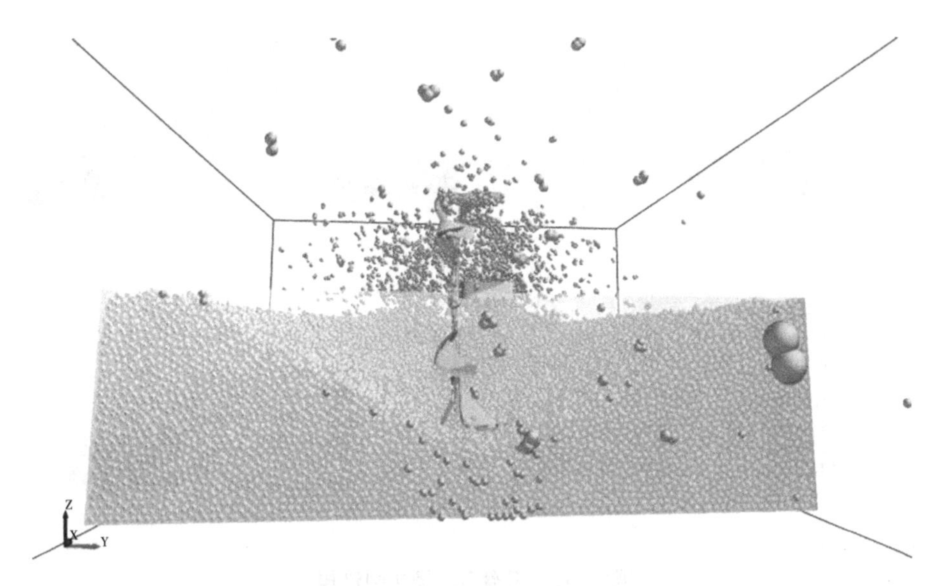

图 5-12　刀盘切削抛洒示意图

开沟刀盘以 $n=110$ r/min，$v=800$ m/h 逆时针旋转切削土壤，图 5-13 为刀盘与土槽切削过程示意图。将土槽通过后处理的 Setup Selection 建立 Geometry Bin，并利用 selections 将土壤颗粒进行所受压力的颜色设定，随着刀盘旋转，开沟刀正切刃将与土壤发生接触（图 5-13a）；开沟刀侧切刃斜上方对土壤进行挤压，受挤压的土壤在沿开沟刀前进方向被切土角破碎（图 5-13b）；随后，土壤在受到开沟刀侧切刃与刃口双重作用下的破坏，被切碎的土壤沿着开沟刀盘逆时针旋转抛撒，并随着抛土板向后抛出（图 5-13c），被切削土壤沿开沟刀向上运动趋势，证明了开沟刀在实际作业过程中对土壤具有纵向推送作用。当仿真运行至 0.2 s 时，相邻的开沟刀开始进行切削，开沟刀 A、B 两种刀，依次间隔螺旋分段切削土壤，完成施肥农艺要求的工作幅宽（图 5-13d、图 5-13e）。

d. 响应曲面分析

根据开沟作业功耗回归方程做出响应曲面（图 5-14）。在各因素中，刀盘转速与前进速度对作业功耗的影响最大。当刀盘组合为 C 时，随着刀盘转速与前进速度的增加，开沟作业功耗逐渐增加；当刀盘转速小于 130 r/min 时，刀盘转速对开沟作业功耗的影响较大；当刀盘转速为 130 r/min、前进速度为 1 150 m/h时，刀盘转速与前进速度对开沟作业功耗的影响最大；当刀盘转速大于 130 r/min、前进速度大于 1 150 m/h时，对开沟作业功耗的影响较小。

e. 参数优化

对试验因素进行优化，建立前进速度、刀盘转速、刀盘组合的参数优化数学模型，

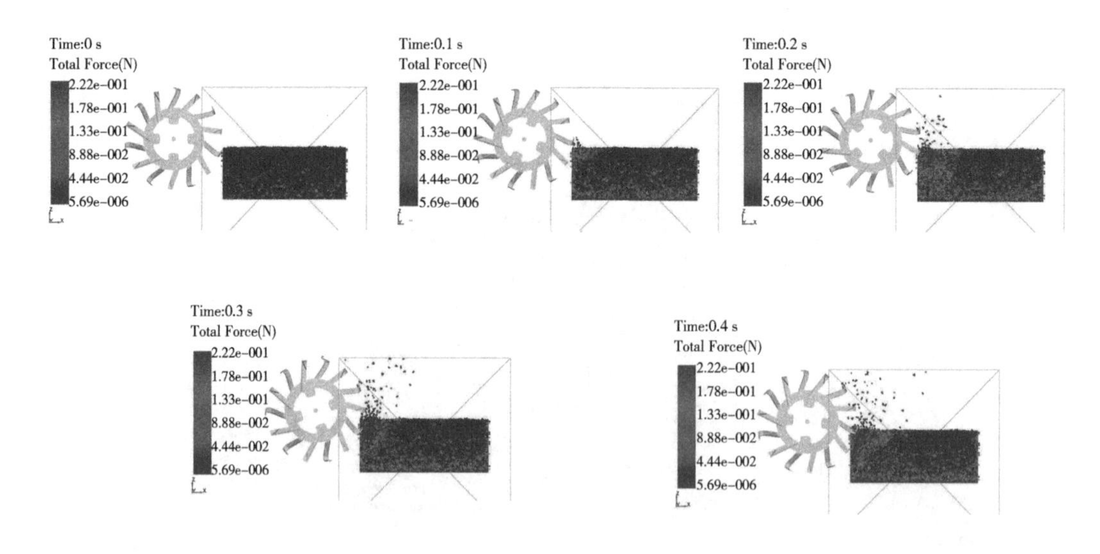

图 5-13　刀盘与土槽切削过程

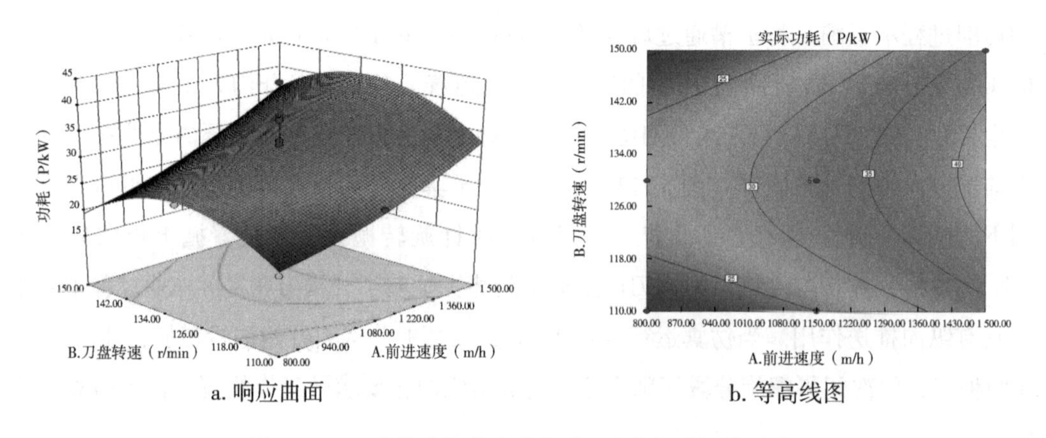

a. 响应曲面　　b. 等高线图

图 5-14　刀盘转速与前进速度对开沟作业功耗的影响

结合试验因素边界条件，对回归模型进行分析。利用 Design-Expert 软件，以尽可能达到开沟机械作业指标的深度且开沟作业功耗较小为需求目标，获得最佳影响因素参数组合：当前进速度为 801 m/h、刀盘转速为 111 r/min、刀盘组合为 C 时，开沟作业功耗 17 kW。

③导流装置的设计

导流罩外壳采用不等距方形法设计，其包括：支架、迎土面、聚土面、运土面和送土面（图 5-15a、5-15b）；迎土面、聚土面、运土面和送土面固定地设置在支架上，且均为圆弧面；迎土面、聚土面、运土面和送土面沿预定方向，依次固定连接，形成导流曲面；迎土面、聚土面、运土面，圆弧直径依次变大；运土面和送土面圆弧半径相同。为了抛撒的土壤更易接触导流罩抛撒出去，在导流罩外壳内置一个由抛土型犁体曲面的轮廓线制成的曲面，以达到让土壤更有效地被抛撒出去、减少回流土壤的目的。

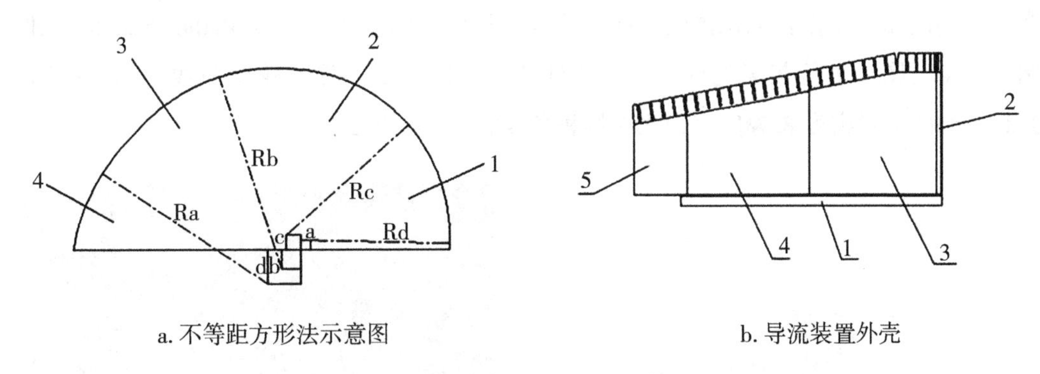

a. 不等距方形法示意图　　b. 导流装置外壳

图 5-15　导流装置设计简图

仿真模型的建立。设立土壤颗粒模型为单球，为便于仿真模拟及计算，将土壤颗粒运动过程中接触无关的部件去除，应用三维制图软件 Soildworks 对导流装置进行实体建模，以 .igs 格式导入 EDEM 软件中（图 5-16）。

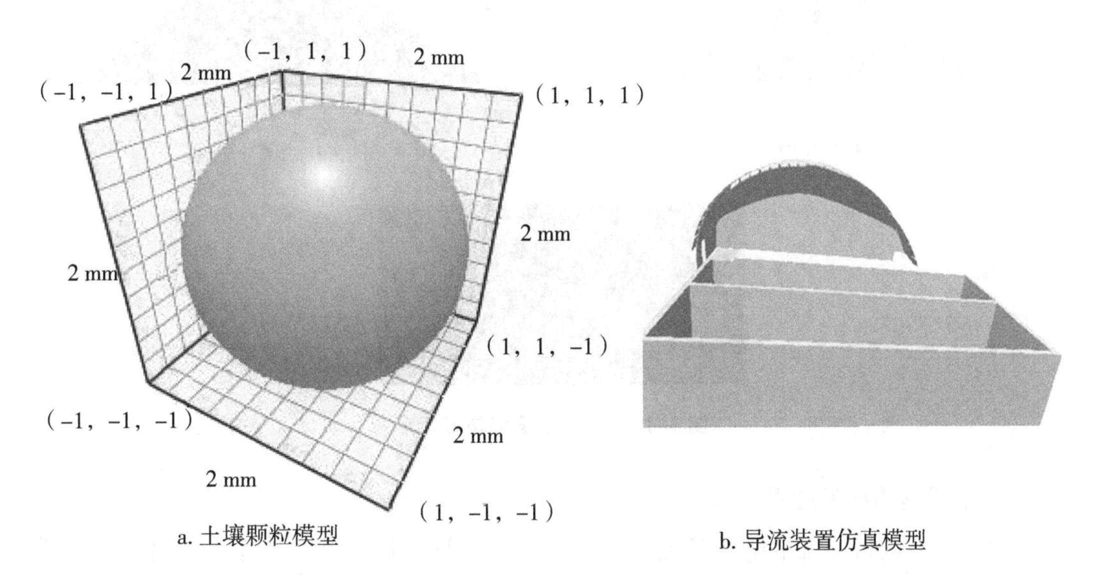

a. 土壤颗粒模型　　b. 导流装置仿真模型

图 5-16　仿真试验模型

a. 本征参数与接触参数设定

为了方便模拟和减少计算量，土壤颗粒模型为球形，直径为 1.0~1.2 mm，在导流罩下方设置 EDEM 颗粒工厂以 5 000 颗/s 的速度生成土壤颗粒模型，颗粒总量为 15 000

个。本文采用的JKR模型的能量密度采用虚拟试验标定。

b. 接触模型参数

根据测定的土壤颗粒粒径大小、密度和堆积角值，结合相关文献与软件内GEMM数据库中的参数范围，得到颗粒间接触参数的推荐取值范围。为了观察仿真标定的堆积角，采用高斯分布拟合堆积体轮廓线来获取堆积体的休止角，通过Matlab R2015b软件将所获得的图片进行灰度处理、二值化处理，通过Matlab提取轮廓曲线（图5-17）。JKR模型的能量密度8.7 J/m^2，土壤堆积角42.5°~46.4°。

a. 仿真结果　b. 试验结果

c. 灰度处理　d. 二值化处理

图5-17　JKR表面能仿真标定

c. 土壤抛洒导流过程仿真

为优化开沟机导流罩结构参数，采用二次正交回归旋转组合试验法，确定刀盘转速、曲面的倾斜角度、曲面距离开沟刀的距离为试验因素（表5-4）。

表5-4　因素水平编码

编码	刀盘转速（r/min）	曲面的倾斜角度（°）	数值
1	110	30	40

（续表）

编码	刀盘转速（r/min）	曲面的倾斜角度（°）	数值
0	120	40	50
-1	130	50	60

应用 EDEM 后处理工具 Ruler 测量土壤的回流深度。如图 5-18 所示，图中已知开沟刀到土壤距离，仿真完成后，测量沟的深度，得到回流土壤的深度。

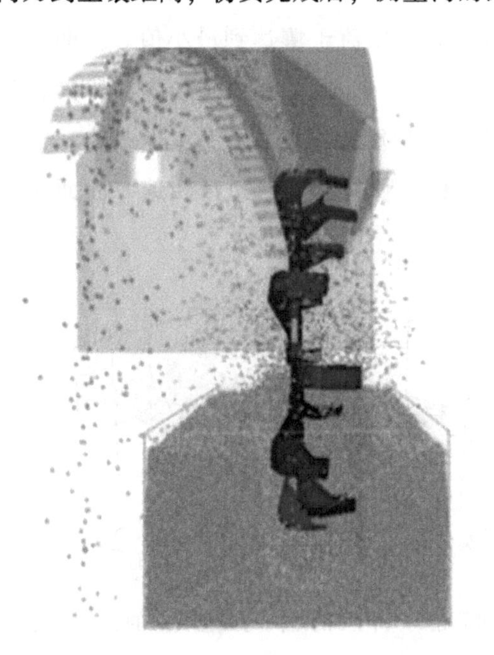

图 5-18　开沟仿真过程

d. 试验结果方差分析

采用 Design-Expert 8.0.6 对试验结果进行多元回归拟合分析，结果表明：刀盘转速、曲面倾斜角度对角度影响很大，各因素对试验指标影响的显著性由大到小依次为曲面倾斜角度、刀盘转速、曲面相对开沟刀的距离。

e. 响应曲面分析

当曲面相对开沟刀的距离为 50 mm 时，刀盘转速和曲面倾斜角度交互作用的响应曲面如图 5-19a 所示，当曲面倾斜角度一定时，角速度随着刀盘转速的增大呈上升趋势；当刀盘转速一定时，角速度随着曲面倾斜角度的增大而呈现先增大后减小的趋势；当刀盘转速 130 r/min，曲面倾斜角度为 40°时，角速度达到最大值。

当刀盘转速为 120 r/min 时，曲面倾斜角度和曲面相对开沟刀的距离交互作用的响应曲面如图 5-19b 所示，当曲面相对开沟刀的距离一定时，角速度随着曲面倾斜角度的增大而呈现先增大后减小的趋势。当曲面相对开沟刀的距离为 45 mm，曲面倾斜角度为 40°时，角速度达到最大值。

当曲面倾斜角度为 40°时，刀盘转速和曲面相对开沟刀的距离交互作用的响应曲面如图 5-19c 所示，当曲面相对开沟刀的距离一定时，角速度随着刀盘转速的增大呈现增大的趋势，当曲面相对开沟刀的距离为 40～45 mm，刀盘转速为 130 r/min 角速度达到最大值。

当曲面倾斜角度大于 40°时，刀盘转速对回流深度的影响很大，随着刀盘转速的增大，回流土壤颗粒减少，刀盘转速 125 r/min 时，回流土壤达到最小值。当曲面相对开沟刀距离为 50～55 mm，随着刀盘转速的增大，回流土壤颗粒减少，刀盘转速 125 r/min 时，回流深度达到最小值。曲面倾斜的角度为 50°时回流深度最小。开沟过程中影响抛撒土壤回流深度的指标依次为：曲面倾斜角度、刀盘转速、曲面相对开沟距离。

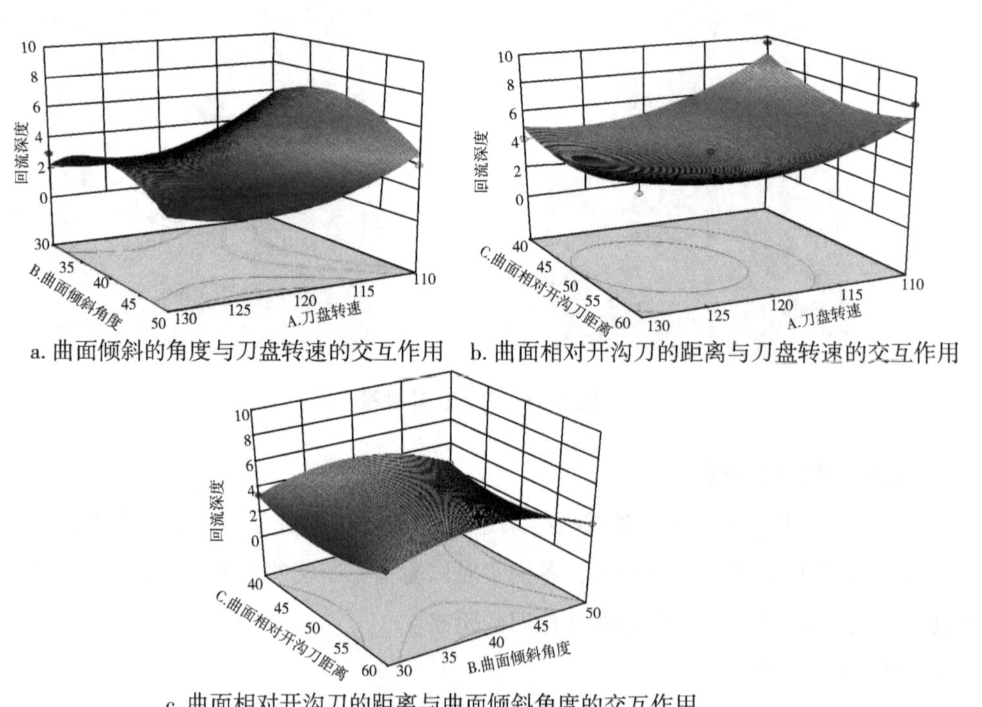

a. 曲面倾斜的角度与刀盘转速的交互作用　b. 曲面相对开沟刀的距离与刀盘转速的交互作用

c. 曲面相对开沟刀的距离与曲面倾斜角度的交互作用

图 5-19　回流率的双因素响应曲面

f. 参数优化

利用 Design-Expert 软件对试验因素进行优化设计，对建立的试验指标模型进行优化求解，得到刀盘转速为 130 r/min、曲面倾斜角度为 42°、曲面相对开沟刀的距离

40 mm 时，角速度为 231. 558 rad/s，土壤抛撒效果最好。

（3）整机田间试验：试验选择的地块土壤平均坚实度为 2. 16 MPa，含水率为 10. 64%，试验面积 4. 7 hm^2，配套动力采用 TN654 拖拉机，试验设备包括：开沟装置、机械式转速表（量程 0~400 r/min）、卷尺（量程 0~50 m）、NJTY3 农机通用动态遥测系统（其中扭矩及功耗测量方式采用无线遥测技术，利用配套动力输出轴一体化扭矩传感器及无框架三点悬挂牵引力传感器技术方案，从而测量开沟装置的牵引力、扭矩等动力学信号，获取测试数据如图 5-20 所示，NJTY3 农机通用动态遥测仪安装图如图 5-21 所示。

图 5-20　NJTY3 农机通用动态遥测仪

图 5-21　NJTY3 农机通用动态遥测仪安装示意图

通过对开沟机进行田间试验，获取了最佳前进速度为 814 m/h、刀盘转速为 110 r/min、刀盘组合 C、曲面倾斜角度 50°、曲面相对开沟刀距离 46 mm。

5.3.2 2KF-30 型有机肥与颗粒肥混施机

在枣种植过程中，施用有机肥可以增加土壤养分含量，改良土壤结构，改变土壤盐碱性，提高化学肥料的利用效果；而颗粒肥具有养分含量高，肥效快、增产效果显著等优点，其缺点是养分单一、一般不含有机质。2KF-30 型有机肥与颗粒肥混施机，该机可一次性完成开沟、颗粒肥与有机肥混合施加、覆土等作业，从而有效发挥 2 种肥料的各自特点。

（1）结构组成与工作原理：2KF-30 型有机肥与颗粒肥混施机主要由开沟覆土装置、施肥装置、液压升降装置、肥箱、行走轮、机架等组成（图 5-22）。

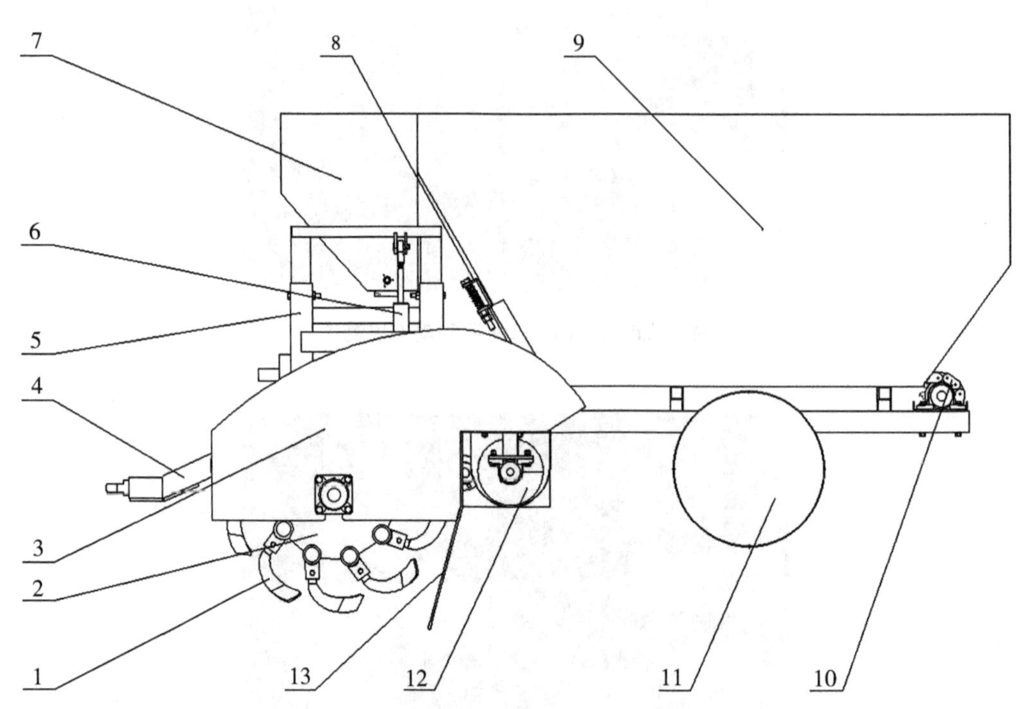

1. 开沟刀；2. 开沟圆盘；3. 导流罩；4. 牵引架；5. 升降装置；6. 液压缸；7. 颗粒肥箱；8. 有机肥排肥口开度调节板；9. 有机肥箱；10. 刮板链；11. 行走轮；12. 施肥搅龙；13. 刮土板

图 5-22 有机肥与颗粒肥混施机结构简图

有机肥与颗粒肥混施机采用牵引式挂接方式与拖拉机相连，传动装置在拖拉机后输出轴驱动作用下，分别带动外槽轮排肥器、刮板轴以及螺旋搅龙旋转，颗粒肥和有机肥分别在外槽轮和刮板的强制外力作用下，输送到搅龙槽内，在螺旋搅龙作用下混合，最后落入开沟装置开好的肥沟内，并在导流装置作用下使后抛土壤覆盖在肥料上方，实现开沟、施肥、覆土一体化作业。

（2）联合施肥装置：施肥装置是施肥机的核心工作部件，其工作性能决定着施肥机整机的工作性能，根据不同的施肥要求、肥料种类等因素选择不同的施肥装置。

结合厩肥与颗粒肥特性，采用联合施肥方式，即刮板输送和螺旋搅龙施肥相结合的施肥方式，联合施肥装置在动力驱动下，刮板把肥箱中的有机肥进行破碎且输送到螺旋搅龙中，螺旋搅龙将有机肥强制推送至肥沟中，结构示意图如图 5-23 所示。

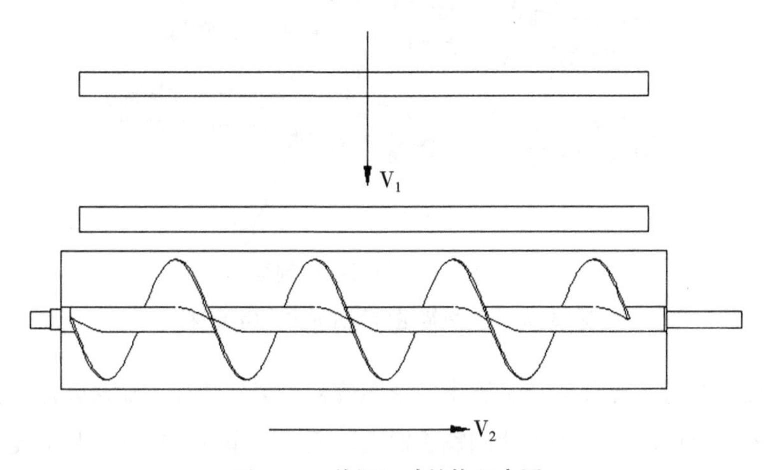

图 5-23　施肥运动结构示意图

①刮板输送装置：刮板式送肥装置主要由刮板、链轮和链条组成，刮板等间距固定在链条上，刮板随链条一起运动，将有机肥送入施肥装置中。在送肥装置工作时，肥箱下层肥料在刮板的作用下向肥箱前部运动，上层肥料在自身重力以及下层前进肥料所提供摩擦力的共同作用下运动（图 5-24）。

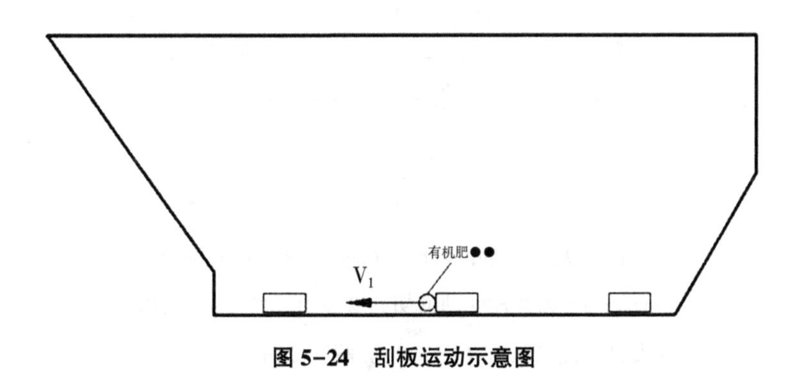

图 5-24　刮板运动示意图

刮板输送装置的输送能力由刮板的水平运动速度、物料的堆积密度、两刮板间距、物料装载断面面积来决定，其中物料装载断面取决于刮板的长度和厚度。因此，刮板输送装置的输送量一般受到刮板的长度、厚度、两刮板间间距、物料堆积密度、刮板水平速度的影响。

根据施肥机空间布局和施肥要求，选用链条链号为24A，链轮齿数为11，链条节距38.1 mm，刮板长度为900 mm，宽度为50 mm，刮板输送部件总成如图5-25所示。

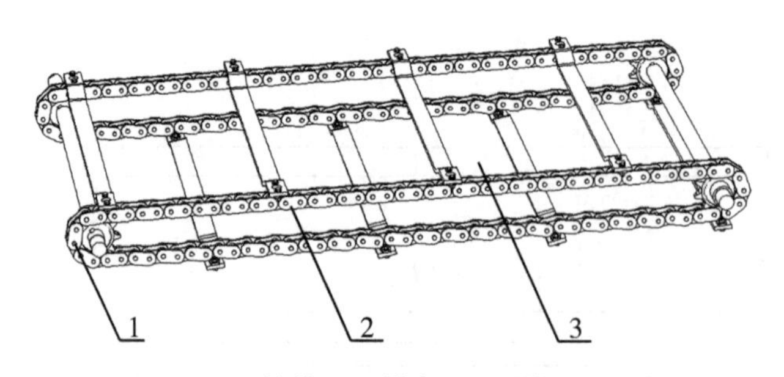

1. 链轮；2. 链条；3. 刮板

图5-25　刮板输送装置总成结构示意图

②螺旋输送装置：螺旋输送装置主要由螺旋轴、螺旋叶片、输送壳体、支撑点等组成。该机在有机肥的输送过程中使用螺旋输送装置，工作时，螺旋叶片的受力分析如图5-26所示。通过对螺旋搅龙在输送过程中螺旋叶片受力分析、肥料颗粒的运动分析以及螺旋搅龙肥料输送效率分析，结合施肥机的空间布局及施肥要求，确定螺旋输送装置螺旋搅龙外径250 mm、径向间隙10 mm、轴径为50 mm、螺旋厚度3 mm、螺旋节距取0.9D、螺旋和槽底、输送管之间均留有10 mm的间隙。

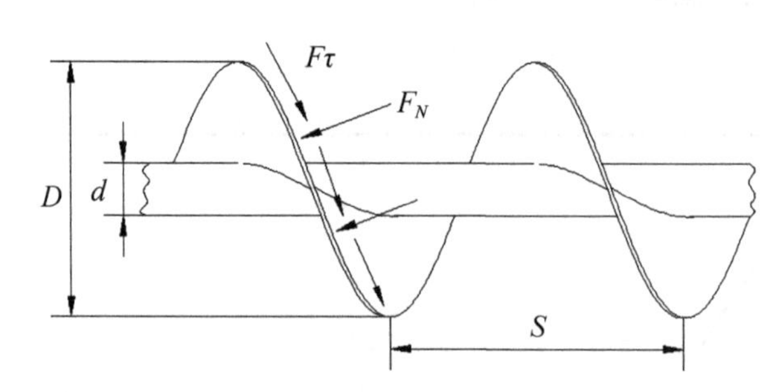

注：D为螺旋叶片外径（mm）；d为中心轴直径（mm）；$F\tau$为叶片受到的切向摩擦力（N）；F_N为叶片受到的法向压力（N）；S为螺距（mm）。

图5-26　螺旋叶片受力

③肥箱：肥箱过大易限制机具在果园的通过性，导致机具无法在枣园中进行施肥作业，过小则会导致机具反复添加肥料，降低工作效率，因此，机具肥箱容积在2～5 m^3。

为保证肥料不粘在箱壁上，所确定箱壁倾角应大于有机肥自然堆积角，有机肥自然堆积角35.47°，因此肥箱、箱壁倾角 λ_1 和 λ_2 需大于35.47°，肥箱结构示意图如图5-27所示。

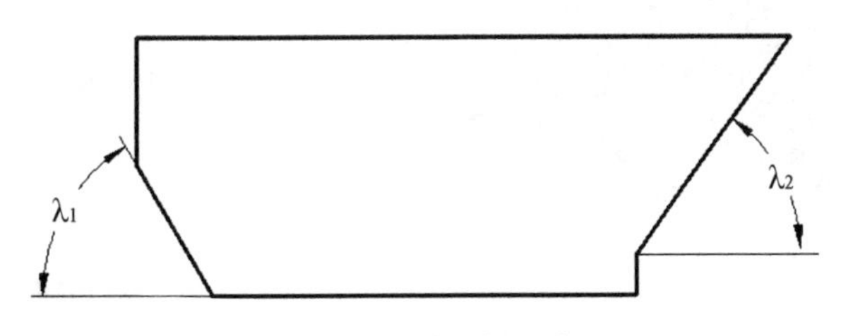

图5-27　肥箱结构示意图

④深施机施肥装置工作过程仿真：联合施肥装置主要由刮板、刮板链、螺旋搅龙、轴承支撑座和机架等组成，其结构示意图如图5-28所示。其中刮板尺寸为800 mm×500 mm×100 mm，搅龙长度为1 500 mm，搅龙直径为250 mm，肥箱下料口尺寸900 mm×90 mm。联合施肥装置施肥过程中，刮板在刮板链的带动下将肥料从肥箱中输送到螺旋搅龙中，肥料在螺旋搅龙的强制作用下输送至肥沟中，完成施肥过程。

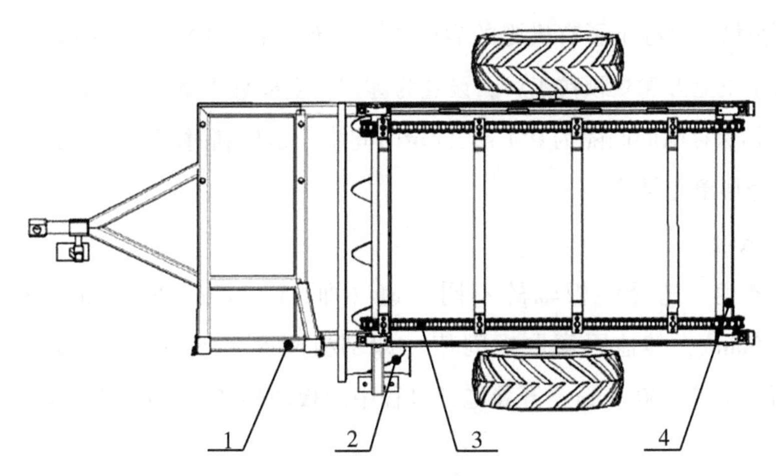

1. 机架；2. 搅龙；3. 刮板链；4. 刮板

图5-28　联合施肥装置结构示意图

a. 仿真模型的建立

有机肥和土壤颗粒间数值模拟接触模型选择与土壤数值模拟接触模型相同。为缩短仿真时间，简化联合施肥装置的螺栓、螺母及轴承座等部分，利用SolidWorks软件把装置的IGS格式模型导入EDEM 2020软件中，对仿真环境及材料的参数进行设置（图5-29a）。设置有机肥颗粒初始球半径，随机生成，为了避免生成过小的球颗粒，可将生成的球颗粒半径限制在0.50～1.25倍的初始球半径之间。仿真模型如图5-29b所示。

a. 施肥装置的仿真模拟

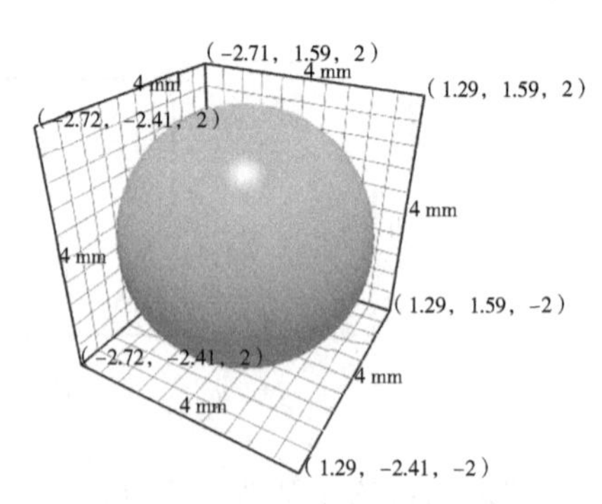

b. 有机肥颗粒模型

图5-29　数值模拟模型

b. 仿真参数的确定

试验所用有机肥纯牛粪发酵，发酵时间为3～4个月，施肥前需对有机肥进行破碎处理。应用离散元法标定了有机肥的表面能JKR值，仿真中在肥箱中颗粒生成方式为动态，在肥箱正上方建立颗粒工厂，设置为虚拟，生成总质量为1 500 kg，生成速率为50 kg/s，数据保存时间间隔为0.1 s，固定时间步长是瑞利时间步长的20%，网格尺寸取2倍最小球形单元尺寸。

c. 仿真试验

刮板轴转速：选择刮板轴的不同转速（即25 r/min、30 r/min、35 r/min、40 r/min、45 r/min），其他因素取中间值（即刮板间距为50 cm、搅龙轴转速为175 r/min、搅龙螺距为300 mm），开展施肥过程中刮板轴转速对施肥综合合格率的单因素试验。

不同刮板轴转速对施肥综合合格率的变化规律如图5-30所示，随着刮板轴转速的依次增大，施肥综合合格率呈先增大后减小的趋势，当转速为40 r/min时，施肥综合合格率达到最高。

刮板间距：确定刮板轴转速为40 r/min，选择刮板的不同间距（即30 cm、40 cm、50 cm、60 cm、70 cm），其他因素取中间值（即搅龙轴转速为175 r/min、搅龙螺距为

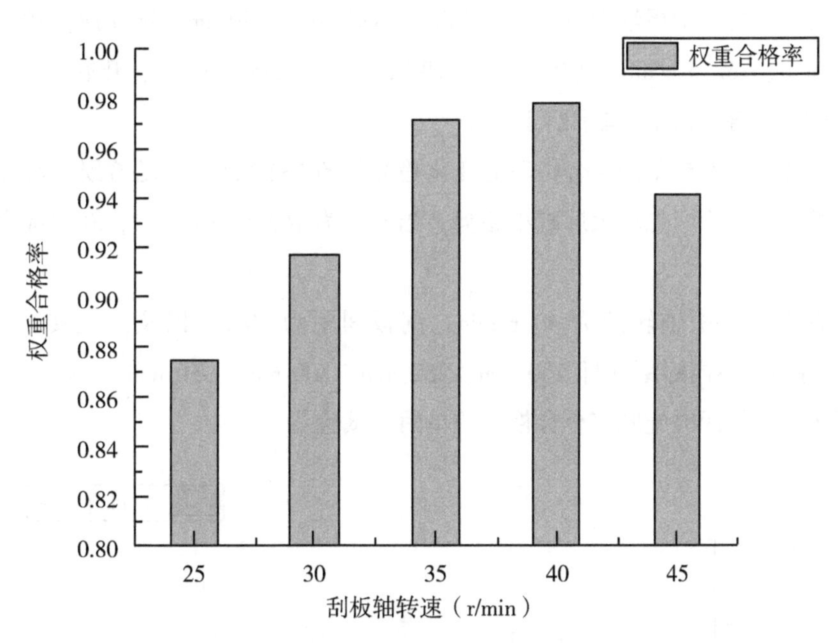

图 5-30　刮板轴转速对施肥综合合格率的影响

300 mm)，开展施肥过程中刮板间距对施肥综合合格率的单因素试验。

不同刮板间距对施肥综合合格率的变化趋势如图 5-31 所示，随着刮板间距逐渐增大，施肥综合合格率先增大后减小，当刮板间距为 40 cm 时，施肥综合合格率最高。

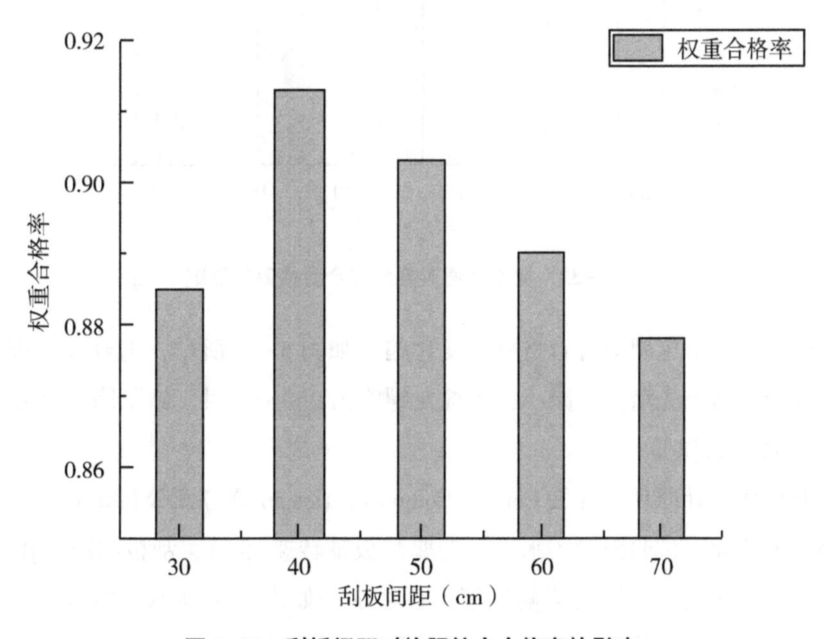

图 5-31　刮板间距对施肥综合合格率的影响

搅龙转速：确定刮板轴转速为 40 r/min，刮板间距为 40 cm，选择搅龙的不同转速（即 150 r/min、162. 5 r/min、175 r/min、187. 5 r/min、200 r/min），开展施肥过程中搅龙转速对施肥综合合格率的单因素试验。

不同搅龙转速对施肥综合合格率的变化趋势如图 5-32 所示，随着搅龙转速依次递增，施肥综合合格率呈先增大后减小趋势，当转速为 162. 5 r/min 时，施肥综合合格率最高。

搅龙螺距：刮板轴转速为 40 r/min，刮板间距为 40 cm 以及搅龙转速为 162. 5 r/min，选择搅龙不同螺距（即 200 mm、250 mm、300 mm、350 mm、400 mm），开展施肥过程中搅龙螺距对施肥综合合格率的单因素试验。

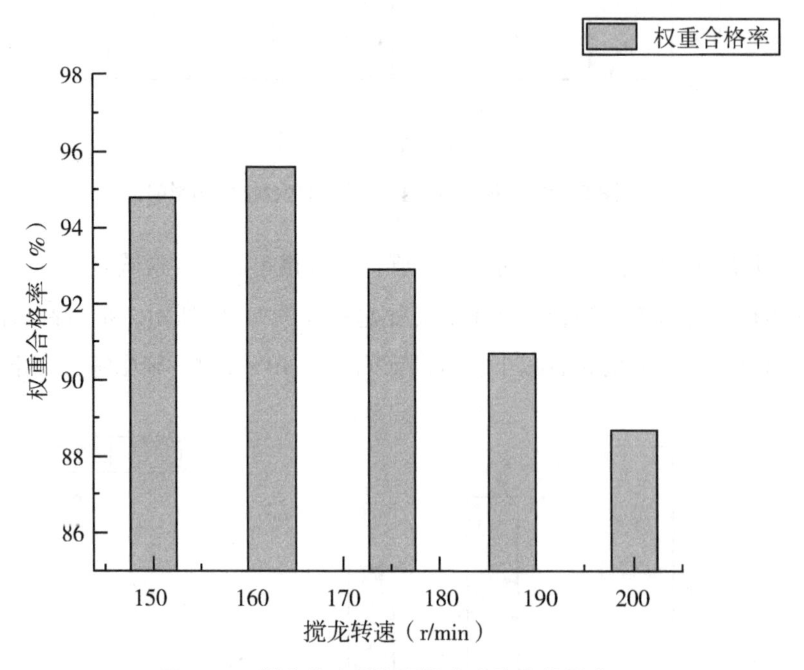

图 5-32　搅龙转速对施肥综合合格率的影响

不同搅龙螺距对施肥综合合格率的变化趋势如图 5-33 所示，随着搅龙螺距逐渐增大，施肥综合合格率先增大后减小，当搅龙螺距为 250 mm 时，施肥综合合格率最大。

d. 响应面分析试验

根据响应面设计原理，开展 Central Composite Design 响应面分析试验，通过单因素试验，确定响应面法试验因素的水平，选取刮板轴转速（A）、刮板间距（B）、搅龙轴转速（C）、搅龙螺距（D）为影响因素，参数水平如表 5-5 所示，各取 5 个水平。选择 6 个中心点进行误差估计，试验方案及结果如表 5-6 所示，共进行 30 次试验，包括 6 次中心点重复试验。

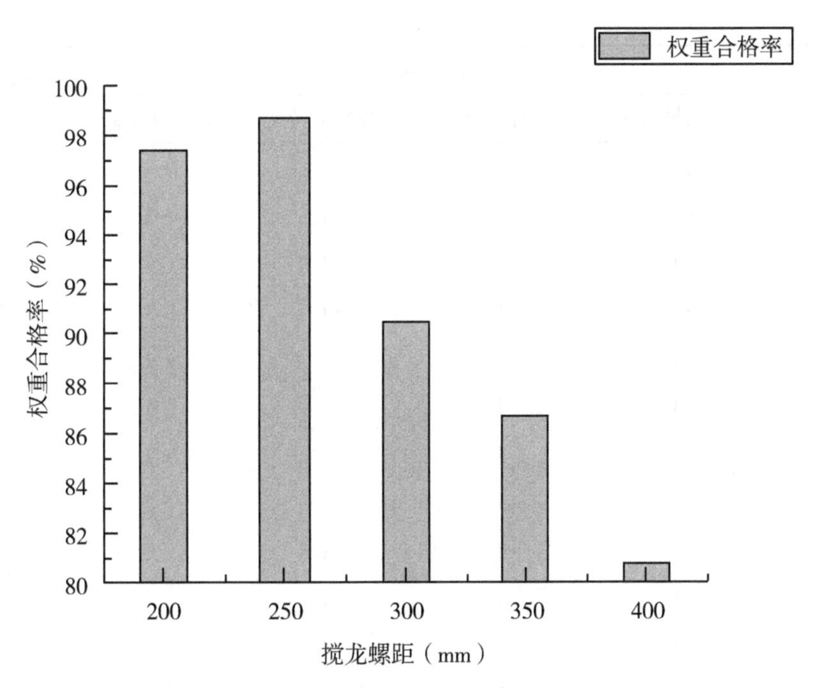

图 5-33　搅龙螺距对施肥综合合格率的影响

表 5-5　Central Composite 试验因素水平

因素	水平				
	-2	-1	0	1	2
A（r/min）	30	35	40	45	50
B（cm）	20	30	40	50	60
C（r/min）	137.5	150	162.5	175	187.5
D（mm）	150	200	250	300	350

表 5-6　Central Composite 试验方案及结果

序号	试验因素				综合合格率（%）
	A 刮板轴转速	B 刮板间距	C 搅龙轴转速	D 搅龙螺距	
1	-1	-1	-1	-1	91.94
2	1	-1	-1	-1	94.87
3	-1	1	-1	-1	89.90
4	1	1	-1	-1	97.82
5	-1	-1	1	-1	93.07

（续表）

序号	试验因素				综合合格率（%）
	A 刮板轴转速	B 刮板间距	C 搅龙轴转速	D 搅龙螺距	
6	1	−1	1	−1	85.63
7	−1	1	1	−1	91.74
8	1	1	1	−1	97.47
9	−1	−1	−1	1	89.23
10	1	−1	−1	1	98.97
11	−1	1	−1	1	96.23
12	1	1	−1	1	87.78
13	−1	−1	1	1	95.84
14	1	−1	1	1	98.32
15	−1	1	1	1	89.42
16	1	1	1	1	85.18
17	−2	0	0	0	87.85
18	2	0	0	0	85.06
19	0	−2	0	0	97.02
20	0	2	0	0	96.13
21	0	0	−2	0	92.11
22	0	0	2	0	88.86
23	0	0	0	−2	90.27
24	0	0	0	2	89.72
25	0	0	0	0	96.75
26	0	0	0	0	98.18
27	0	0	0	0	94.48
28	0	0	0	0	90.56
29	0	0	0	0	81.74
30	0	0	0	0	91.88

应用 Design Expert 8.06 软件对试验结果进行分析，采用 Quadratic 模型建立二次回归模型，该二次回归模型的方差分析如表 5-7 所示。

表 5-7　二次回归模型的方差分析

方差来源	均方	自由度	平方和	*F* 值	*P* 值
模型	0.77	10	0.077	4.80	0.001 7**
A	0.051	1	0.051	3.19	0.090 3
B	0.17	1	0.17	10.48	0.004 3**
C	9.58×10^{-4}	1	9.58×10^{-4}	0.060	0.809 6
D	0.27	1	0.27	16.82	0.000 6**
AB	2.063×10^{-4}	1	2.063×10^{-4}	0.013	0.910 9
AC	1.747×10^{-4}	1	1.747×10^{-3}	0.11	0.745 0
AD	3.488×10^{-4}	1	3.488×10^{-3}	0.22	0.646 3
BC	8.168×10^{-4}	1	8.168×10^{-5}	5.091×10^{-3}	0.943 9
BD	0.34	1	0.34	21.17	0.000 2**
CD	1.822×10^{-4}	1	1.822×10^{-4}	0.011	0.916 3
残差	0.3	19	0.67		
失拟项	0.28	14	1.16	4.35	0.056 9
纯误差	0.023	5	0.30		
总和	1.07	29			
$R^2=0.716\ 3$　$R^2_{adj}=0.566\ 9$　$CV=2.65\%$　*Adep* precision = 7.721					

（3）整机田间试验：试验地块行距 3.5 m，枣园土壤平均含水率为 10.3%，坚实度平均值为 450 kPa；施肥机动力由 554 型黄海金马拖拉机提供，施肥机与拖拉机连接方式为挂接。田间试验如图 5-34 所示，结果表明：装备开沟深度、作业效率、施肥量等均满足实际生产要求。

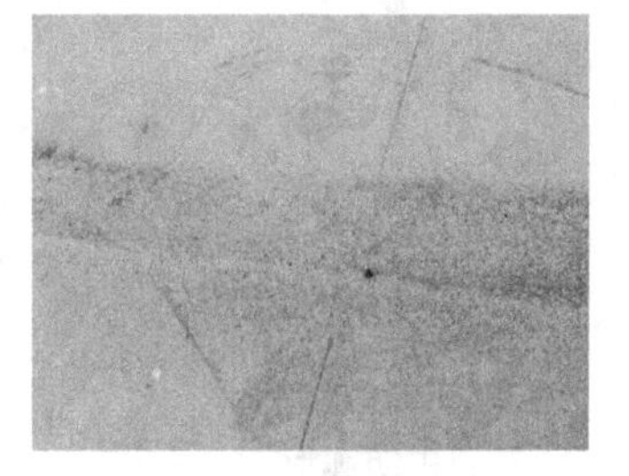

图 5-34　田间试验

6 矮化密植枣园机械化修剪技术与装备

枣树修剪作业是枣园生产全过程中最重要的环节之一，通过科学、合理的修剪作业，能够重新调节树体营养物质和激素的分配、运输、积累与消化，改善树体与周围环境的关系，延长树体寿命，稳定红枣产量以及提高果品质量，有利于矮化密植枣树的标准化建园，改善枣园机械化作业环境，提高枣园收获机械作业效率。

6.1 枣园修剪技术

枣树的枝芽类型和生长结果特性与一般果树不同，所以，枣树修剪具有结果性能稳定，生长结果转化快，枣头转化为枣股后，连续结果能力强，生长量小，易于整形修剪。

6.1.1 枣树修剪树形

枣树树形较多，主要有自由纺锤形、小冠疏层形、开心形等，具体如图 6-1 所示。

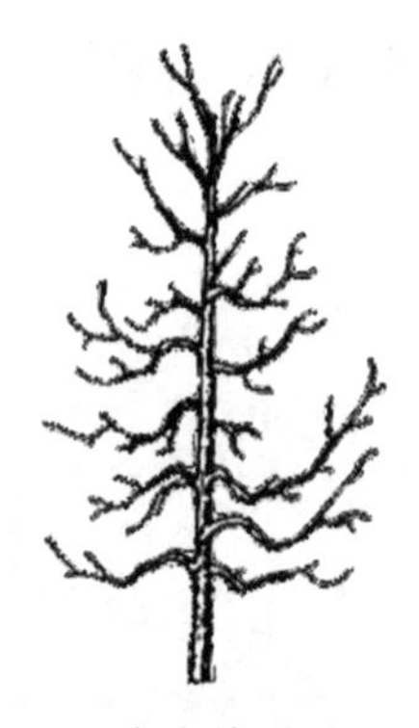

a. 自由纺锤形

b. 小冠疏层形

c. 开心形树形

图 6-1 枣树树形

其中小冠疏层形及自由纺锤形，具有骨干枝少、透风透光好、结果早、便于机械化管理等优点。因此，目前矮化密植枣园正向自由纺锤形、小冠疏层形树形发展，为后续机械化修剪等管理作业提供了便利条件。

6.1.2 修剪方法

枣树主要由主杆、分枝、侧枝、枣吊等组成。枣树的修剪作业主要包括短截、梳枝以及枣吊清除。其中短截主要是剪去当年生侧枝的一部分，即外围枣枝；疏枝主要是剪去重叠或者遭遇病虫害的枣枝；枣吊是红枣的结果枝，同时也是脱落性枝，修剪时一小部分枣吊可以自动脱落，大部分枣吊无法自行掉落，需要借助外力完成。修剪时首先利用竹竿等工具敲落枣树上的枣吊，然后利用修枝剪完成枣树的修剪作业（图 6-2）。

图 6-2 枣树修剪

针对新疆矮化密植枣园的生长态势及修剪技术要求，确定枣园机械化修剪方式：①采用整形修剪装置进行短截作业，剪去当年生侧枝的一部分，实现快速修剪作业；②通过人工或修剪机械手进行单枝选择修剪作业。

6.2 枣枝生物力学性能研究

为解决红枣机械化修剪技术难题，实现低功耗高效率作业，在自制红枣动态修剪试验台上进行红枣枣枝的修剪试验。以新疆矮化密植红枣枝为试验对象，确定刀盘直径、刀盘转速、枣枝直径和枣枝喂入速度为影响因素，切割功率与修剪时间为响应指标，进行四因素五水平二次回归正交旋转组合试验，获取各因素对试验指标的影响效应及既定因素水平下的最佳组合。通过方差分析，建立响应指标与各影响因素之间的数学回归模型，分析显著因素对响应指标的影响，优化试验参数，确定最优参数组合。

6.2.1 试验台结构组成与工作原理

红枣动态修剪试验台主要包括机架、枣枝修剪装置、移动平台和电控系统。枣枝修剪装置主要由电机、变频器、扭矩传感器、动扭测控仪、圆盘刀具组成；移动平台主要由枣枝夹持机构、枣枝推进机构、导向滑槽机构等组成；其中，枣枝修剪装置通过立式带座轴承安装在机架上，枣枝夹持机构安装在枣枝推进机构上，枣枝推进机构通过安装在底部的活动脚轮在导向滑槽上面移动，导向滑槽机构和机架安装于地面上，通过底座调节平衡状态，其结构示意图如图 6-3 所示。

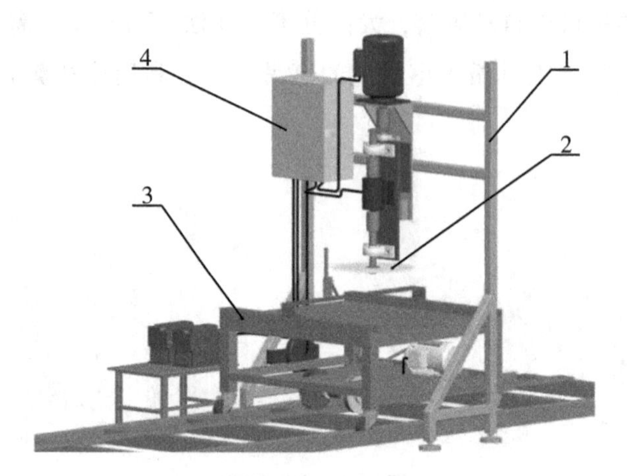

1. 机架；2. 枣枝修剪装置；3. 移动平台；4. 电控系统

图 6-3 红枣动态修剪试验台示意图

使用该红枣动态修剪试验台时，将经过预处理的枣枝（即挑选一定长度、不同直径的枣枝）放入枣枝夹持机构中，每次装夹枝条时保证夹持位置、夹持长度相同，然后将枣枝夹持机构安装到枣枝推进机构中，调节变频器控制电机转速使圆盘修剪刀具获得特定转速，通过变频器调节移动平台驱动电机使枣枝推进机构获得特定速度，使其在导向滑槽上沿该速度前进，直至枣枝被修剪刀具剪切后，记录扭矩传感器传输的数据，切断电源使修剪刀具与枣枝推进机构停止工作，换用不同直径的枣枝重复多次试验，观察修剪效果并记录相关数据，同时使用高速摄像仪记录枣枝锯切过程，记录修剪时间；进行下一组试验时，更换刀具、调整不同工作参数重复进行上述修剪试验。

6.2.2 材料与方法

（1）试验材料：试样采自新疆生产建设兵团第一师十三团五连矮化密植示范种植

园，采样时间为2019年10月。所采枣树枝尽可能通直，直径变化连续、均匀，无病虫害、无表皮损伤或开裂现象。根据枣树修剪主要修剪直径范围，截取平均直径为5~17 mm内的枝条，长度为200 mm，将树枝编号并用保鲜袋密封保存，以免丢失水分。依据国家标准《木材含水率测定方法》（GB/T 1931—2009）规定对所有试样进行含水率测定，实测含水率为32.31%~38.96%。

（2）试验仪器设备：试验设备主要有自制红枣动态修剪试验台、MCK-DN型动扭测控仪（输入信号：扭矩5~15 kHz，转速<10 000 r/min，基本误差：0.2 FS）、MS300型变频器、JN-DN扭矩传感器（规格：50 N·m，精度：0.5%）、FASTECIMAGING-TS4型3D高速摄像仪（最大分辨率为1 280 ppi×1 024 ppi，在最大分辨率时每秒500帧）、数显游标卡尺（分度值0.01 mm）、修枝剪等。

6.2.3　枣枝锯切试验

本试验采用圆锯横截的修剪方式，即刀片切割时与枝条切割部位相垂直，其主要针对修剪装置几何结构和工作参数的变化，对修剪效果的影响因素进行研究，搭建自制试验平台（图6-4）。

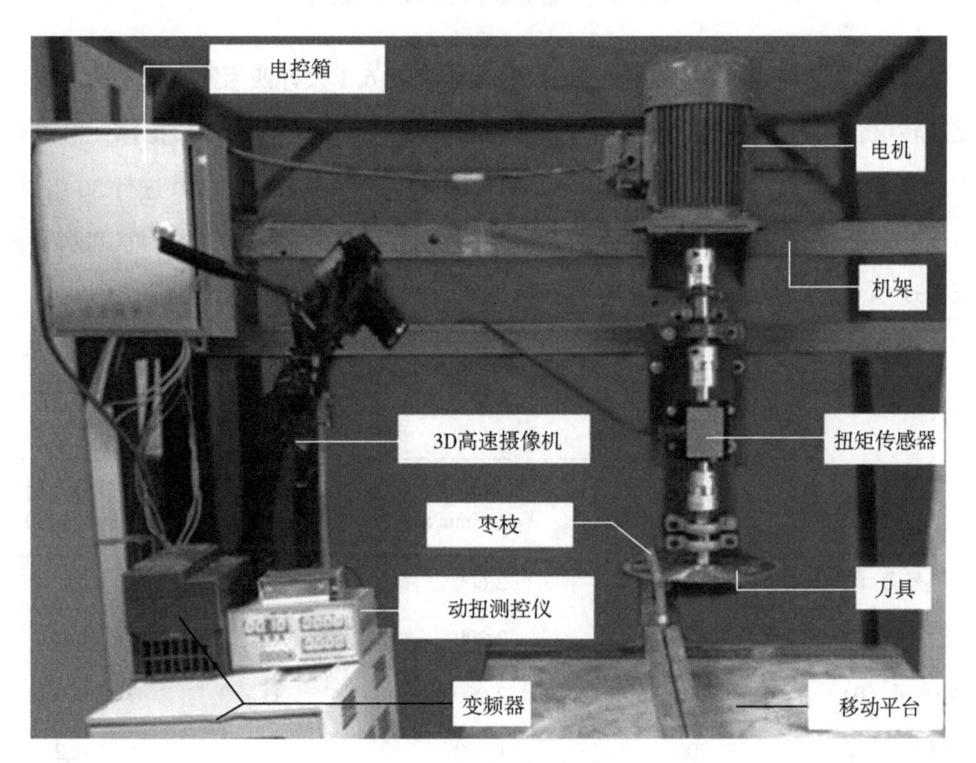

图6-4　红枣动态修剪试验台

（1）试验指标：为设计出低功耗高效率的修剪机具，以切割功率与修剪时间作为影响指标。其中切割功率越小，表明耗能越少，作业效果越好；修剪时间越短，表明修剪效率越高，作业效果越好。

试验分别测定各交互因素下的切割功率与修剪时间。切割功率通过扭矩传感器测定，数据由智能数显仪表直接读取；为了更精确地记录修剪时间，通过 3D 高速摄像机（FASTECIMAGING-TS4，最大分辨率为 1 280 ppi× 1 024 ppi，在最大分辨率时每秒 500 帧）对枣枝切割过程进行拍摄，如图 6-5 所示为高速摄像下的枣枝切割过程，试验结束后读取从锯齿接触枣枝完全割断时间间隔，即为修剪时间。

a. 切割前

b. 切割中

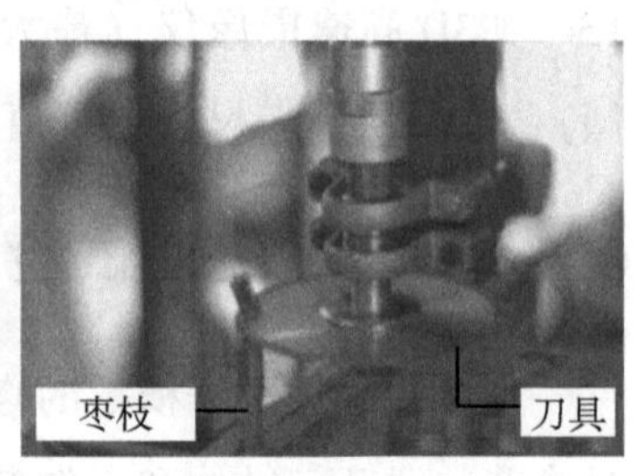

c. 切害虫后

图 6-5　高速摄像下的枣枝切割过程

（2）试验设计：本试验利用 Design-Expert V8. 0. 6. 1 设计四因素五水平的二次回归正交旋转组合优化试验，以切割功率 Y_1、修剪时间 Y_2等参数作为评价指标，对刀盘直径 X_1、刀盘转速 X_2、枣枝直径 X_3和枣枝喂入速度 X_4展开试验研究；共进行 30 组试验，每组试验重复进行 5 次，取 5 次测试结果的平均值作为试验结果，试验因素和水平编码如表 6-1 所示，试验设计方案及结果如表 6-2 所示。

表 6-1　红枣动态修剪试验因素和水平

水平	因素			
	刀盘直径 X_1（mm）	刀盘转速 X_2（r/min）	枣枝直径 X_3（mm）	枣枝喂入速度 X_4（m/s）
上星号臂（2）	350	2 600	17	0. 5
上水平（1）	300	2 300	14	0. 4
零水平（0）	250	2 000	11	0. 3
下水平（-1）	200	1 700	8	0. 2
下星号臂（-2）	150	1 400	5	0. 1

6.2.4 结果与分析

（1）试验结果回归分析：试验结果如表 6-2 所示，通过 Design-Expert V8.0.6.1 软件进行方差分析，剔除模型中显著性大于 0.1 的不显著项，得到分别以切割功率 Y_1、修剪时间 Y_2的响应函数，以各影响因素为自变量的编码回归数学模型，如式 6-1、式 6-2 所示。

$$Y_1 = 148.50 + 130.79X_1 + 56.79X_2 + 81.96X_3 - 17.54X_4 + 21.81X_2X_3 + 54.93X_1^2 + 24.55X_2^2 + 44.93X_3^2 + 18.43X_4^2 \tag{6-1}$$

$$Y_2 = 87.00 - 12.96X_1 - 15.54X_2 + 21.21X_3 - 33.96X_4 + 4.81X_3X_4 - 3.18X_1^2 - 3.05X_2^2 + 2.82X_3^2 + 13.20X_4^2 \tag{6-2}$$

式中：X_1、X_2、X_3、X_4分别为刀盘直径 D、刀盘转速 n、枣枝直径 d 和枣枝喂入速度 v。

表 6-2 试验设计方案及结果

试验序号	试验因素及水平				响应指标	
	X_1（in）	X_2（r/min）	X_3（mm）	X_4（m/s）	Y_1（kW）	Y_2（ms）
1	8	1 700	8	0.2	0.093	136
2	12	1 700	8	0.2	0.407	118
3	8	2 300	8	0.2	0.132	111
4	12	2 300	8	0.2	0.349	87
5	8	1 700	14	0.2	0.143	171
6	12	1 700	14	0.2	0.435	145
7	8	2 300	14	0.2	0.312	136
8	12	2 300	14	0.2	0.634	121
9	8	1 700	8	0.4	0.069	67
10	12	1 700	8	0.4	0.254	50
11	8	2 300	8	0.4	0.143	37
12	12	2 300	8	0.4	0.428	16
13	8	1 700	14	0.4	0.212	117
14	12	1 700	14	0.4	0.437	92
15	8	2 300	14	0.4	0.281	91
16	12	2 300	14	0.4	0.578	68

（续表）

试验序号	试验因素及水平				响应指标	
	X_1（in）	X_2（r/min）	X_3（mm）	X_4（m/s）	Y_1（kW）	Y_2（ms）
17	6	2 000	11	0.3	0.089	108
18	14	2 000	11	0.3	0.590	37
19	10	1 400	11	0.3	0.083	109
20	10	2 600	11	0.3	0.361	37
21	10	2 000	5	0.3	0.097	49
22	10	2 000	17	0.3	0.502	144
23	10	2 000	11	0.1	0.273	220
24	10	2 000	11	0.5	0.114	56
25	10	2 000	11	0.3	0.138	96
26	10	2 000	11	0.3	0.111	86
27	10	2 000	11	0.3	0.132	83
28	10	2 000	11	0.3	0.181	88
29	10	2 000	11	0.3	0.140	87
30	10	2 000	11	0.3	0.189	82

注：X_1为刀盘直径，in；X_2为刀盘转速，r/min；X_3为枣枝直径，mm；X_4为枣枝喂入速度，m/s；Y_1为切割功率，kW；Y_2为修剪时间，ms。

对该枣枝动态锯切试验结果进行方差分析（表6-3），切割功率Y_1和修剪时间Y_2的回归方程模型$P<0.000\ 1$，2个回归方程模型极其显著，响应指标决定系数R^2分别为0.942 2、0.977 4，表明回归模型可以解释94.22%、97.74%的试验数据变异性，预测值与实际值高度相关。根据切割功率F检验：$F_{1回归}=36.22>F_{0.1(9,20)}=1.96$，$F_{1失拟}=3.22<F_{0.1(15,5)}=3.24$；修剪时间$F$检验：$F_{2回归}=96.16>F_{0.1(9,20)}=1.96$，$F_{2失拟}=3.07<F_{0.1(15,5)}=3.24$，表明回归模型均极显著，失拟项不显著。因此，上述2个回归方程与实际情况具有良好的拟合关系，具有实际意义。

表6-3 回归模型方差分析

试验指标	方差来源	平方和	自由度	均方	F值	P值
切割功率Y_1（W）	模型	7.91×10^5	9	87 873.63	36.22	<0.000 1
	残差	48 520.73	20	2 426.04		
	失拟	43 963.23	15	2 930.88	3.22	
	误差	4 557.50	5	911.50		

（续表）

试验指标	方差来源	平方和	自由度	均方	F值	P值
修剪时间 Y_2（ms）	模型	54 811.94	9	6 090.22	96.19	<0.000 1
	残差	1 266.23	20	63.31		
	失拟	1 142.23	15	76.15	3.07	
	误差	124.00	5	24.80		

（2）试验因素对切割功率的影响分析：通过方差分析得，枣枝直径与刀盘转速之间的交互作用显著，剔除其余不显著项交互因素，通过数据优化软件 Design-Expert 8.0.6 生成 3D Surface 响应面图，根据响应面图分析枣枝直径与刀盘转速的交互因素对切割功率 Y_1 的影响。

如图 6-6 所示，当刀盘直径与枣枝喂入速度固定在 0 水平（$X_1 = 10$ in，$X_4 = 0.3$ m/s）时，枣枝直径与刀盘转速之间的交互作用对切割功率的影响规律为：当枣枝直径与刀盘转速分别增大时，切割功率随枣枝直径与刀盘转速增大而增大；响应曲面沿枣枝直径方向变化较快，而沿刀盘转速方向变化较小；在试验水平下枣枝直径对切割功率 Y_1 的影响比刀盘转速影响显著。

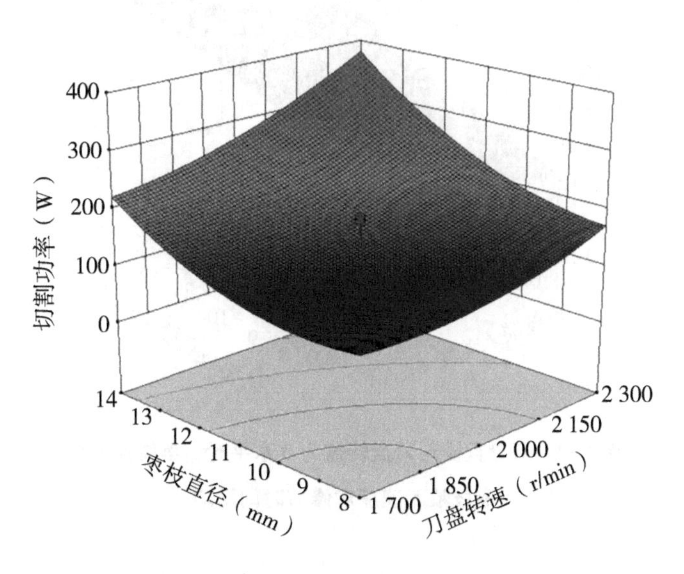

图 6-6　刀盘直径与枣枝喂入速度为 0 水平时，枣枝直径与刀盘转速对切割功率影响

回归方程中系数绝对值大小决定该因素对响应指标的影响大小，结合回归方程可知，各因素对切割功率 Y_1 的影响重要性依次为刀盘直径、枣枝直径、刀盘转速和枣枝喂入速度。

（3）试验因素对修剪时间的影响分析：通过回归模型方差分析得，各因素对修剪时间 Y_2 的影响重要性依次为枣枝喂入速度、枣枝直径、刀盘转速和刀盘直径。

通过对各因素之间的交互作用分析得，枣枝直径与枣枝喂入速度之间的交互作用显著，剔除其余不显著项的交互因素，通过数据优化软件 Design-Expert8.0.6 生成 3D Surface 响应面图，根据响应面图分析枣枝直径与枣枝喂入速度的交互因素对修剪时间 Y_2 的影响。

如图 6-7 所示，当刀盘直径与刀盘转速固定在 0 水平（X_1 = 10 in，X_2 = 2 000 r/min）时，枣枝直径与枣枝喂入速度之间的交互作用对修剪时间的影响规律为：当枣枝直径与枣枝喂入速度分别增大时，修剪时间随枣枝直径的增大而增大，随枣枝喂入速度的增大而减小；响应曲面沿枣枝喂入速度 X_4 方向变化较快，而沿枣枝直径 X_3 方向变化较慢；在试验水平下枣枝喂入速度对修剪时间的影响比枣枝直径影响显著。

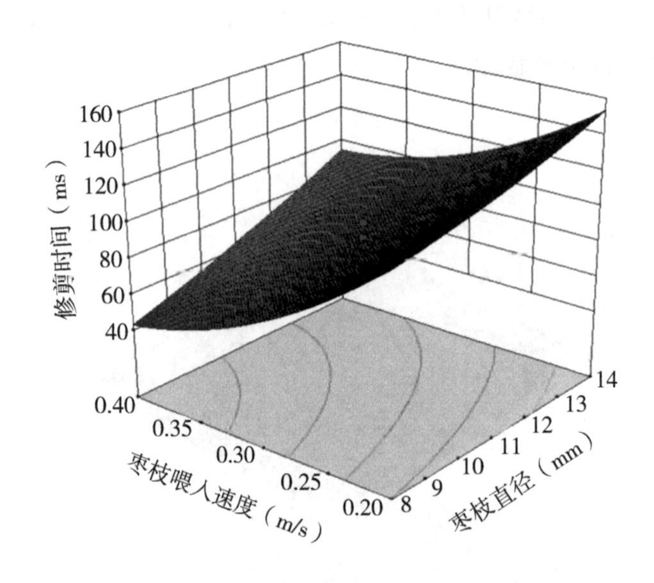

图 6-7 刀盘直径与刀盘转速为 0 水平时，枣枝直径与枣枝喂入速度对修剪时间影响

6.2.5 参数优化与验证试验

（1）参数优化：为了获得较好的枣枝修剪效果，本文根据枣枝切割功率小、修剪时间短的修剪作业要求为优化目标，进行红枣动态修剪试验装置的工作参数和结构参数优化分析。应用 Design-Expert V8. 0. 6. 1 数据分析软件对建立的 2 个指标的二次回归模型优化分析，约束条件为：①目标函数：$Y_1 \rightarrow Y_{1min} \in [70, 300]$；$Y_2 \rightarrow Y_{2min} \in [20, 60]$；②影响因素约束：$X_1 \in [-1, 1]$（刀盘直径 200~300 mm）；$X_2 \in [-1, 1]$（刀盘转速 1 700~2 300 r/min）；$X_3 \in [-1, 1]$（枣枝直径 8~14 mm）；$X_4 \in [-1, 1]$（枣枝喂入速度 0. 2~0. 4 m/s）。进行优化求解后得到各因素最优参数（图 6-8），刀盘直径为 250 mm、刀盘转速为 2 300 r/min时，响应目标函数有覆盖区域，通过 Design-Expert V8. 0. 6. 1 软件选取满意度最高的组合为最佳参数组合：当刀盘转速为 2 300 r/min、刀盘直径为 250 mm、枣枝直径为 8 mm、枣枝喂入速度 0. 4 m/s 时，此时模型预测的切割功率为 0. 17 kW、修剪时间为 25 ms。

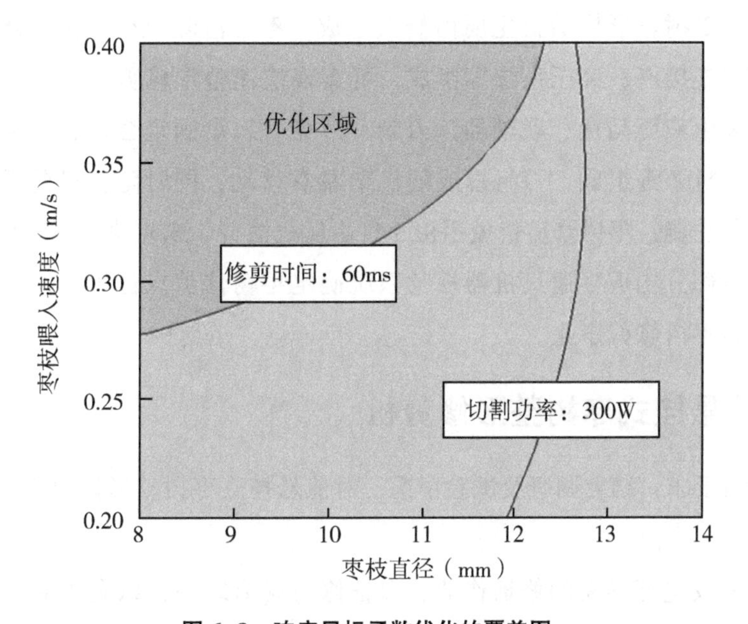

图 6-8　响应目标函数优化的覆盖图

（2）试验验证：为验证模型预测的准确性，在红枣动态修剪试验台上进行 5 次重复试验，取 5 次测试结果的平均值作为试验结果。采用参数组合为：刀盘转速为 2 300 r/min、刀盘直径为 250 mm、枣枝直径为 8 mm、枣枝喂入速度 0. 4 m/s，在此优化方案下进行试验，结果如表 6-4 所示。试验测得枣枝切割功率的均值为 0. 182 kW，修剪时间均值为 27 ms，其相对误差分别为 6. 04%、7. 41%，各性能指标试验值与理论优化值均比较吻合，因此，参数优化模型可靠。

表 6-4　台架试验测定结果

指标	最大值	最小值	平均值	标准差	变异系数
切割功率（kW）	0.186	0.173	0.182	9.68	5.32
修剪时间（ms）	32	24	27	3.76	13.93

6.3　枣园修剪装备

通过对比分析国内外果园修剪机械发展的现状，针对新疆矮化密植枣园的生长态势及修剪技术要求，开展枣树机械化修剪技术研究，设计了 3 种枣树修剪机型。其中，前悬挂式枣树整形修剪机主要由修剪总成、枣吊清除机构、仿形修剪机架、仿形调整机架、连接座、液压系统等组成，可实现快速整形修剪作业；立体仿形红枣修剪装置主要由液压马达、联轴器、刀轴、刀盘、刀盘固定套筒、支撑装置、仿形轮、轴承座、机架等组成，刀组总成随机架左右移动，同时随整机前后移动，实现仿圆柱形修剪功能；枣树修剪机械手由 5 自由度机械臂、末端执行器、控制系统和机器视觉系统等部分构成，通过机器视觉系统确定枣树修剪点位置，控制系统控制机械手本体进行枣树修剪作业。

6.3.1　前悬挂式枣树整形修剪机

（1）设计要求：结合调研及试验情况，对前悬挂式枣树整形修剪机的设计提出以下要求：

①一次完成整行枣树的修剪作业，保证修剪树形统一，以利于后面的枣园机械化管理；修剪装置设计有枣吊清除机构，完成修剪作业同时，完成枣吊的清除作业。

②修剪装置的修剪高度与宽度可调，满足不同枣龄枣树的修剪要求，枣树修剪高度为 800～2 200 mm，枣树树冠高度修剪为 400～1 600 mm，修剪宽度的调整范围为 800～1 400 mm。

③修剪装置水平距离可调，以适应不同行距枣园的修剪要求。

④修剪刀具采用圆锯片刀，转速不低于 1 800 r/min。

（2）关键技术参数：根据新疆矮化密植枣园的生长态势、修剪技术要求，枣树仿形修剪装置的主要技术参数要求如表 6-5 所示。

表 6-5　枣树仿形修剪装置主要参数

参数	数值
配套动力（kW）	45~60
刀盘转速（r/min）	1 800~2 000
修剪高度调整范围（mm）	600~2 200
修剪宽度调整范围（mm）	800~1 400
修剪装置尺寸（长×宽×高）（mm）	1 700×500×1 800
整机重量（kg）	450

（3）整机结构组成与工作原理：石河子大学于 2017 年研制了一种枣树仿形修剪装置（图 6-9）。其配套动力为 45~60 kW 的拖拉机，主要由拖拉机动力输出轴提供动力，主要由修剪总成、枣吊清除机构、仿形修剪机架、仿形调整机架、连接座、液压系统等组成。该修剪总成的工作与修剪高度的调整分别由液压马达及液压油缸控制。为保证工作的稳定性，单独配有液压动力系统，即拖拉机动力输出轴通过齿轮变速装置驱动齿轮泵工作，为修剪装置提供动力。

1. 侧部修剪总成；2. 顶部修剪总成；3. 仿形修剪机架；4. 仿形调整机架；5. 枣吊清除机构；6. 连接座；7. 拖拉机；8. 液压油箱

图 6-9　枣树仿形修剪装置

工作前，需要对仿形修剪机架进行调整，以适应枣树修剪要求。根据枣树的树冠修剪宽度要求，调整侧部修剪总成的间距，即调整树冠修剪直径；根据枣园行距，通过液压油缸控制仿形调整机架内侧修剪总成到拖拉机外侧边缘的距离以及机架高度，以适应不同行距、树高的修剪要求，必要时，可以通过调整顶部修剪总成的离地高度，小幅度调整顶部修剪高度；通过摆动油缸调整仿形修剪机架以使其保持水平，保证修剪树形统一且符合枣树生长特性。工作时，装置在拖拉机的带动下，沿枣行直线行驶，侧部修剪总成与顶部修剪总成在液压马达的驱动下，完成枣树的修剪作业。

（4）关键部件设计

①修剪总成结构设计：根据前述的树冠修剪高度，考虑修剪装置的整机高度，设计侧部修剪总成的高度为 1 600 mm，顶部修剪总成的长度为 1 200 mm。为保证修剪时不出现漏剪，相邻两圆锯片刀上下交错布置。其中两侧部修剪总成共用 12 把圆锯片刀，顶部修剪总成共用 4 把圆锯片刀，修剪部件具体结构如图 6-10 所示，传动系统如图 6-11 所示。

工作时，液压马达驱动主动刀轴转动，进而带动主动刀轴上的圆锯片刀，其余圆锯片刀均是通过同步带带动刀轴实现驱动。为保证枣枝锯落之前的稳定性，结合前面高速摄像及支撑位置的分析情况，在修剪部件锯切的一侧安装有支撑杆，修剪时，部分枣枝（柔性枣枝等）会被推到支撑杆位置实现锯切。

②枣吊清除机构设计：根据工作需求，设计枣吊清除机构为空间角度可调螺旋拨杆式（图 6-12）。该装置由竖梁、滑动套筒、加强筋、L 板、支撑板、销轴、定位螺栓、横梁、短竖梁、液压马达、竖直调节器、短横梁、辊筒、拨杆座、拨杆、连

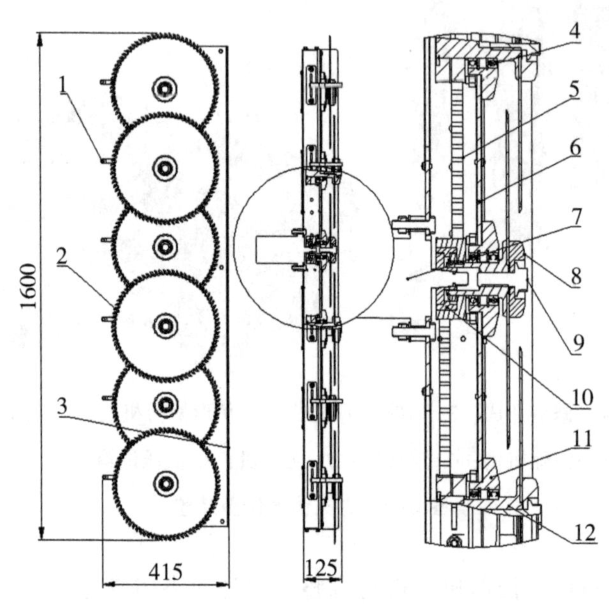

a. 侧部修剪总成

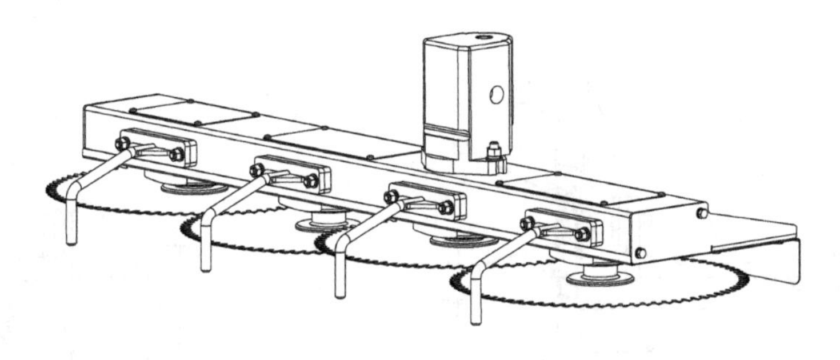

b. 顶部修剪总成

1. 支撑杆；2. 圆锯片刀；3. 修剪护板；4. 轴承；5. 同步带；6. 支撑框架；7. 液压马达；8. 压盖；9. 压紧螺栓；10. 联轴器；11. 轴承座；12. 刀轴

图 6-10　修剪总成简图

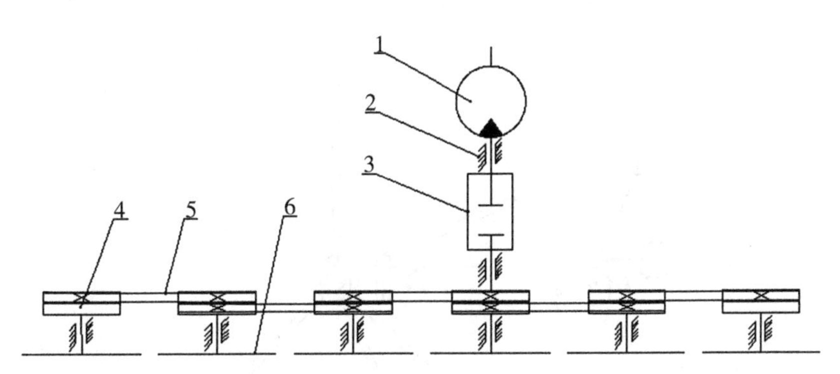

1. 液压马达；2. 轴承；3. 联轴器；4. 同步带轮；5. 同步带；6. 圆锯片刀

图 6-11　修剪总成传动示意图

接法兰、固定圆筒、联轴器、轴承、轴端定位圈、定位套筒、连接轴、连接螺栓、连接套筒等组成。其中竖梁可在滑动套筒内滑动，通过滑动套侧面的螺栓可以实现竖梁的固定；L 板和支撑板组成水平调节器，横梁可在水平面上围绕销轴转动，以实现水平方向角度调节；竖直调节器可以带动枣吊清除机构在竖直空间面内转动，通过水平调节器和竖直调节器组合使用，可实现枣吊清除机构的空间内调整，以满足实际需求；连接套筒套在连接轴上，通过两个上下交错的螺栓固定，方便更换。枣吊清除机构在低速液压马达的驱动下，完成回转运动，进而完成枣吊的清除作业。

根据枣树树冠形态，设计枣吊清除机构的辊筒高度为 500 mm，考虑到修剪机的整体要求及运输要求，设计拨杆长度为 450 mm。枣吊清除机构为初始设计装置，为保证

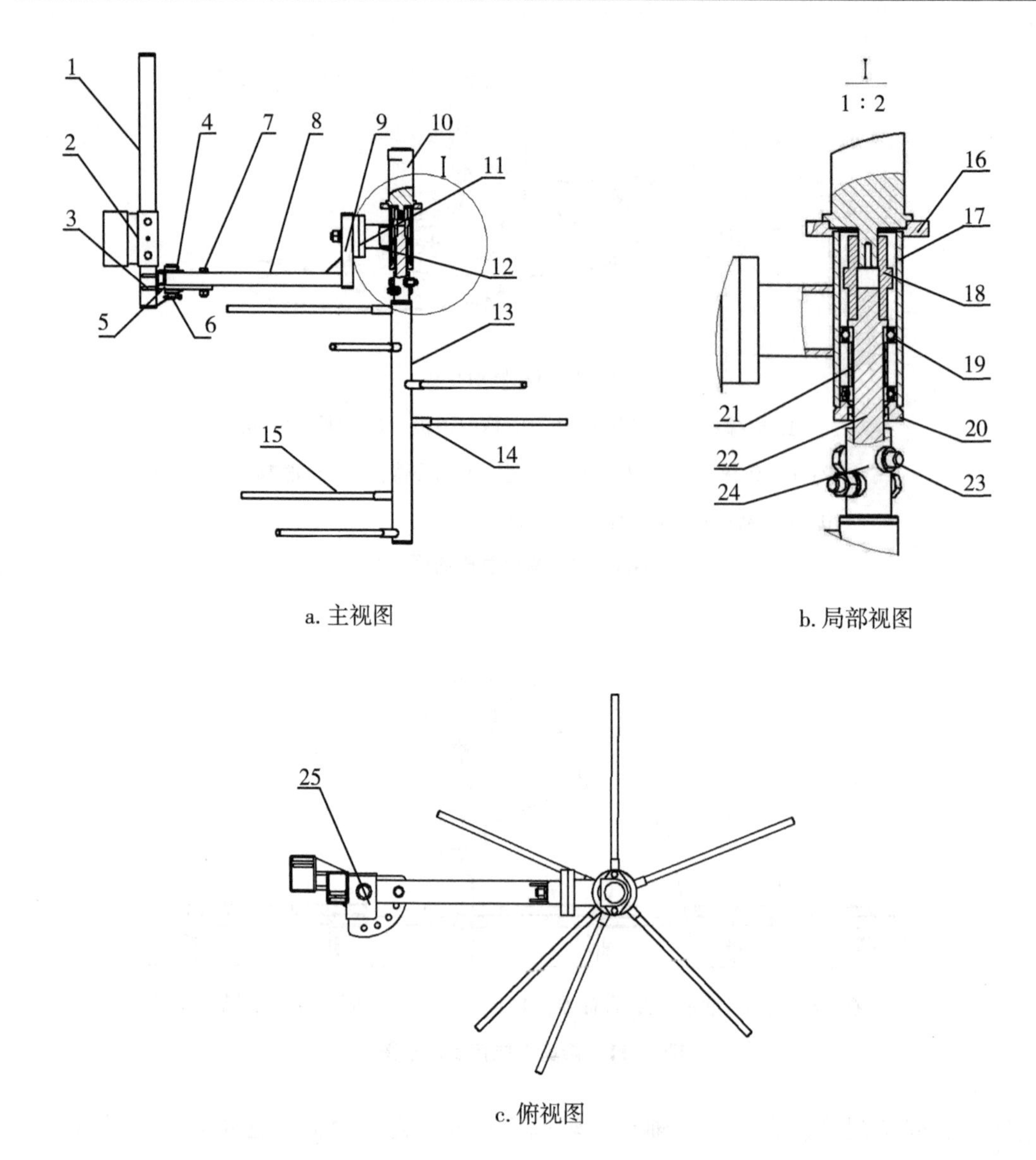

a. 主视图

b. 局部视图

c. 俯视图

1. 竖梁；2. 滑动套筒；3. 加强筋；4. L 板；5. 支撑板；6. 销轴；7. 定位螺栓；8. 横梁；9. 短竖梁；10. 液压马达；11. 竖直调节器；12. 短横梁；13. 辊筒；14. 拨杆座；15. 拨杆；16；连接法兰；17. 固定圆筒；18. 联轴器；19. 轴承；20. 轴端定位圈；21. 定位套筒；22. 连接轴；23. 连接螺栓；24. 连接套筒；25. 水平调节器

图 6-12　枣吊清除机构部装图

实用性，参考红枣收获机辊筒的转速为 120 r/min，设计液压马达转速调速为 80～180 r/min。

拨杆共 7 根，为降低枣枝损伤率，参考红枣收获机激振装置拨杆的材料，选用尼龙棒作为拨杆材料，采用螺旋式布置，具体分布方式如图 6-13 所示。

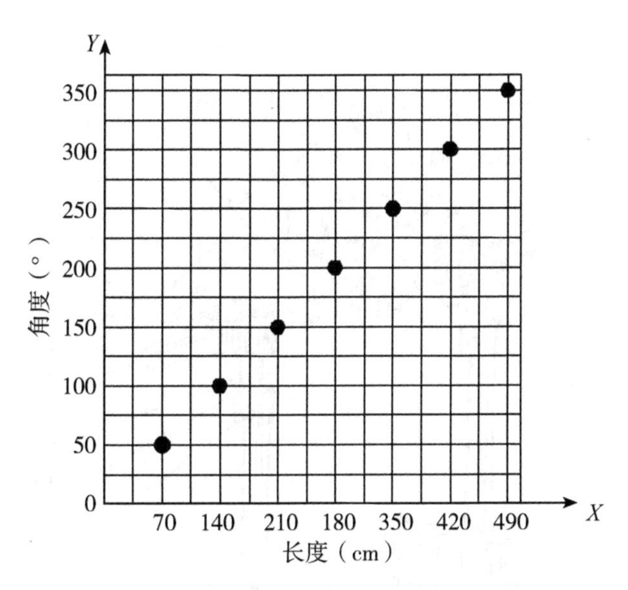

图 6-13　拨杆排布

③仿形机架的设计分析：枣树仿形机架作为枣树仿形修剪装置的重要工作部件，由仿形修剪机架与仿形调整机架组成。仿形修剪机架根据修剪要求，调整适应不同大小枣树树冠的修剪，以及水平调节，避免拖拉机因地面起伏不平造成的修剪树形不一致。仿形调整机架应满足枣树不同高度及行距的修剪要求，具体如下。

仿形修剪机架采用龙门式，由侧部限位螺栓、紧固螺栓、侧部固定套、侧部支撑板、侧部连接座、长立梁、立梁连接板、立梁侧护板、短立梁、牙嵌离合器、横梁、固定轴、摆动油缸、摆动销轴、顶部固定套、摆动架、顶部修剪斜梁、顶部连接座、横梁固定套、修剪横梁、液压管固定环等组成，具体结构如图 6-14 所示，主摆架结构如图 6-15 所示。其中，主动摆架上部同调整横梁铰接，摆动油缸座同液压油缸铰接，摆动油缸的伸缩可以完成枣树仿形修剪机架在竖直方向内的角度调整；主摆架支板、主横梁定位板、主横梁底板、主横梁侧板组成主摆动架定位套，修剪横梁穿过主动摆架固定套，修剪横梁中部通过紧固螺栓固定在主动摆架固定套内；顶部修剪斜梁可以在顶部斜套内滑动；横梁固定套通过在修剪横梁上移动，带动侧部修剪总成的移动；短立梁可以通过牙嵌离合器调整竖直方向上的角度，以实现不同树形轮廓的修剪；立梁连接板、立梁侧护板组成竖直套，长立梁同竖直套铰接，以保证修剪总成在工作时始终保证与地面垂直；侧部固定套套在长立梁上，可沿长立梁上下滑动以实现侧部修剪装置的高度调整，通过紧固螺栓固定。

工作时，通过移动横梁固定套调整修剪不同大小的树冠；通过调整顶部修剪斜梁，小幅度调整枣树修剪高度。根据修剪要求，枣树仿形修剪装置的修剪最大冠径为

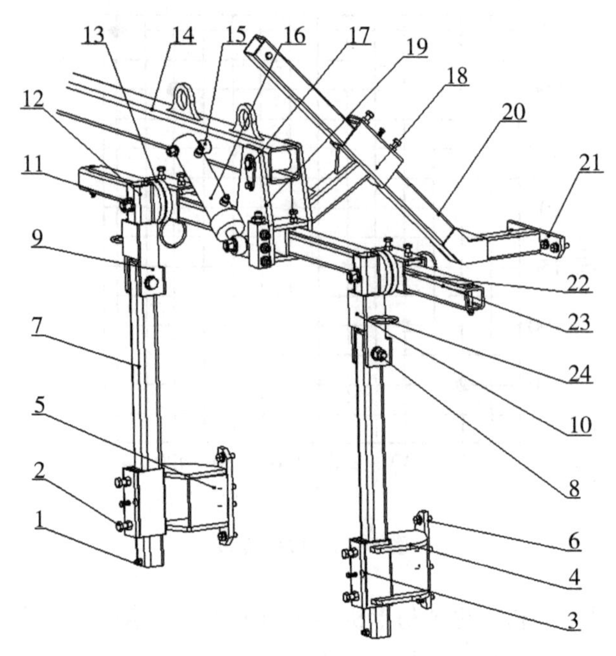

1. 侧部限位螺栓；2. 紧固螺栓；3. 侧部固定套；4. 侧部支撑板；5. 侧部连接座；6. 紧固螺栓；7. 长立梁；8. 紧固螺栓；9. 立梁连接板；10. 立梁侧护板；11. 紧固螺栓；12. 短立梁；13. 牙嵌离合器；14. 调整横梁；15. 摆动油缸座；16. 摆动油缸；17. 摆动销轴；19. 主摆动架；20. 顶部修剪斜梁；21. 顶部连接座；22. 横梁固定套；23. 修剪横梁；24. 液压管固定环

图 6-14　仿形修剪机架结构示意图

1 400 mm，顶部斜梁可带动顶部修剪总成实现竖直方向内 500 mm 范围内的调整。

为确定摆动油缸的工作尺寸，对摆动油缸与仿形修剪机架几何关系进行了分析，其几何关系（图 6-16）。修剪横梁位于 c_2d_2位置时，其上边与横梁下边刚发生接触，此位置为摆动油缸的最小伸缩状态。修剪装置运输时，仿形修剪机架处于水平状态，即 c_1d_1 所处位置，具体几何关系如图 6-16a 所示。通过作图法，可以得到 $ab_2=269$ mm，$ab_1=288$ mm。

由余弦定理可得：

$$\cos(\angle aO_1b_1)=\frac{aO_1{}^2+O_1b_2{}^2-ab_2{}^2}{2aO_1\cdot O_1b_2} \tag{6-3}$$

代入数据求得 $\angle aO_1b_1=77.3°$

$$\beta/2=\angle aO_1b_1-\angle aO_1b_2 \tag{6-4}$$

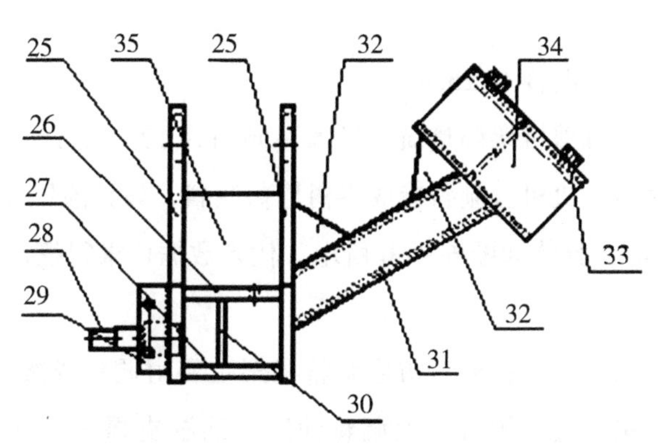

25. 主摆架支板；26. 横梁定位板；27. 横梁底板；28. 摆动油缸座；29. 回油集成块连接板；30 横梁侧板；31. 顶部斜梁；32. 加强筋；33. 固定螺帽；34 顶部斜套；35. 主摆架加强板

图 6-15　主摆动架示意图

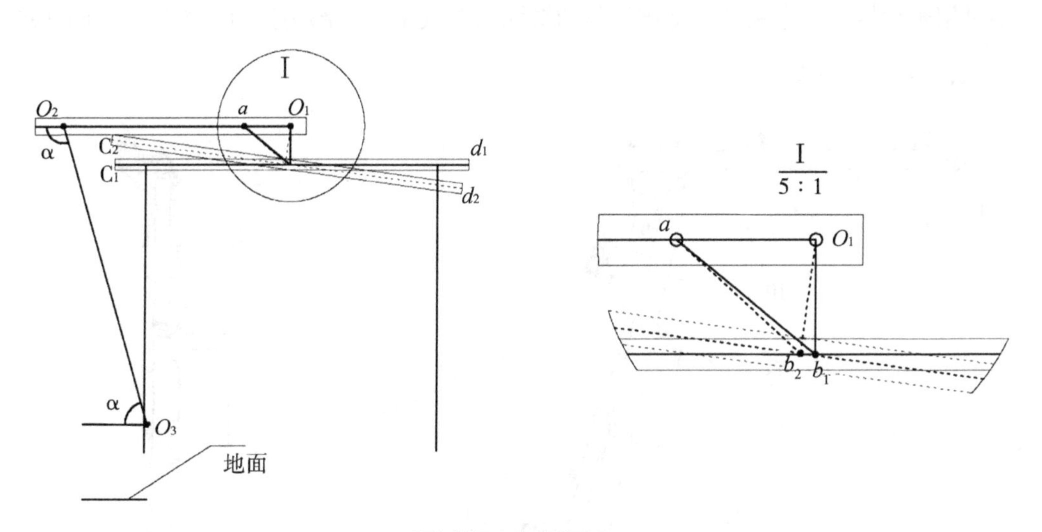

a. 形修剪机架调整简图

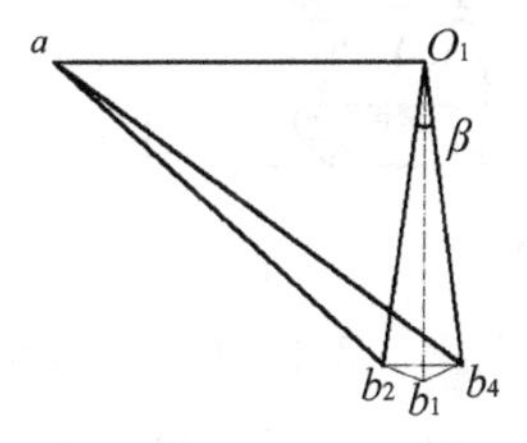

b. 摆动油缸几何关系

O_1、ab_1、ab_2为铰接点，其中，$aO_1=225$ mm，$O_1b_2=O_1b_2=180$ mm，$\angle aO_1b_1=90°$

图 6-16　摆动油缸的几何关系

求得 $\beta/2 \approx 12.7°$

故摆动油缸的调整角度 $\beta \approx 25.4°$。

即摆动油缸可调节修剪机架调整横梁最大左倾角为 12.7°，最大距离为 19 mm，为避免仿形修剪机架因拖拉机机身倾斜造成枣树修剪倾斜，设计液压油缸左右倾斜角度相同，调整角度为 25.4°，具体如图 6-16b 所示。代入数据可求得摆动油缸最大工作长度为 306 mm。

④仿形调整机架结构设计：枣树仿形调整机架主要由调整横梁轴套、摆动油缸座、吊耳、调整、调整横梁主套、销轴、上调整油缸、油缸支撑座、立梁内套筒、加强板上、紧固螺栓、举升油缸、电控箱、立梁外套筒、下调整油缸支撑座、下部调整油缸、液压锁、支撑底座等组成，具体结构如图 6-17 所示。其中，调整横梁固定在调整横梁主套内，通过紧固螺栓固定调整横梁；调整横梁主套有 2 个销孔，一个销孔同立梁内套筒通过销轴铰接，一个销孔同上部调整油缸同销轴铰接，上部调整油缸的另一端同油缸

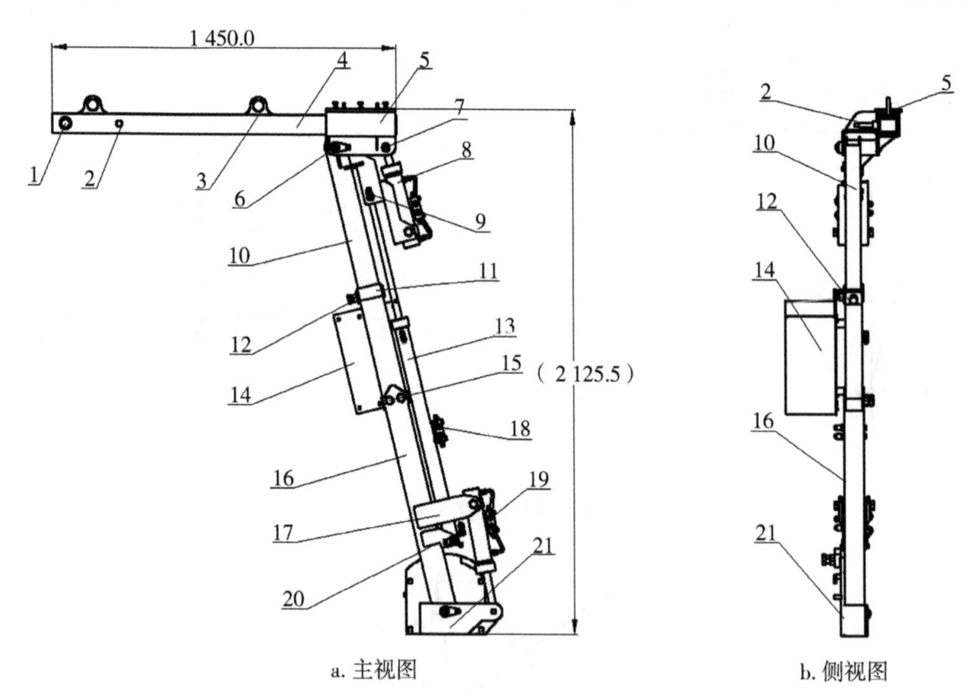

1. 调整横梁轴套；2. 摆动油缸座；3. 吊耳；4. 调整横梁；5. 调整横梁主套；6、7. 销轴；8. 上调整油缸；9. 油缸支撑座；10. 立梁内套筒；11. 加强板上；12、15. 紧固螺栓；13. 举升油缸；14. 电控箱；16. 立梁外套筒；17. 下调整油缸支撑座；18. 下调整油缸；19. 液压锁；20. 下油缸支撑座；21. 支撑底座

图 6-17　调整机架示意图

支撑座铰接，组成上部平行四边形调整机构；下部调整油缸的工作原理与上部调整油缸的工作原理相同。通过上下两个调整油缸，调整仿形修剪机架的水平修剪距离；立梁内套筒可以在立梁外套筒内滑动，立梁内筒同油缸支撑座焊合连接，举升油缸上端同油缸支撑座铰接，下端同下油缸支撑座铰接，通过举升油缸的伸缩完成调整机架的竖直高度调整。

工作时，通过上部与下部调整油缸的伸缩控制水平修剪距离（即修剪位置同拖拉机边缘的水平距离）；通过举升油缸的伸缩，调整立梁内套筒相对立梁外套筒的位置，从而实现对修剪高度（即枣树离地高度）的控制。

⑤液压系统的设计：根据枣树仿形修剪装置的工作要求，设计的液压系统主要由马达回路、调整油缸回路组成，且回路均为开式回路。为方便控制修剪装置，各液压油缸单独运动，圆锯片刀对应的驱动马达串联布置以保证同时工作，方便布置回路。为保证机架调整时的稳定性以及修剪装置运输、调试、维修时的安全，下部调整油缸、举升油缸、上部调整油缸回路中装有液压锁。液压油箱通过三点悬挂的方式安装在拖拉机的后方，动力来自拖拉机发动机，经动力输出轴为液压泵提供动力。为便于选择枣吊清除机构的转速，枣吊清除马达回路上装有调速阀。

根据工作要求，枣树仿形修剪装置的液压系统原理图如图 6-18 所示。

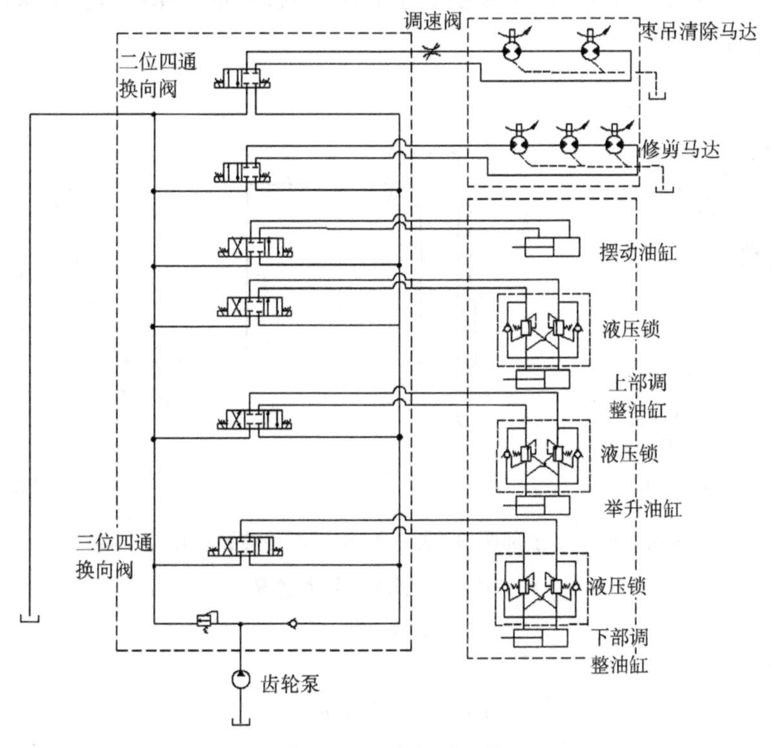

图 6-18　液压原理图

a. 液压系统压力的确定

液压系统的压力关系到装置的工作精度及工况的稳定性，根据表 6-6 各类设备的常用值确定枣树仿形修剪装置的工作压力为 14 MPa。

表 6-6　常用设备的液压系统压力

设备类型	机床				农业机械及工程机械	重型机械
	磨床	组合机床	齿轮加工机床	拉床龙门刨床		
工作压力（MPa）	≤20	3~5	2~4	≤63	10~16	20~32

b. 液压油缸的设计

枣树仿形修剪装置共需要 4 个液压油缸，分别为摆动油缸、上部调整油缸、下部调整油缸、举升油缸（图 6-19a），其中举升油缸所受最大外力 G 为修剪装置处于竖直方向式时，$G \approx 3\ 800$ N，受力如图 6-19b 所示。上部调整油缸与下部调整油缸为相同油缸，下部调整油缸受力较大，故调整油缸的设计按下部油缸的受力工况进行设计（图 6-19c），在下部调整液压油缸伸缩量最大时，角度 $a \approx 50°$，下部调整油缸受到最大拉力 $T = G \cdot \cos 50° \approx 2\ 440$ N。摆动油缸受力较小，可以根据工作行程、实际安装需要及现有油缸情况进行选取。

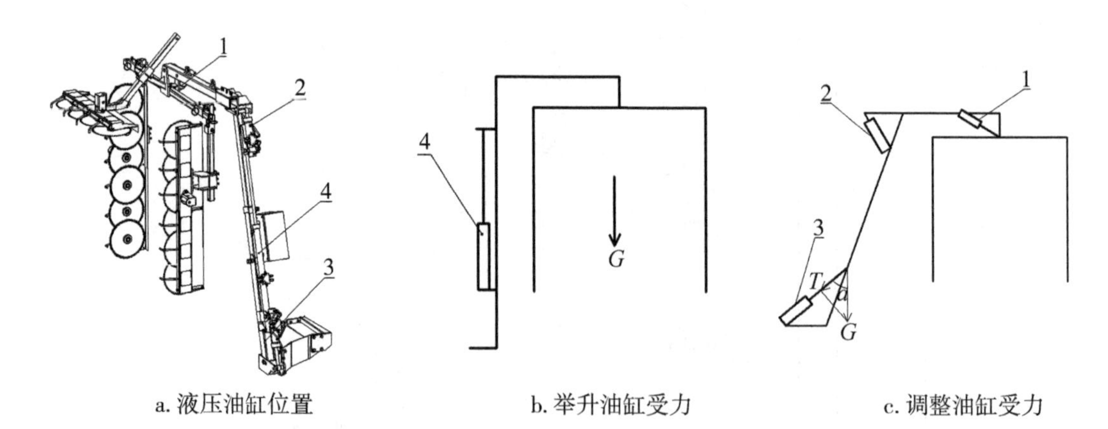

a. 液压油缸位置　　b. 举升油缸受力　　c. 调整油缸受力

1. 摆动油缸；2. 上部调整油缸；3. 下部调整油缸；4. 举升油缸

图 6-19　液压油缸受力情况

工作载荷

$$F = F_g + F_f + F_m \tag{6-5}$$

式中：F_g为重力负载，N；F_f为摩擦阻力，N；F_m为油缸的惯性负载，$F_m = ma$，m

为运动部件的总质量，kg；a 为运动部件的加速度，m/s^2；枣树仿形修剪装置油缸的调整过程是缓慢进行的，可以看作是匀速运动，故无加速度，此项为 0。

$$F_f = uF_N \tag{6-6}$$

式中：u 为摩擦系数，查机械设计手册可知，有润滑摩擦时摩擦系数约为 0.12；F_N为运动过程，运动件与固定件之间的摩擦力，其中下部调整油缸转动时的摩擦力约为 120 N，举升油缸举升时的摩擦力约为 150 N。计算得 $F_{举}$、$F_{调}$：

$F_{举}$ = 3 800+0.12×120=3 814.4 N

$F_{调}$ = 2 440+0.12×150=2 458 N

式中：$F_{举}$为举升油缸的工作载荷；$F_{调}$为调整油缸的工作载荷。

为保证安全起见，$F_{举}$取 3 820 N，$F_{调}$取 2 460 N。

油缸计算

无杆腔作为工作腔时，油缸内径 $D_{举}$：

$$D_{举} = \sqrt{\frac{4F_{max}}{\pi P_1}} \tag{6-7}$$

有杆腔作为工作腔时，油缸内径 $D_{调}$：

$$D_{调} = \sqrt{\frac{4F_{max}}{\pi P_1} + d^2} \tag{6-8}$$

式中：F_{max}为油缸工作时的最大载荷力；P_1为油缸工作时，工作腔的压力；d 为活塞杆外径。

举升油缸工作时工作腔为无杆工作腔，代入数据，得 $D_{举}$为 20.5 mm，调整油缸工作时为有杆腔工作，代入数据，得 $D_{调}$约为 41 mm。根据活塞杆的受力情况，举升油缸活塞杆受压力作用，则举升油缸内径 $d_{举}$=0.7$D_{举}$；调整油缸活塞杆受到的力为拉力，则调整油缸内径 $d_{调}$=0.5$D_{调}$。代入数据后，分别得到 $d_{举}$为 14.4 mm，$d_{调}$为 20.5 mm。查询液压油缸标准值，根据设计尺寸情况，结合实际情况，选取 $D_{举}$=32 mm、$d_{举}$=20 mm、$D_{调}$=50 mm、$d_{调}$=28 mm，油缸的相关行程前面已经给出，根据要求及实际情况进行制作。

液压马达参数确定

液压马达是枣树仿形修剪装置重要执行元件，在液压系统中，其主要是把液压能转化为机械能来实现工作的。按照液压马达转速归类，可以分为两大类：一类是转速在 500 r/min 以上的高速液压马达，一类是转速低于 500 r/min 的低速液压马达。根据枣树修剪要求，修剪总成选择液压马达工作转速不低于 1 800 r/min，即高速液压马达；枣吊清除机构选择液压马达工作转速为 180 r/min，即低速液压马达。齿轮马达具有抗污能力强、可靠性高、价格低等优点，因此修剪马达与枣吊清除马达均选用齿轮马达。根据液压马达的转速及系统的工作压力等要求，选取修剪马达与枣吊清除马达，具体参数如表 6-7 所示。

表 6-7　液压马达参数

参数	修剪马达	枣吊清除马达
型号	长江液压 CMK1002-456S	镇江大力 BMM-50-F-A-E-B
排量（mL/rev）	12.9	50.3
最高工作压力（MPa）	25	25
额定工作压差（MPa）	4	4
额定转速（r/min）	2 000	358

d. 液压泵参数的确定

液压泵的最大工作压力 P_p

$$p_p \geqslant p_1 + \sum \Delta p \tag{6-9}$$

式中：P_1为修剪马达的最高工作压力，MPa；$\sum \Delta p$ 为工作元件进油路的压力损失，MPa；根据工作要求，液压系统设计比较简单时，取值为 2~5 MPa，液压系统管路比较复杂时，取值为 5~15 MPa；该液压系统管路比较简单，因此取值 5 MPa。

$p_p = p_1 + \sum \Delta p = 14 + 5 = 19\text{Mpa}$

液压泵流量计算

$$q_p \geqslant q_v = K \sum q_{max} \tag{6-10}$$

式中：q_p为液压泵最大流量，L/min；q_v为系统所需流量，L/min；K 为液压系统泄漏系数，L/min，根据经验取值 1.2；$\sum q_{max}$ 为同时工作时各液压元件流量之和的最大值，L/min；根据经验，取值 2~3 L/min。

按工作要求，代入参数可得：

$q_p \geqslant q_v = K \sum q_{max} = 1.2(14.9 + 18) = 39.48\text{L/min}$

根据额定压力与最大流量要求，初选液压泵为合肥长源 CBW - F316 - CFB 齿轮泵，具体参数如表 6-8 所示。

表 6-8　CBW - F320 - CFB **齿轮液压泵 9**

名称	参数
额定压力（MPa）	20

（续表）

名称	参数
公称排量（mL/rev）	16
额定转速（r/min）	800~3 000

e. 液压系统辅助元件的选择设计

液压油箱容积计算

液压油箱容积为 V，

$$V = k\sum q_i \tag{6-11}$$

式中：k 为安全裕度，取 4；q_i 为元件的流量。

$V=4\times32.5=130$ L

设计液压油箱尺寸为：1 000 mm×500 mm×300 mm。

液压油的选择

液压油作为液压系统的工作介质，主要是将系统的液压能转化机械能，同时作为润滑剂、冷却剂，对工作的灵敏度、稳定性以及液压元件的相关寿命都有影响。根据工作要求，枣树仿形修剪装置液压系统选用 L - HM46 型抗磨液压油，闪点为 200 ℃，运动黏度为 46 cSt（40 ℃），黏度指数不小于 95，闪点不低于 200。其在常温下黏温特性随温度变化较小，具有良好的润滑性能，其抗泡沫性能、抗乳化性能和滤过性能也比较好，能够满足室外机械的工作需要。

f. 液压泵站的设计

液压泵站的总体结构

液压泵站是液压系统中提供动力源的工作装置。液压泵站结构布置的合理与否，直接关系着整个液压系统的工作好坏。根据空间布置需要，枣树仿形修剪装置的采用旁置式泵站，其主要由液压泵、液压油箱、温度计、空气过滤器、进油孔过滤器、驱动轴、变速箱体、三点悬挂连接等部分组成，具体结构如图 6-20 所示。液压泵站通过三点悬挂，安装在拖拉机的后方，拖拉机动力输出轴经过万向节总成，带动驱动轴转动，驱动轴通过齿轮驱动液压泵转动。液压油箱右侧的液压油经过进油孔过滤器进入液压吸油管，在液压泵的驱动下，液压油以一定压力及流量从液压泵出油口流出。空气经空气过滤器进入液压油箱，保证空气不受到污染。回油口从液压油箱的左侧流入，有隔板把液压油箱的进油与回油分开，避免回油过程中液压油混入空气而影响液压元件工作。因 45~60 kW 的拖拉机动力输出轴的最高转速一般不超过 1 000 r/min，而液压泵的匹配转

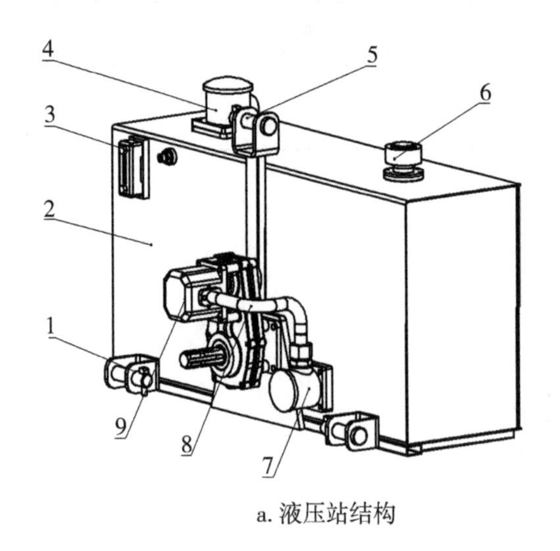

a. 液压站结构

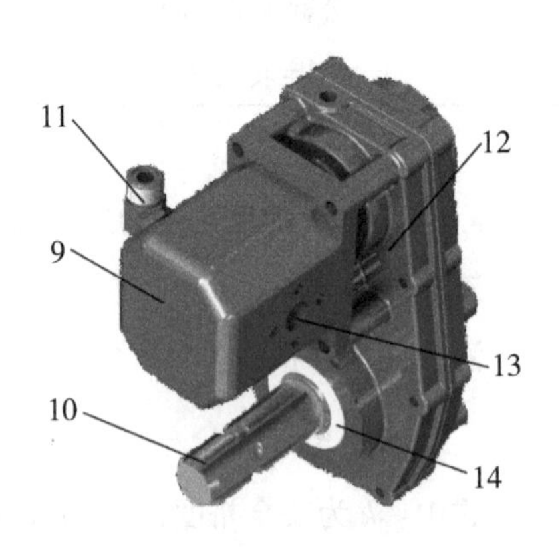

b. 驱动装置结构

1. 三点悬挂下部连接；2. 液压油箱；3. 温度计；4. 倒油口；5. 三点悬挂上部连接；6. 空气过滤口；7. 进油孔过滤器；8. 液压吸油管；9. 液压泵；10. 驱动轴；11. 液压泵出油口；12. 变速箱体；13. 液压泵进油口；14. 密封圈

图 6-20　液压站整体结构

速为 3 000 r/min，因此需要设计变速装置。

变速装置的确定

根据工作需要，设计变速装置。由于枣园修剪环境差、沙尘较多，工作条件恶劣，变速装置采用闭式齿轮布置形式，具体如图 6-20b 所示。齿轮作为重要工作部件，因为转速较高，为保证工作的可靠性，选用 40 Cr 作为齿轮材料，并进行表面淬火处理，主动齿轮通过驱动轴与万向节连接，从动轮通过连接轴同液压泵连接，主动齿轮与从动齿轮转速比为 1∶3。

g. 液压系统仿真分析

随着液压传动技术在农业机械中的推广应用，机械性能受液压系统的控制精度以及动态响应特性影响程度越来越明显，液压系统的重要性更为突出。传统液压系统的设计方法主要是通过对液压元件参数进行计算，然后进行液压系统试验设计。而通过仿真软件进行优化设计，可以有效缩短液压系统设计周期，降低试验成本。

本节通过液压仿真软件对枣树仿形修剪装置的液压系统进行仿真分析，分析其合理性。

基于 AMESim 软件液压系统模型的建立

依据设计的枣树仿形修剪装置液压原理图以及所选用的各个液压元件相关参数，在

AMESim10.0 仿真软件中建立仿真模型，对液压系统中各个液压元件以及系统参数进行仿真分析，了解液压系统在工作时的基本特性及工作性能，验证设计的合理性，为液压系统在实际生产应用中提供理论依据。

液压系统仿真模型的建立

选择 AMESim10.0 仿真软件建立液压系统的仿真模型，首先在该软件中建立仿真环境。根据需要，本液压系统的仿真对修剪马达及枣吊清除马达进行仿真分析。根据液压系统原理图，建立仿真模型（图 6-21）。

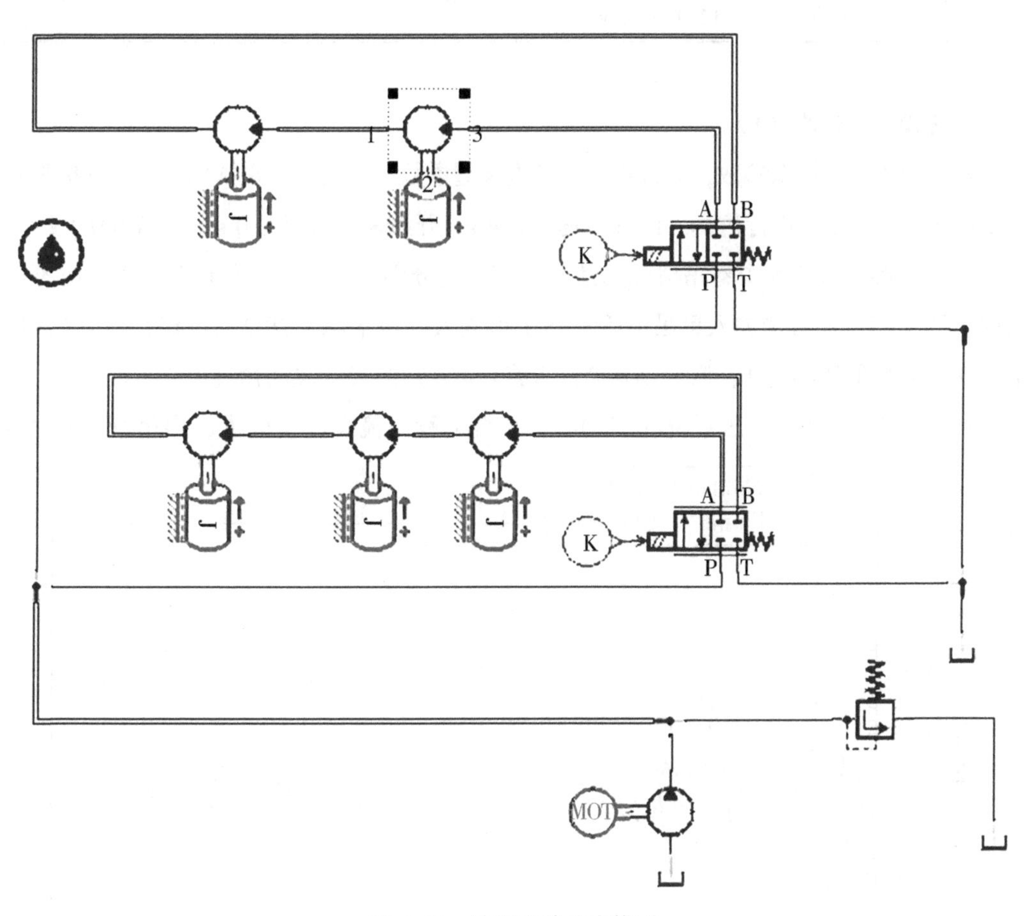

图 6-21　液压系统仿真模型

真模型参数的设置

根据枣树仿形修剪装置液压系统仿真模型中所选的各个液压元件工作情况及相关试验，对模型参数进行了设置，具体如表 6-9 所示。

表 6-9　液压系统仿真模型主要参数

名称		参数	名称		参数
动力元件	电机	1 000 r/min	枣吊清除马达	转速	300 r/min
	排量	16 mL/r		排量	50. 3 mL/rev
液压泵	工作转速	2 500 r/min	修剪负载	扭矩（顶部）	7 N · m
	开启压力	15 MPa		扭矩（侧部）	10 N · m
限压阀					
修剪马达	转速	2 000 r/min	枣吊清除马达负载	扭矩	20 N · m
	排量	12. 9 mL/rev			

系统模型的仿真分析

根据液压元件模型参数，对该系统的仿真模型参数进行设置，在 AMESim10. 0 仿真软件下对液压系统模型进行仿真。设置仿真时间 4 s，开始采集时间为 0 s，间隔为 0. 1 s。

枣树仿形修剪装置中枣吊清除马达及修剪马达分别串联工作，分析开始工作时枣吊清除马达（液压油首选进入枣吊清除马达 1 再进入枣吊清除马达 2）、修剪马达（液压油依次进入修剪压马达 1、修剪马达 2、修剪马达 3）的流量波动情况。

由图 6-22 可知，液压系统在启动时，系统的瞬间流量波动较大，枣吊清除马达 1

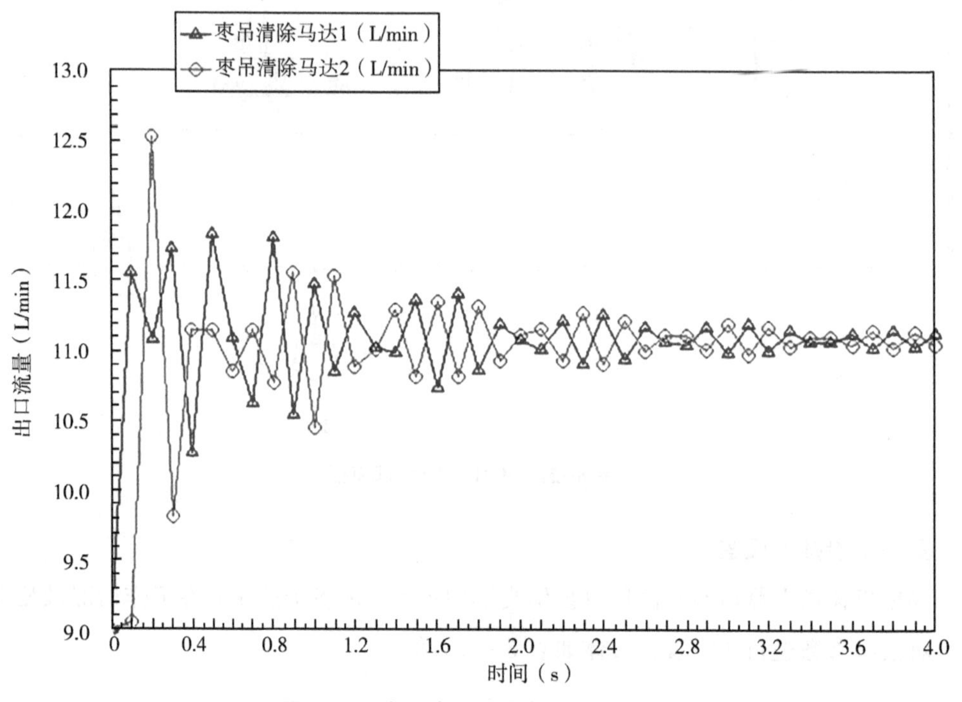

图 6-22　枣吊清除马达出口流量变化

在0.1 s时出口流量首先到达高峰11.5 L/min，在0.3 s时出现最高峰11.8 L/min，0.4 s时出现最低峰10.3 L/min，之后波动幅度逐渐变小；枣吊清除马达2在0.2 s时出口流量出现最高峰12.5 L/min，0.3 s时出口流量出现最低值9.8 L/min，此后出口流量波动幅度逐渐变小。2.4 s后，两枣吊清除马达出口流量稳定在11.2 L/min附近，小幅度波动。通过计算，枣吊清除马达的工作流量能满足工作要求。

由图6-23可知，0.4 s时，修剪马达1、2、3出口流量先后出现峰值，分别为25.8 L/min、25.8 L/min、27.0L/min，此后为25.3~27.8 L/min，且波动幅度越来越小，在2.4 s后修剪马达出口流量达到稳定值26.7 L/min。通过分析计算，修剪马达的工作流量满足工作要求。

通过对枣树仿形装置液压系统的仿真分析，可以得出在工作状态下，各马达的出口流量都能满足工作要求。

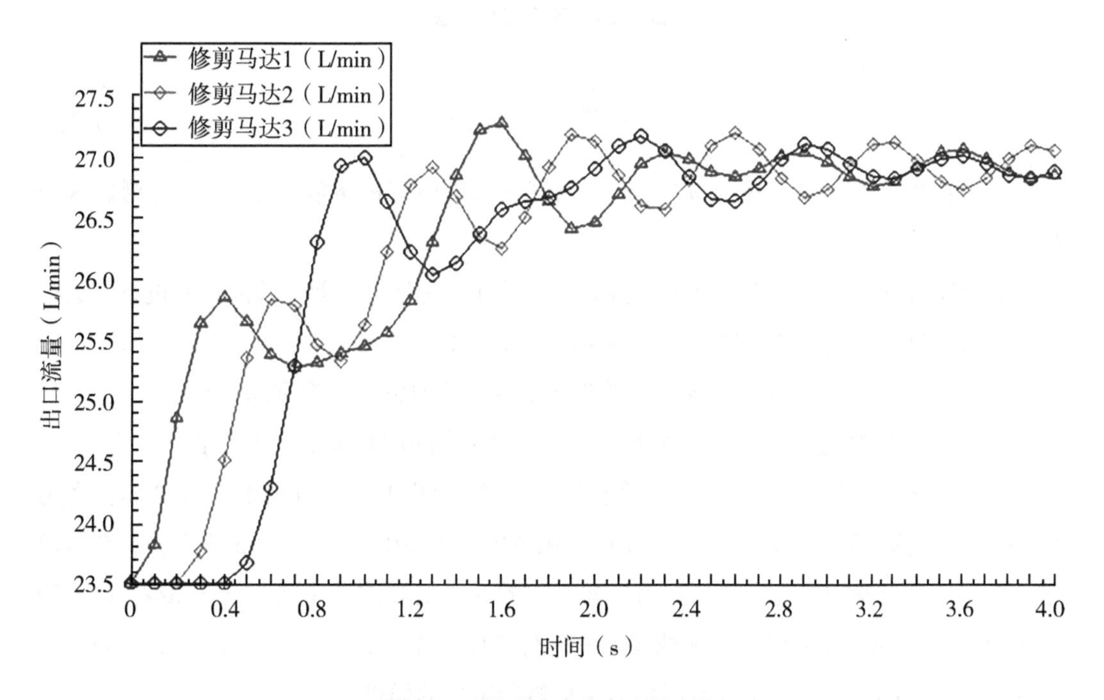

图6-23　修剪马达出口流量变化

（5）修剪试验：为测试枣树仿形修剪装置的修剪效率，于2017年11月15日在石河子大学小工厂试验地进行了枣树修剪试验（图6-24）。

①试验指标：针对枣树修剪要求，以枣枝漏剪率为试验指标。

枣枝漏剪率计算公式为：

图 6-24　枣树修剪试验

$$P_1 = \frac{\sum Z_1}{Z} \times 100\% \tag{6-12}$$

式中：P_1 为枣枝漏剪率（%）；Z_1为测试区域未剪下枝条数（个）；Z 为测试区域枝条总数（个）。

②试验过程：因枣树仿形修剪装置为初次设计，为保证修剪试验的正常进行，进行了安装与调试。经过调试，修剪装置满足以下设计要求：

a. 修剪装置（调整横梁、连接座等重要部件）设计满足工况要求。

b. 修剪装置修剪树高、修剪水平距离及运输状态的调整满足工作要求。

③田间试验：根据枣树树龄及修剪要求，选定测试区域为离地高度 2 m，宽为 1.1 m，调试修剪装置的修剪范围为测试区域范围。于 2017 年 11 月 15 日上午，在石河子大学小工厂试验地进行了枣树修剪试验。试验时，机器前进速度为 0.6 m/s，修剪距离为 10 m，按照试验要求，对枣枝漏剪率进行统计。并于 2018 年 3 月 18 日，在新疆生产建设兵团一师九团红枣园进行了枣树仿形修剪装置的样机鉴定。

④试验结果及分析：通过统计计算，设计的枣树仿形修剪装置的漏剪率为 10%。枣树仿形修剪装置符合修剪要求。修剪装置依然存在部分问题：枣枝锯切过程中，侧部枣枝出现撕裂现象。主要因为圆锯片刀转速不够，在顶部枣枝为正切，可以达到锯切效果，而侧部修剪为斜切，致使部分枣枝被“咬断”。

6.3.2　立体分层仿形修剪装置

（1）结构组成及工作原理：立体仿形红枣修剪装置主要由液压马达、联轴器、刀轴、刀盘、刀盘固定套筒、支撑装置、仿形轮、轴承座、机架等组成（图6-25）。刀轴通过轴承座竖直安装于机架上，在刀轴上水平固定多组刀盘，实现立体分层锯切功能，刀组总成随机架左右移动，同时随整机前后移动，实现仿圆柱形修剪功能。

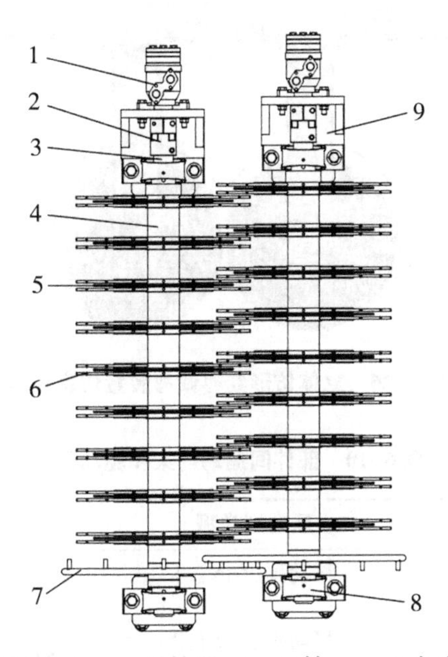

1. 液压马达；2. 联轴器；3. 刀轴；4. 刀盘定位隔套；
5. 刀盘；6. 支撑装置；7. 仿形轮；8. 轴承座；9. 机架

图6-25　红枣修剪装置示意图

工作时，整机液压系统为修剪装置提供驱动力。液压马达通过液压系统产生扭矩，驱动刀轴高速旋转，带动刀轴上水平固定的多组刀盘自转，刀盘高速转动产生惯性力，在惯性力作用下刀盘锯刃进行锯切修剪作业；修剪装置随整机沿枣树行前进，通过随动式仿形轮与枣树主干相互作用驱动修剪装置两组刀盘总成分别左右移动。多组水平安装、竖直间隔布置的刀盘进行锯切修剪时，可完成立体分层修剪功能；修剪装置前进过程中，两组刀盘总成通过左右移动拟合圆弧运动，可完成枣树个体树形仿圆柱形修剪。

（2）修剪装置运动仿真分析：为了验证刀盘的运动轨迹形式，以及在不同水平速度下，刀盘在修剪区域连续工作时，刀组机架合理速度范围，采用Adams软件对修剪装置刀盘运动路径进行模拟。

①仿真模型的建立：本研究利用 Creo 3.0 软件的 Parametric 模块按 1∶1 比例建立立体仿形红枣修剪装置三维模型，并将其保存为*.x-t 格式导入多体动力学 Adams 软件 View 模块。通过布尔运算设置该修剪装置各零部件之间关系，定义各部件约束并添加驱动函数，建立仿真模型如图 6-26 所示，添加的各构件之间运动约束如表 6-10 所示。

图 6-26　立体仿形红枣修剪装置仿真模型

表 6-10　部件间运动约束和驱动函数

部件名称	运动副类型	驱动函数类型
大地和机架	移动副 JOINT_1	MOTION_1=x * time
机架和左刀架	移动副 JOINT_2	MOTION_2= STEP5（time，x0，h0，x1，h1）
机架和右刀架	移动副 JOINT_3	MOTION_3= STEP5（time，x0，h0，x1，h1）
左刀架和左刀盘	转动副 JOINT_4	MOTION_4=xd * time
右刀架和右刀盘	转动副 JOINT_5	MOTION_5=xd * time

②仿真参数设定：根据试验，本文取水平速度分别为 0.4 m/s、0.7 m/s、1.0 m/s、1.3 m/s 作为修剪装置仿真移动速度，刀盘转速取 2 000 r/min作为刀盘仿真转动速度，修剪装置在匀速前进时，刀架带动刀盘总成左右移动拟合圆弧轨迹线，需要实现仿圆柱形修剪，因此，机架与刀架之间的相对运动，需定义相对复杂的驱动函数，从而建立修剪装置精确高效的仿真模型，STEP5 函数采用五次多项式逼近海赛阶跃函数，其一阶与二阶导数连续，普遍用于定义一个相对光滑的阶跃函数。因此，本研究选用阶跃函数 STEP5（x，x_0，h_0，x_1，h_1）作为修剪刀盘的驱动函数，数学模型如式（6-13）所示。

STEP5(x, x_0, h_0, x_1, h_1) =

$$\begin{cases} h_0 & (x \leqslant x_0) \\ h_0 + (h_1 - h_0)[(x - x_0)/(x_1 - x_0)]3 & \\ \{10 - 15[(x - x_0)/(x_1 - x_0)] + 6[(x - x_0)/(x_1 - x_0)2]\}, & (x_0 \leqslant x \leqslant x_1) \\ h_1 & (x \leqslant x_1) \end{cases} \tag{6-13}$$

建立刀盘总成仿真参数，完成一次往复运动时，驱动函数的具体形式为：MOTION=STEP(time,0,0,0.2,-0.3)+STEP(time,0.2,0,0.35,-0.1)+STEP(time,0.35,0,0.5,-0.05)+STEP(time,0.5,0,0.7,-0.05)+STEP(time,0.7,0,0.9,0.05)+STEP(time,0.9,0,1.05,0.05)+STEP(time,1.05,0,1.2,0.1)+STEP(time,1.2,0,1.4,0.3)。

③模型运动仿真及结果分析：建立刀盘转速为 2 000 r/min，修剪装置移动速度分别为 0.4、0.7、1.0、1.3 m/s 等 4 种仿真模型，仿真时间设置为 1.6 s，仿真步长为 0.1，进行运动仿真，刀盘锯刃运动轨迹如图 6-27 所示。

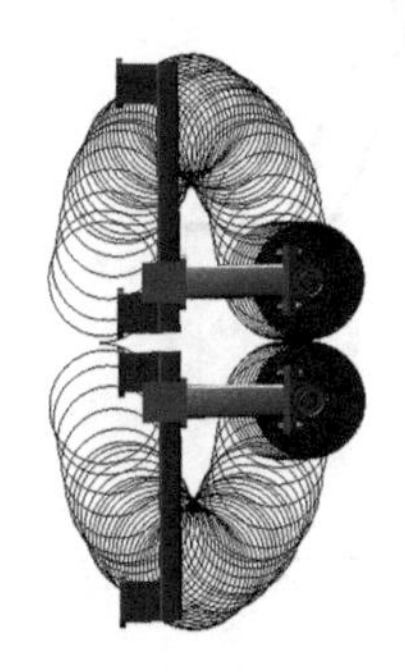

a. 0.4 m/s下的刀盘运动轨迹

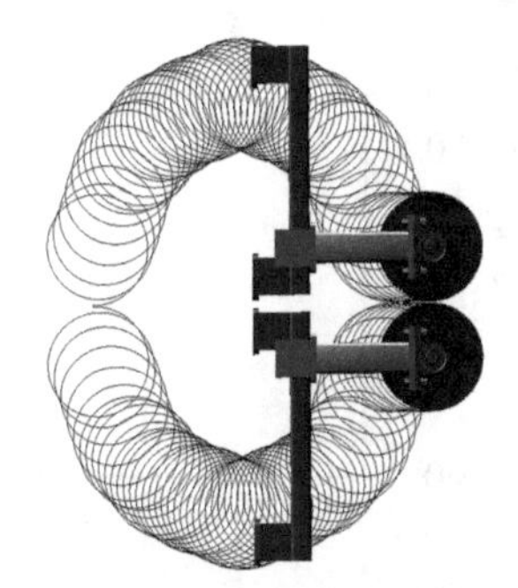

b. 0.7 m/s下的刀盘运动轨迹

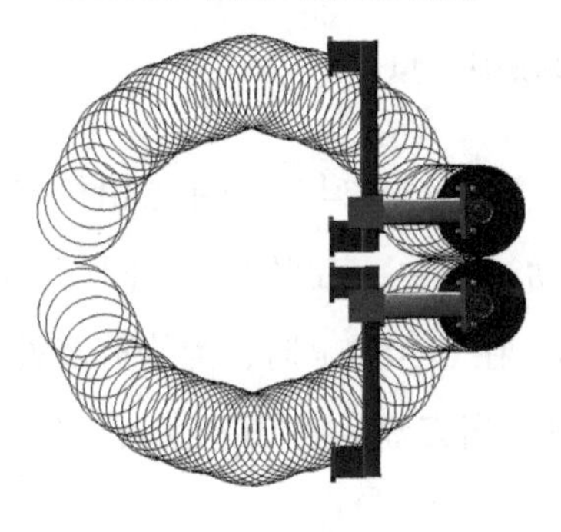

c. 1.0 m/s下的刀盘运动轨迹

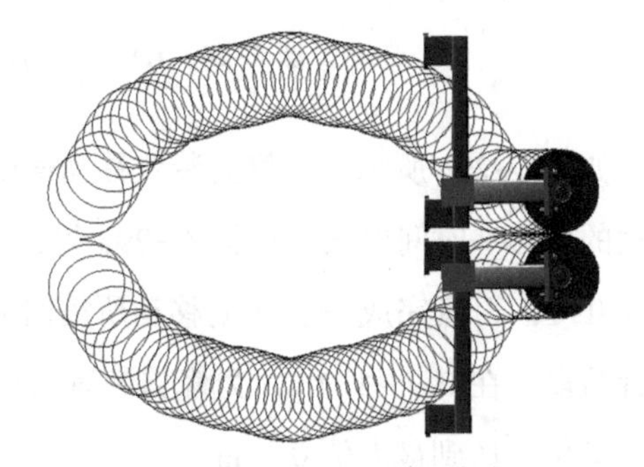

d. 1.3 m/s下的刀盘运动轨迹

图 6-27 不同速度的刀盘运动轨迹

由图 6-27 可知，修剪装置在旋转移动时，刀盘锯刃轨迹线为摆线，轨迹线轮廓为弧形，随着修剪装置移动速度的增加，弧形轮廓与圆弧相似程度先增加后减小。当修剪装置移动速度为 1.0 m/s 时，轨迹线轮廓近似于圆弧。该修剪装置由左右对称的两组刀盘总成组成，运动规律相同，对一侧刀盘总成的运动轨迹进行圆弧拟合分析。标记刀轴中心 Marker 点，提取修剪装置移动速度在 1.0 m/s 下的刀轴运动轨迹，输出 · Tab 文件，通过 Origin 2018 进行圆弧曲线拟合。拟合曲线如图 6-28 所示，位移轨迹圆弧曲线拟合方程为：$(x-0.72)^2+(y-0.8)^2=0.7^2$，决定系数 R^2 为 0.98，曲线拟合程度高，满足修剪装置仿圆柱形修剪。

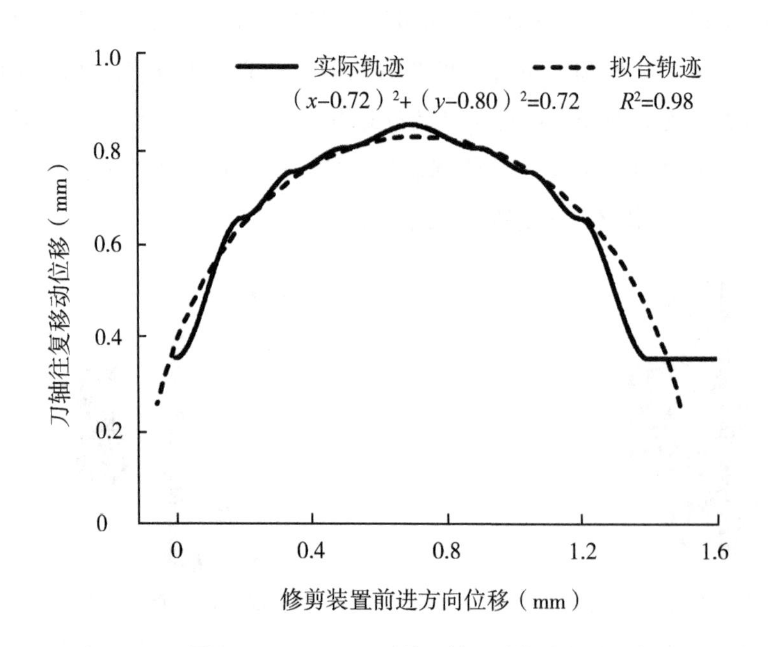

图 6-28　1.0 m/s 时的刀轴运动轨迹曲线拟合

如图 6-29a 所示，为修剪装置移动速度 1 m/s 时，刀盘刃口与刀盘中心沿机架方向移动的位移—时间曲线。由图 6-29a 得，刀盘在运动过程中，刀刃旋转一圈所需时间为 0.03 s，刀盘完成一次往复移动所需时间为 1.4 s。在 0~0.7 s 时，为修剪装置运行冲程阶段，在 0.7~1.4 s，为修剪装置运行回程阶段，当刀盘运动 0.7 s 时，刀盘沿机架移动位移达到最大值 0.8 m。

如图 6-29b 所示，为修剪装置移动速度 1 m/s 时，刀盘刃口移动的速度—时间曲线。由图 6-29b 得，刀盘在 0.1 s 和 1.3 s 时，刃口瞬时速度达到最大值 39.2 m/s；在 0.2~1.2 s 时，刀盘运动比较平稳，运动速度上限平均为 37.8 m/s，下限平均为

35.6 m/s；在0~0.2 s和1.2~1.4 s这2个时间段刃口瞬时速度增大，主要原因是：刀盘运动冲程发生阶段与回程结束阶段运动轨迹由圆弧轨迹与直线轨迹互相转变，导致速度方向发生的显著变化。

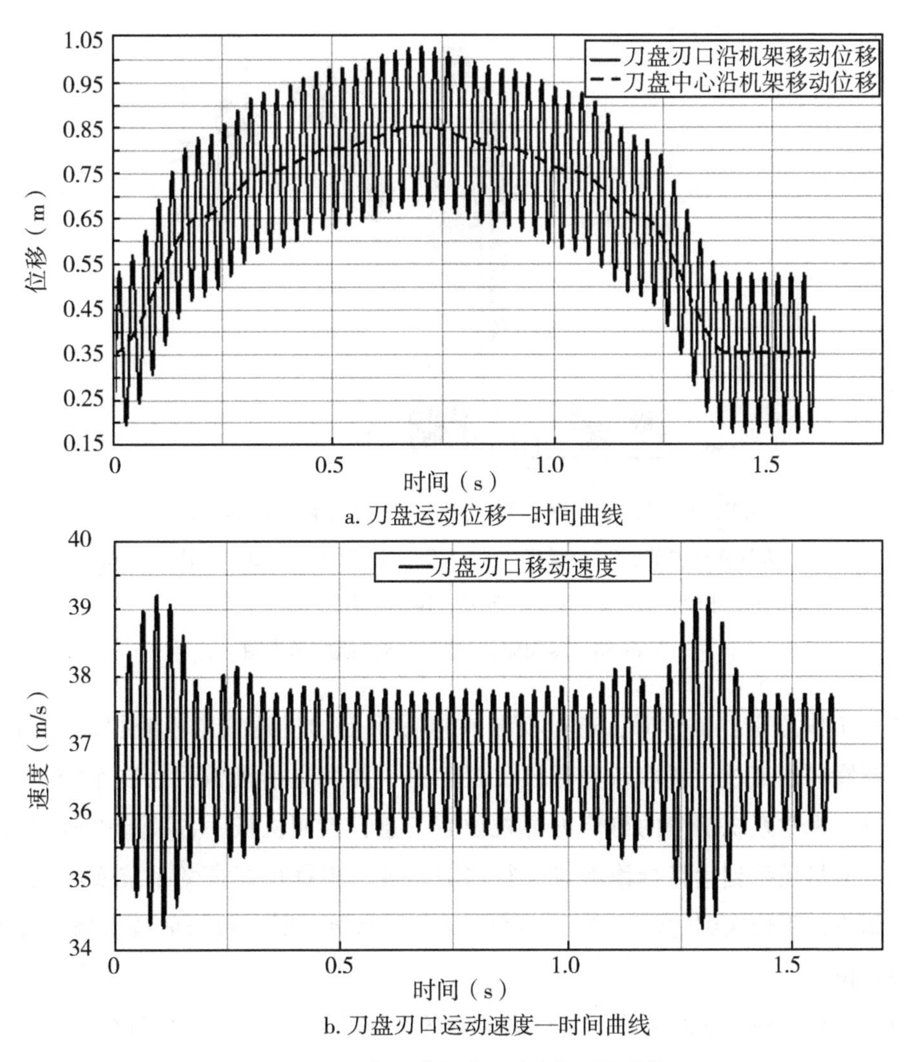

a. 刀盘运动位移—时间曲线

b. 刀盘刃口运动速度—时间曲线

图 6-29　刀盘运动位移、速度与时间曲线

6.3.3　枣树修剪机械手

（1）结构组成：枣树修剪机械手由5自由度机械臂、末端执行器、控制系统和机器视觉系统等部分构成。其中，5自由度机械臂主要由基座、基座旋转关节、机身、机身移动关节、肩关节、大臂、肘关节、小臂旋转关节、小臂等部分组成；末端执行器采用剪切式结构，其执行机构主要由动刀和定刀组成；控制系统主要由下位控制系统和上位人机界面组成；机器视觉系统采用深度相机定位。整机结构简图如图 6-30 所示。

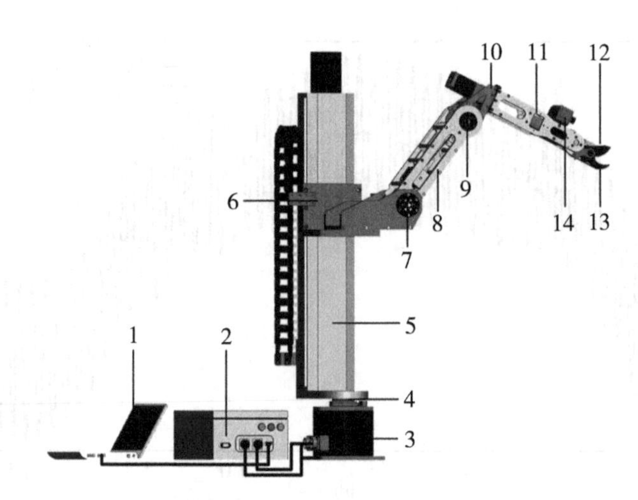

1. PC 机；2. 控制箱；3. 基座；4. 基座旋转关节；5. 机身；6. 机身移动关节；7. 肩关节；8. 大臂；9. 肘关节；10. 小臂旋转关节；11. 小臂；12. 动刀；13. 定刀；14. 双目相机

图 6-30　枣树修剪机械手结构组成示意图

（2）工作原理：工作时，通过安装在机械手上的机器视觉系统提取枣树信息，识别需要修剪的枣枝，获取待剪枣枝位置信息，并发送给机械手控制系统。控制系统根据机器视觉系统反馈的待修剪枣枝位置信息，控制机械手各关节电机进行相应的动作，使机械手到达目标修剪点进行修剪作业。根据机器视觉系统实时反馈的信息，控制机械手依次到达每一个目标修剪点进行修剪，所有待修剪枝条修剪完成后，机械手复位。

（3）机械手修剪性能试验：调整机械臂的安装位置，并搭建枣树修剪机械手样机修剪试验平台，在实验室环境下进行枣树修剪试验，验证机械手修剪性能（图 6-31）。作业对象为石河子大学科技园种植的 2 年生枣树，枣树的树高约 1.8 m、冠幅约 1.4 m。采用 3D 高速摄像仪实时监测机械手运动位置和枣树不同部位枣枝修剪时间，如图 6-32 所示，通过 3D 速摄像仪记录了完成一次作业的修剪过程。

修剪试验前，人工确定 12 个枣树修剪位置，不同修剪位置处待修剪枝条直径范围为 6~14 mm，以机械手基座坐标系为坐标原点，所有确定的修剪位置主要分布区域在 *X* 轴方向为 600~800 mm、*Y* 轴方向为-400~400 mm、*Z* 轴方向为 400~1 000 mm实际确定

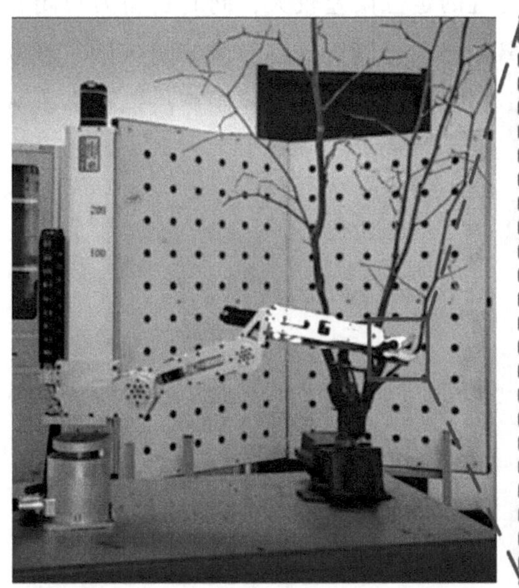
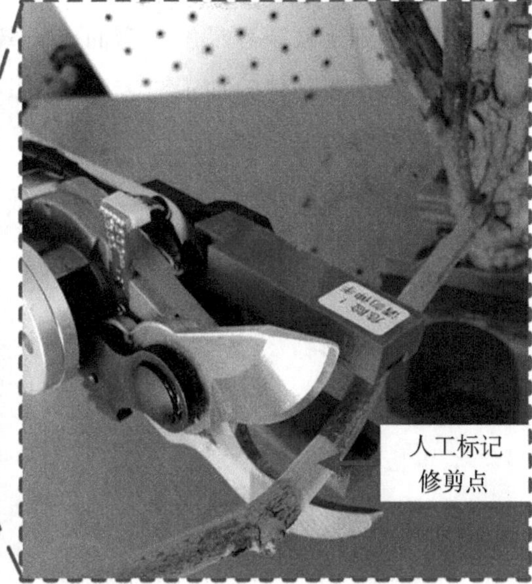

图 6-31　修剪试验

枣树修剪空间满足机械手理论分析与工作空间仿真结果。修剪时，为判断修剪成功率，在每个修剪位置处沿枣枝茎秆方向相隔 30 mm 取 3 个修剪点，共进行 36 次修剪试验。便于统计修剪时间，取每个修剪位置处 3 个修剪点用时的平均时间为完成待修剪枝条修剪时间（图 6-32）。

a. 修剪前

b. 修剪中

c. 修剪后

图 6-32　枣枝修剪过程

试验结果表明，机械手在每次修剪过程中运行平稳，全部完成人工确定的 12 个枣树修剪位置的修剪作业共用时 29 min 32 s，完成不同位置修剪作业最短用时为 1 min 22 s，最长用时为 3 min 18 s；机械手修剪过程中，枝条成功被剪断的次数为 30 次，修剪成功率为 83. 33%。试验中修剪失败的主要位置是枣树侧部偏远细小枝条，修剪失败主要原因是，机械手运行至枣树侧部偏远位置时，机械臂处于展开状态，此时机械手末端负载力臂较大，导致末端位置的定位误差较大，同时在剪刀口闭合时，动刀碰到细小枝条容易发生弯曲，偏离传感器检测区域，导致修剪失败。可以通过提高机械手零部件的加工与装配精度，同时可进一步优化控制算法以提高机械手控制精度和修剪成功率。

7　矮化密植枣园机械化收获技术与装备

枣园收获作业是枣园生产管理过程中的重要环节之一，随着新疆矮化密植红枣规模化、产业化发展，人工采摘效率低、费用高和雇工困难等问题凸显，劳动力的成本占生产总成本的30%~40%，严重制约了红枣产业健康、快速发展，人工收获已不能满足红枣产业化生产的需求，因此，矮化密植红枣亟待采用机械化采收作业。红枣人工采收现状如图7-1所示。

图7-1　人工采收红枣现状

7.1　红枣生物学特性

红枣的物料特性与种植模式是确定收获机械装置结构参数与工作参数的重要指标。通过了解新疆矮化密植红枣的种植模式，对红枣的物料特性（强度、硬度等）进行研究，为红枣机械化采收装置的结构设计及工作参数确定提供理论依据和技术支持。

7.1.1 枣树生长特性测试

（1）调研材料与方法：调研地点为新疆生产建设兵团第一师十一团，选取 2 年生和 8 年生的枣树作为调研对象。调研目的是获取矮化密植模式下枣树的树高、冠高、冠径等几何特征。

采用五点取样法与棋盘式取样法分别对 2 年生和 8 年生的骏枣树选择 40 个试验样本测区。每个样本测区随机抽样 1 棵枣树，依次测量枣树的高度、冠幅高度、冠幅直径，枣树树体几何特征如图 7-2 所示，每棵枣树信息重复测量 3 次，取 3 次测量结果的平均值并记录数据。

图 7-2　枣树树体几何特征

（2）试验仪器：HONGNUO08-2012 型刚卷尺（精度：1 mm、量程：5 000 mm）、EWT-06 型皮尺（精度：1 mm，量程：20 000 mm）。

（3）调研结果与分析：表 7-1 为矮化密植枣树几何特性（枣树高度、冠幅高度、冠幅直径）测试结果。

表 7-1　枣树几何特性测试结果

名称	枣树平均高度（mm）	树冠平均高度（mm）	树冠平均直径（mm）
2 年生枣树	1 500	1 200	1 000
8 年生枣树	2 440	2 000	1 800

图 7-3 为 2 年生枣树和 8 年生枣树高度的分布对比。由表 7-1 和图 7-3 可知，2 年生枣树高度分布在1 500 mm附近，其中最大值为1 802 mm，最小值为1 209 mm；8 年生枣树高度分布在2 440 mm附近，其中最大值为2 702 mm，最小值为2 109 mm。

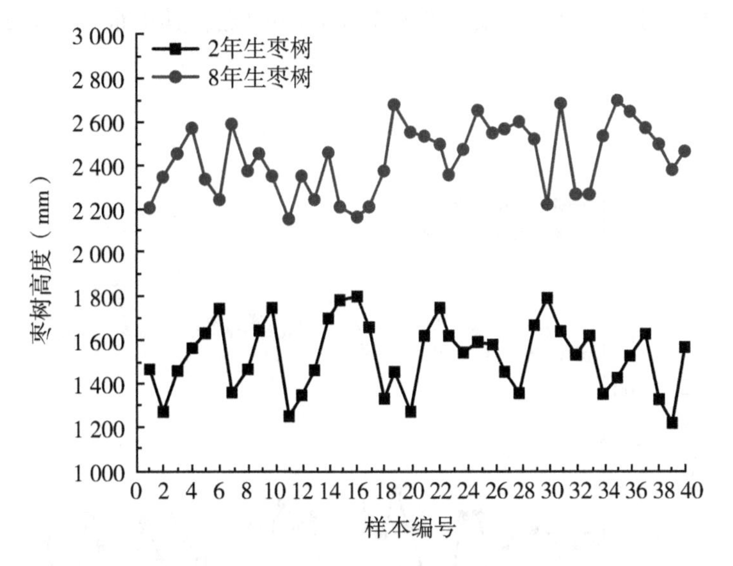

图 7-3　枣树高度分布

图 7-4 为 2 年生枣树和 5 年生枣树树冠高度的分布对比。由表 7-1 和图 7-4 可知 2 年生枣树树冠高度分布在1 200 mm附近，其中最大值为1 423 mm，最小值为 894 mm；8 年生枣树树冠高度分布在 2 000 mm 附近，其中最大值为 2 195 mm，最小值

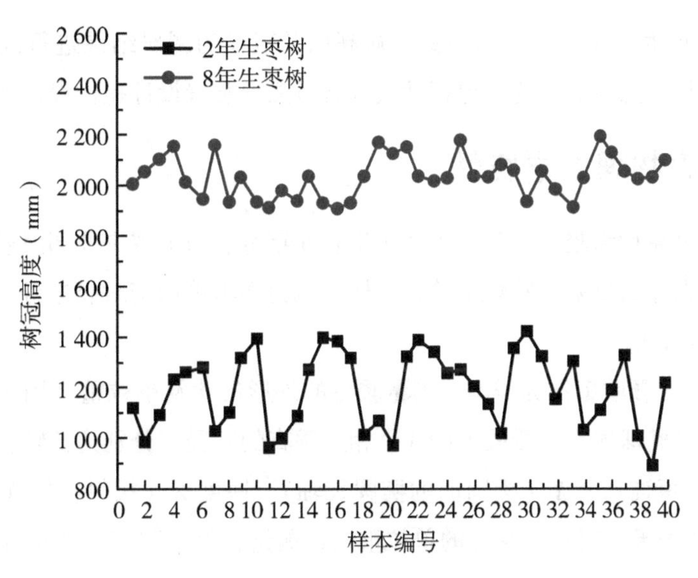

图 7-4　树冠高度分布

为1 907 mm。

图7-5为2年生枣树和8年生枣树最低分枝高度的分布对比。由表7-1和图7-5可知2年生枣树冠幅直径分布在1 000 mm附近，其中最大值为1 221 mm，最小值为798 mm；8年生枣树最低分枝高度分布在1 800 mm附近，其中最大值为1 995 mm，最小值为1 705 mm。

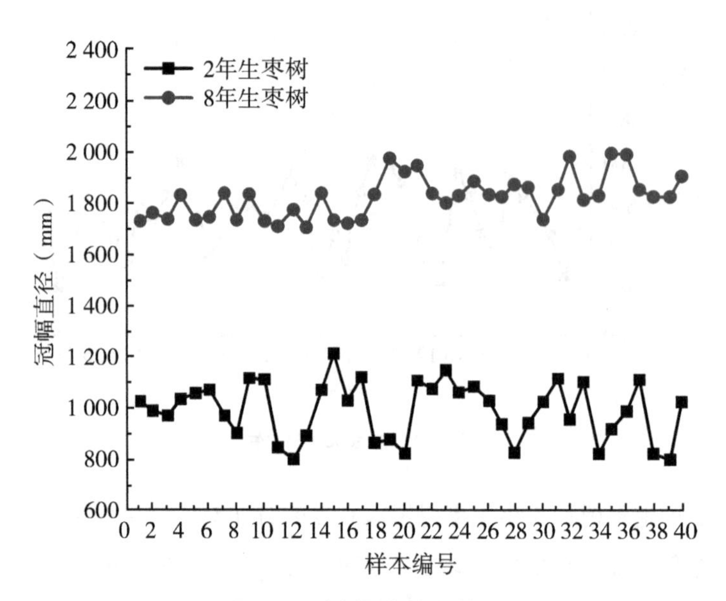

图7-5　枣树冠幅直径分布

通过对2年生与8年生枣树树高、冠高以及冠径的调研结果进行统计学分析，获得枣树个体生长信息参数，为红枣振动式收获机激振装置设计提供设计优势。

7.1.2　红枣物理力学特性

选取的红枣品种为骏枣，分别为2年生和5年生。为了减少外部因素对试验数据的影响，采样时剔除病虫果、霉烂果等，采样后试验样本采用密封袋进行存放，并在采样后24 h内进行测试。

随机选取30颗骏枣作为样本，测量骏枣的外形尺寸及单粒重（图7-6、图7-7）。将骏枣近似看成椭球体，测量骏枣的3个相互垂直的直径，分别为长轴直径 Y（椭圆面的椭圆长轴）、短轴直径 X（椭圆面的椭圆长轴）、厚度 Z（接触椭圆面相垂直方向的直径）。使用电子天平对每个骏枣的单粒重进行测量，每个骏枣样本重复测量3次取平均值进行记录。测量结果如表7-2所示。

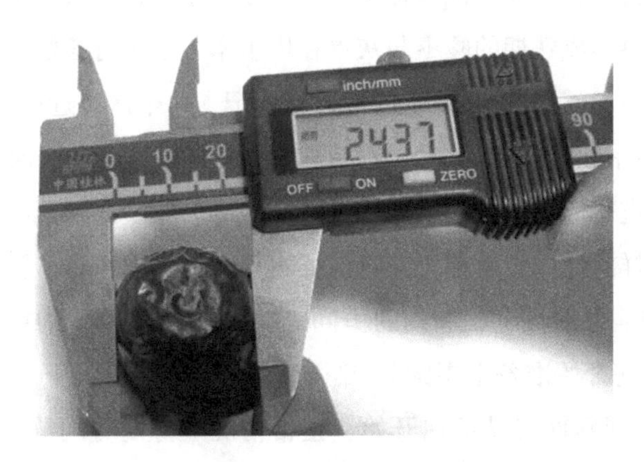

图 7-6　三轴尺寸测量

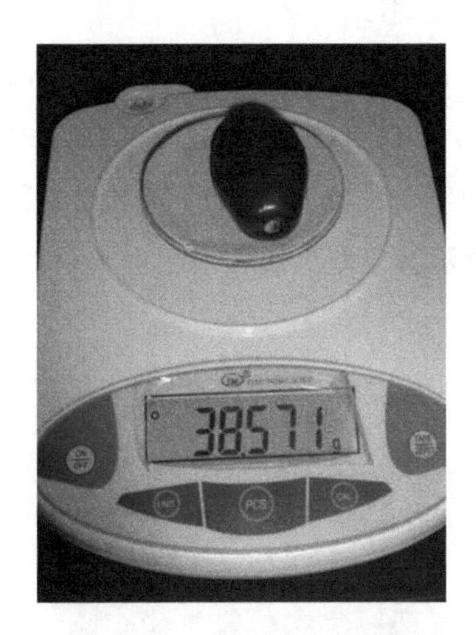

图 7-7　骏枣单粒质量测量

表 7-2　物料特性测试结果

品种	三轴尺寸（mm）			单粒质量（g）		
	X	*Y*	*Z*	平均值	标准差	变异系数（%）
2 年生枣树	22.22	39.61	27.86	12.5	1.54	12.32
5 年生枣树	28.00	56.21	34.92	32.6	3.08	9.45

7.1.3　红枣—果柄机械力学特性

红枣、果柄之间的连接力和红枣的硬度等特性，是振动采收激振器的设计理论依据。选用新疆矮化密植红枣种植品种较为普遍的骏枣和灰枣为试验对象，对两品种的果柄拉断力、硬度进行试验研究。试验样本均采自新疆生产建设兵团第一师十团枣园，选用5年生矮化密植枣园成熟期的骏枣与灰枣在塔里木大学进行参数测量与试验研究。

在取样的枣园内，随机选取10个区域进行标记，每个区域选取枣树10棵，试验时在选定的10个区域中随机选定5个区域，每个区域中随机选定1棵树进行采样，在采样对象选定后对其进行标记，为连续采样做好准备。为便于果柄拉断力的测定，采样时需将整枝剪下。采样共计选定5棵树，每棵样本树所需样本灰枣、骏枣各5颗，故每棵树均匀剪取5~6枝。根据红枣成熟期的不同（9月中旬红枣开始成熟，10月初为鲜枣收获期，10月中下旬开始准备干枣的收获，现有人工收获时，干枣的收获一般为落霜之后开始），在每一成熟期（从泛白开始，正常情况下每期时间约为5 d）取样。本次试验取样间隔为3 d，每次取样为5组（5棵树），每组取5~6次（5~6枝），每份样品均为健康、无病虫害等缺陷的红枣。

（1）红枣果柄拉断力：试验指标的测定均在室内（温度18~22 ℃，空气湿度18%~20%）进行。试验仪器为TY8000系列电动单柱台式液晶显材料试验机（图7-8a），主要用于对红枣果柄拉断力的测量，仪器选用测试量程为0~50 N，负荷分度值（显示精度）为0.1 N，相对示值误差为±0.5%，上卡具线速度为50 mm/min，行程为20 mm。具体测定过程如下。

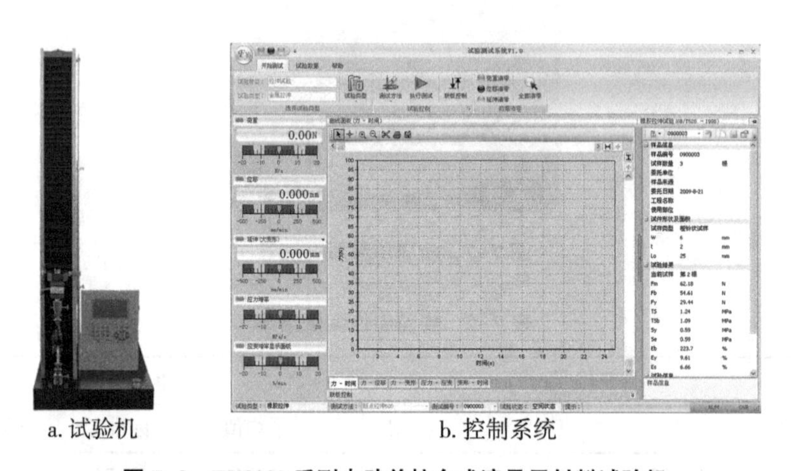

a. 试验机　　b. 控制系统

图7-8　TY8000系列电动单柱台式液晶显材料试验机

①将拉力试验机放置在水平位置，试验开始前对拉力试验机所需试验参数进行设定并利用标准砝码对拉力试验机传感器进行标定。

②试验时，调整上下模具之间的距离，在试验台上放置被测样本，通过该仪器自身控制系统或试验测控系统V1.0（图7-8b）使其处于初始状态，选择测试方法，在自定

义测试方法中设置测试参数，设置每组试验样本数为 25 个，设定合理的试验参数值，上卡具线速度为 50 mm/min，行程为 20 mm，选用测试量程设为 0~50 N 的拉力传感器。

③选择“力值—位移”界面图，点击“执行测试”按钮，对试验样本进行测试，测试完毕后系统可对采集数据进行保存，上模具按照设定速度返回初始位置。当上模具停止在初始位置时，放置被测样本，对荷重、位移等参数置零，并对界面右显示窗口进行刷新，系统自动进入下一个样本的测试状态，一组样本测量完毕后，系统自动生成试验报告。本组试验完成后，将被测对象进行编号，每一组测试后的红枣放入单独的密封袋，并将详细信息记录在相应的标签纸上（同时用相应的表格进行试验结果的记录）。

④整个试验过程由采样枝到试验测定为连续的，以减小水分流失对测定结果产生的误差影响。

全部样本试验测试完毕后可自动计算结果（图 7-9）。图 7-9 为拉力试验报告，由图 7-9 可知，果柄拉断力的变化符合正态分布规律，当达到峰值时为本次试验所测得的结果。对试验数据进行分析，结果如图 7-10。

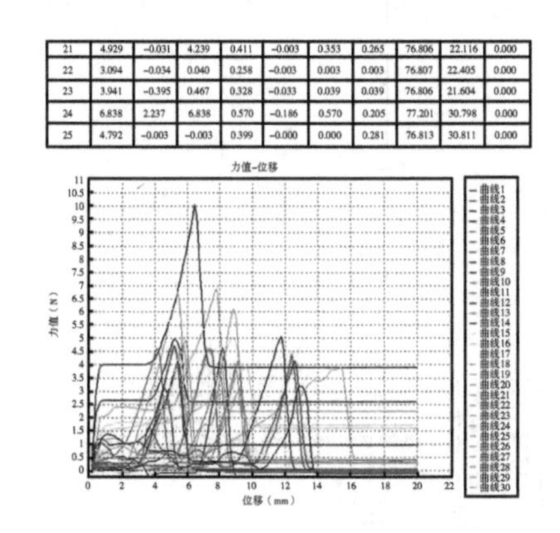

21	4.929	-0.031	4.239	0.411	-0.003	0.353	0.265	76.806	22.116	0.000
22	3.094	-0.034	0.040	0.258	-0.003	0.003	0.003	76.807	22.405	0.000
23	3.941	-0.395	0.467	0.328	-0.033	0.039	0.039	76.806	21.604	0.000
24	6.838	2.237	6.838	0.570	-0.186	0.570	0.205	77.201	30.798	0.000
25	4.792	-0.003	-0.003	0.399	-0.000	0.000	0.281	76.813	30.811	0.000

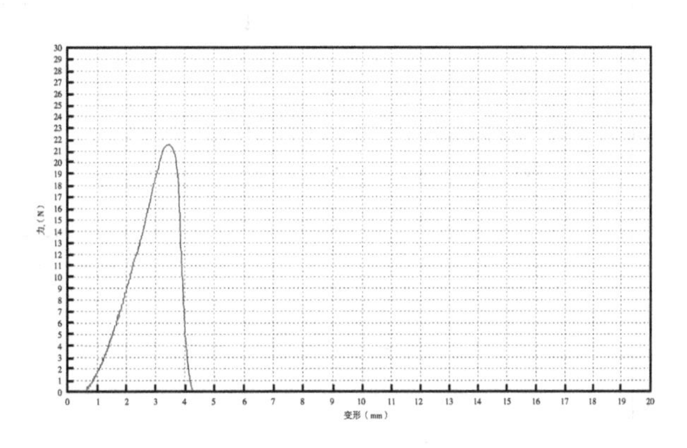

图 7-9　试验计算结果

图 7-10a 至图 7-10j 所示为骏枣果柄拉断力测定结果，由曲线可知，虽为同一时期的样本试验，因随机取样，所测定的结果有一定的不同，但同一次样本所测得的结果大部分集中在一个范围内（图 7-10a），力值集中在 8~13 N，图 7-10b 中力值为 5~9 N，图 7-10c 中力值为 4~6 N，图 7-10d 中力值为 5~7 N，图 7-10e 中力值为 5~8 N，图 7-10f 中力值为 4~7 N，图 7-10k 中将本次试验的数据曲线在同一坐标下进行对比分析，整个试验中力值为 4~8 N，图 7-10l 为本次试验中每次试验 25 组样本结果的平均值的变化曲线，由此可知：随着试验时间的推进，骏枣的果柄拉断力整体呈递减趋势。

图 7-11a 至图 7-11i 所示为灰枣的试验结果，由曲线可知，虽然为同一时期的样本

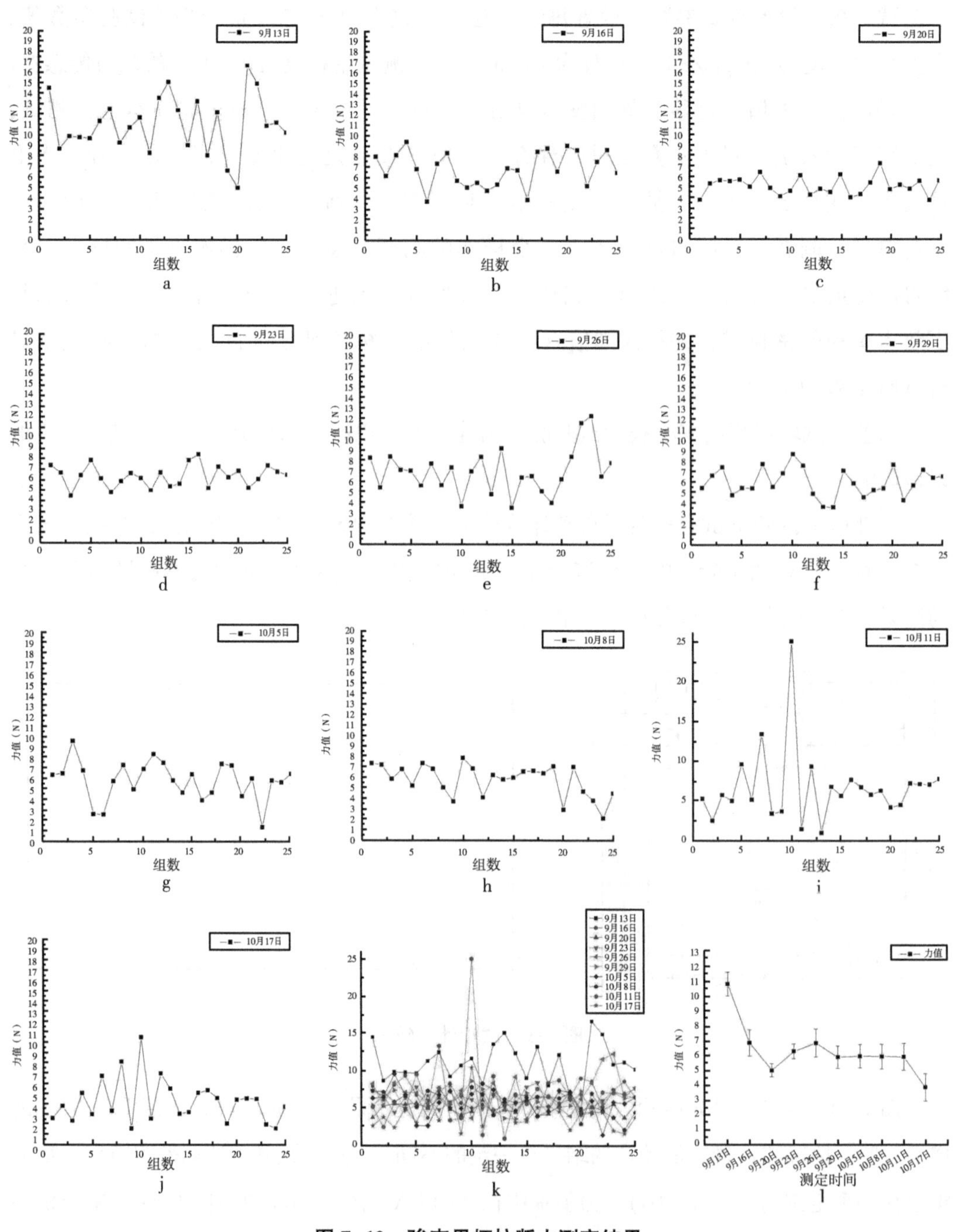

图 7-10　骏枣果柄拉断力测定结果

试验，所测定的结果有一定的不同，但同一次样本所测得的结果大部分集中在一个范围内（图 7-11a），力值集中在 3~11 N 且力值较分散，图 7-11b 中力值为 3~5 N，力值开始变集中，图 7-11c 中力值为 3.5~5 N，图 7-11d 中力值为 2~4 N，图 7-11e 中力值为 1.5~5 N，图 7-11f 中力值为 2.5~6 N，图 7-11g 中力值为 2~3 N，图 7-11h 中将本

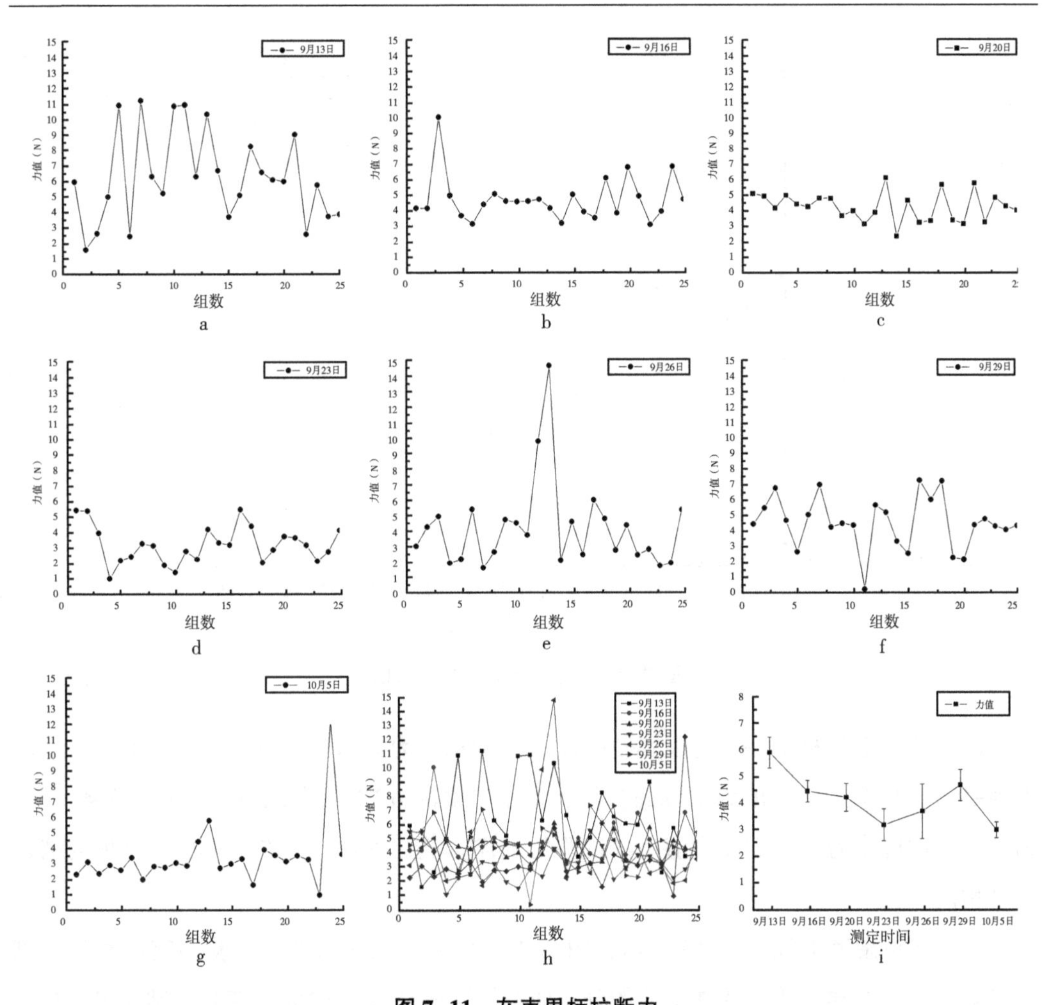

图 7-11　灰枣果柄拉断力

次试验的数据曲线在同一坐标下进行对比分析，整个试验中力值为 1.5~5 N，图 7-11i 为本次试验中每次试验 25 组样本结果的平均值的变化曲线，由图 7-11 可知：随着试验时间的推进，灰枣的果柄拉断力整体呈递减趋势。

对同一试验时间骏枣与灰枣的力值变化进行对照分析（图 7-12）。

由图 7-12 中曲线的变化可知：骏枣与灰枣的果柄拉断力的变化趋势基本一致，试验前期力值呈下降趋势，且下降幅度相对较大，试验中期力值有一定的增加，增加较缓慢，试验后期力值逐渐减小。虽然变化趋势基本一致，但骏枣在整个试验期间，其力值始终比灰枣力值大。试验结果为红枣收获机采摘装置液压振动系统分离力、转速以及电气控制电路输入信号频率大小的设定以及后期调整提供一定的依据。

（2）单果硬度试验：果实的硬度不仅与果实的品质密切相关，而且可以反映其组织内部生理生化的变化，是确定采收成熟度的必要措施。

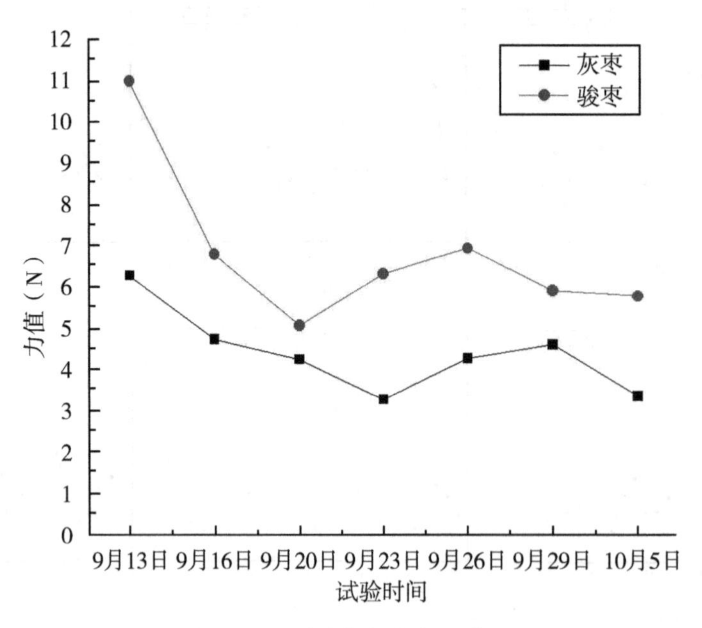

图 7-12　骏枣与灰枣力值对照

试验仪器主要是 GY-1 型果实硬度计［刻度示值为 2～15 kg/cm^2（×10^5 Pa），精确度为±0.1，压头压入深度为 10 mm］等，每个果实测 6 次，硬度计探针进入果肉 5 mm 为准，平均值作为试验的硬度值。该试验每个样本测定 6 次，图 7-13 所示为测定结果的平均值。

测试骏枣硬度值如图 7-13 所示，图 7-13a 至图 7-13g 为整个试验测定期间具体测定时间所测定的样本骏枣的硬度值的分布曲线。由图 7-13a 中曲线变化趋势可知，9 月

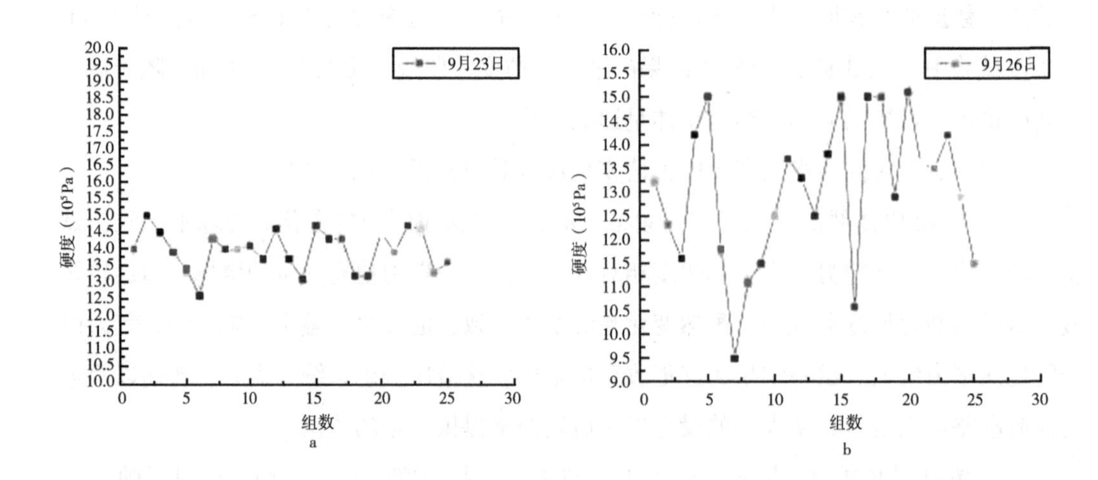

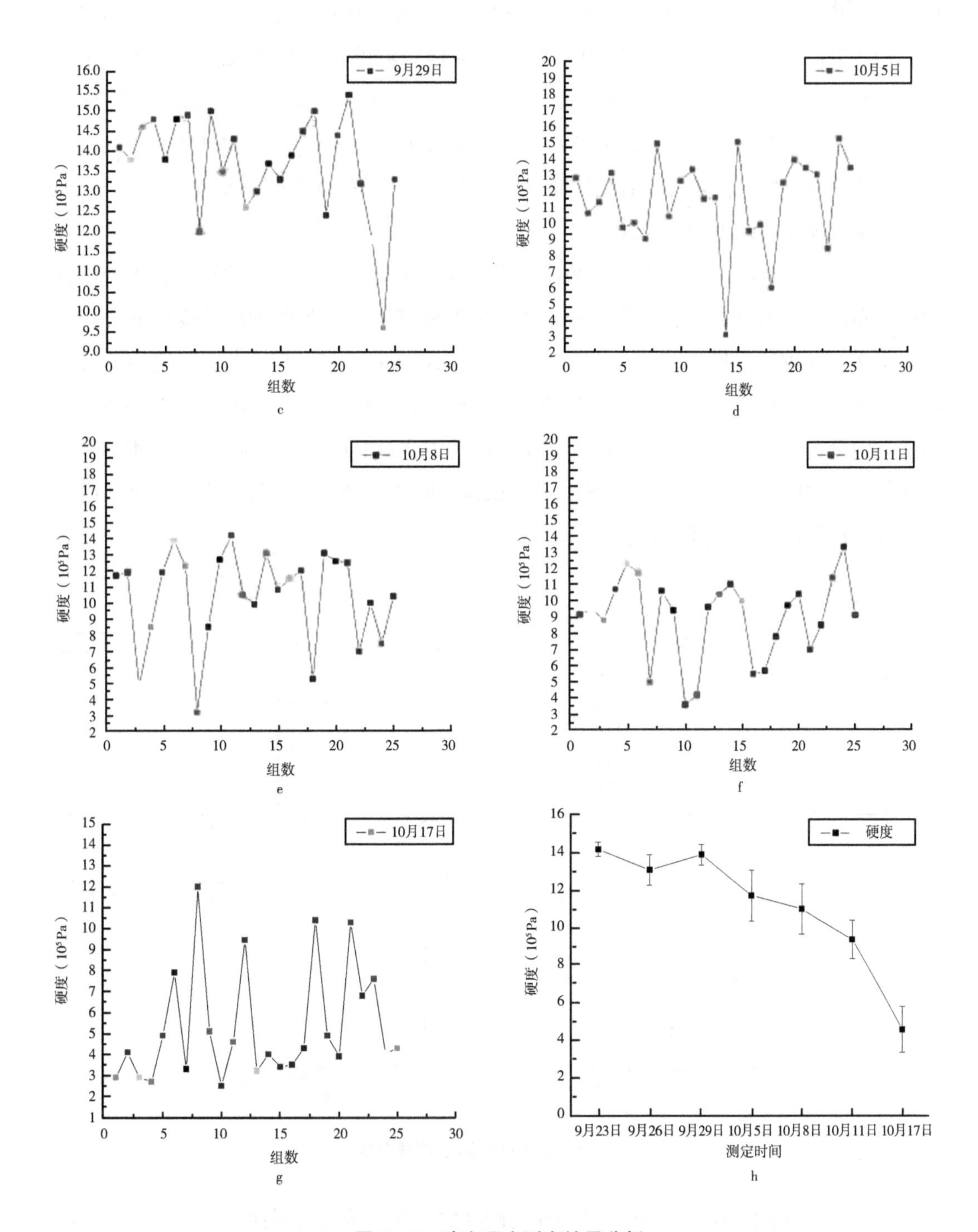

图 7-13　骏枣硬度测定结果分析

23 日所测得样本红枣的硬度值较为集中，硬度值基本集中在（13～15）×10^5 Pa，图 7-13b 至图 7-13g 中曲线上各节点分布较分散但也可确定各图中的硬度值的分布范围，如

图 7-13b 中主要集中分布在（12.5~15）$\times10^5$ Pa，图 7-13c 中主要集中分布在（13~15）$\times10^5$ Pa，图 7-13d 中主要集中分布在（9~14）$\times10^5$ Pa，图 7-13e 中主要集中分布在（8~13）$\times10^5$ Pa，图 7-13f 中主要集中分布在（6~11）$\times10^5$ Pa，图 7-13g 中主要集中分布在（3~5）$\times10^5$ Pa，图 7-13h 为本次试验中每次试验 25 组样本结果的平均值的变化曲线，由此可知：随着试验时间的推进，骏枣的硬度整体呈递减趋势，且在试验中后期，硬度值减小幅度较大。

图 7-14a 至图 7-14d 为整个试验测定期间具体测定时间所测定的样本红枣的硬度值的分布曲线。图中曲线上各节点分布较分散但依然可确定各图中的硬度值的分布范围，图 7-14a 中硬度值主要集中在（13~15）$\times10^5$ Pa，图 7-14b 中主要集中分布在（12.5~14.5）$\times10^5$ Pa，图 7-14c 中主要集中分布在（13.5~15）$\times10^5$ Pa，图 7-14d 中主要集中分布在（7~9.5）$\times10^5$ Pa，图 7-14e 为本次试验中每次试验 25 组样本结果的平均值的变化曲线，由图 7-14 可知：随着试验时间的推进，灰枣的硬度整体呈递减趋势，且在试验后期硬度值大幅度减小。

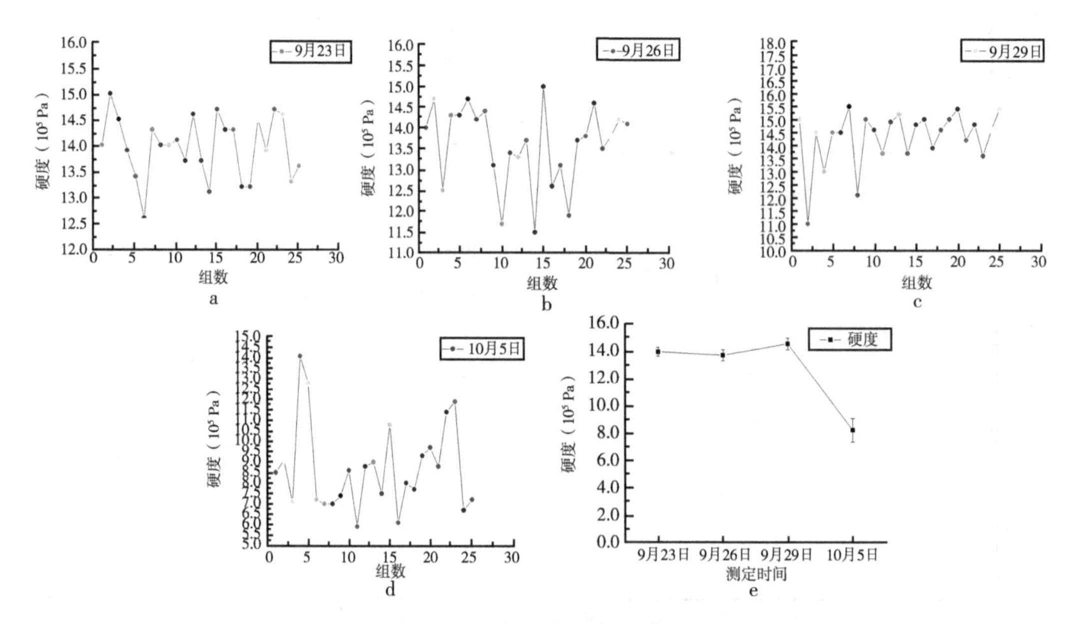

图 7-14　灰枣硬度测定结果分析

图 7-15 对骏枣与灰枣在同一试验期的硬度的变化趋势进行对照分析，曲线清楚的显示了该试验期间的硬度值的变化特点，由图中曲线可知，在该试验期骏枣与灰枣的硬度值的变化趋势基本保持一致，9 月 23 日两者硬度值基本同为 14×10^5Pa。9 月 23—26 日，骏枣与灰枣的硬度值减小且骏枣硬度值减小速度较灰枣快。9 月 26—29 日，骏枣

与灰枣硬度值增加且增加速度基本一致。9 月 29 日后，骏枣与灰枣的硬度值大幅度减小，并且灰枣硬度值减小速度较骏枣硬度值减小速度快，最终灰枣的硬度值小于骏枣的硬度值，9 月 29 日，灰枣的硬度值较骏枣的大。

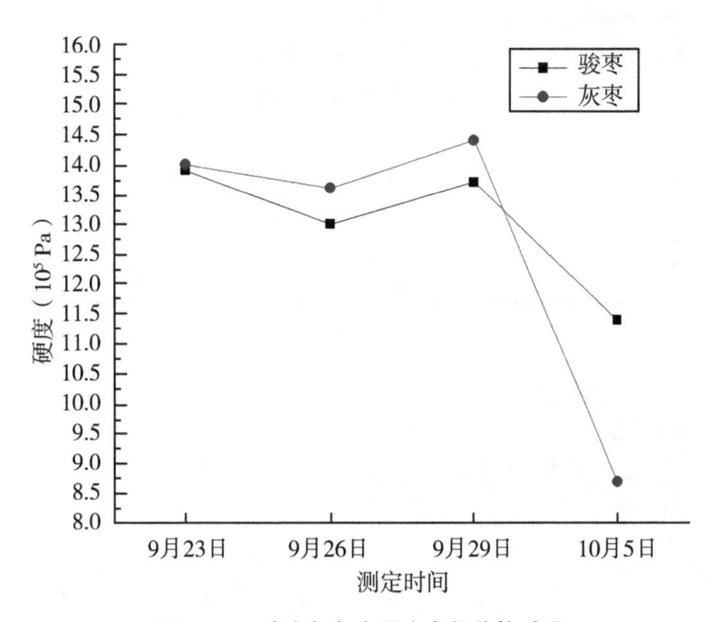

图 7-15　骏枣与灰枣硬度变化趋势对照

7.2　红枣收获机械类型

红枣收获机械可分为机械振动式收获机和落地红枣捡拾机。

7.2.1　机械振动式采收机

机械振动式收获机依据机械振动红枣脱落原理，代表性机型有抱摇式红枣收获机和手持式红枣振动收获机。抱摇式红枣收获机结构主要由机架、果树振摇装置和液压控制系统组成，工作时摇振装置钳住树干，控制系统控制摇振频率、振幅和时间进行红枣收（图 7-16）。

手持式红枣振动收获机主要由夹持头、导杆、手持减振机构、手持式连杆减振结构、动力传动及偏心振动机构等机构组成，作业时夹持头固定在树干或者树枝上，由内燃机转速调节夹持头振动频率，夹持头产生的振动传递给作用果枝，当振动产生的加速度作用力大于果柄连接力时果实就会掉落（图 7-17）。

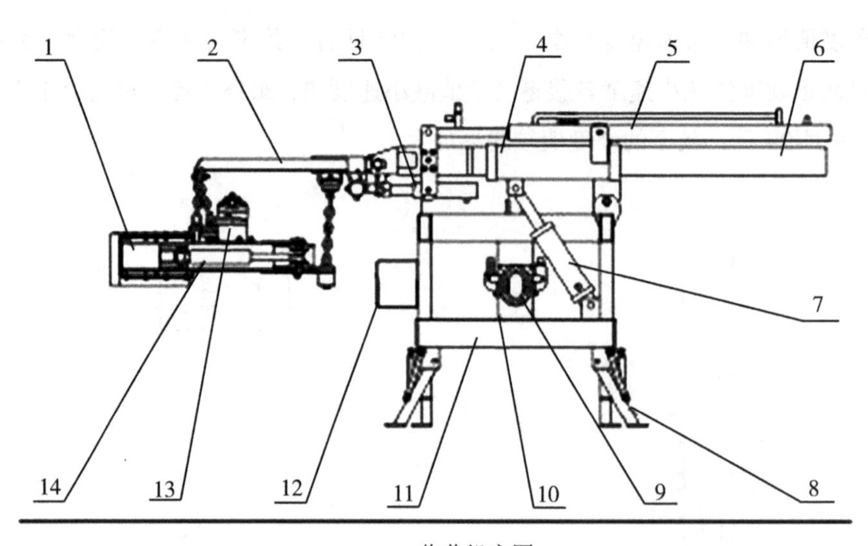

a. 收获机主图

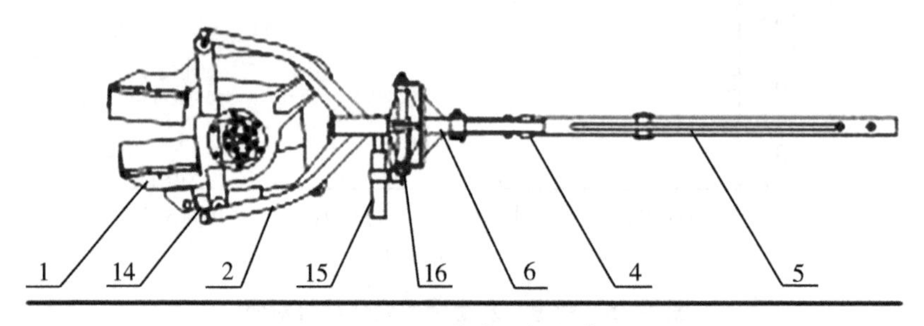

b. 收获机振摇装置

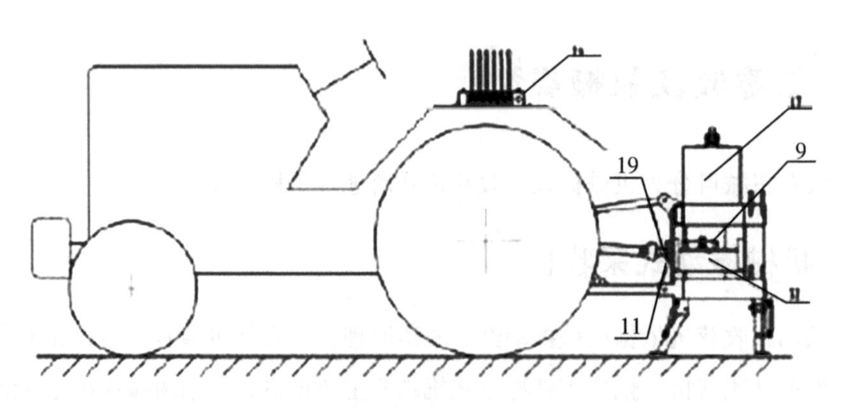

c. 收获机机架与拖拉机的挂接方式

1. 钳式激振器；2. 振动头悬挂架；3. 横向液压油缸；4. 支臂套管；5. 推拉液压油缸；6. 伸缩支臂；7. 升降液压油缸；8. 支撑腿；9. 液压泵；10. 液压泵支撑板；11. 机架悬挂架；12. 液压油管支架；13. 液压马达；14. 夹钳开闭液压油缸；15. 纵向液压油缸；16. T 形轴套；17. 液压油箱；18. 轴承座；19. 花键轴；20. 多路换向阀

图 7-16　抱摇式红枣收获机示意图

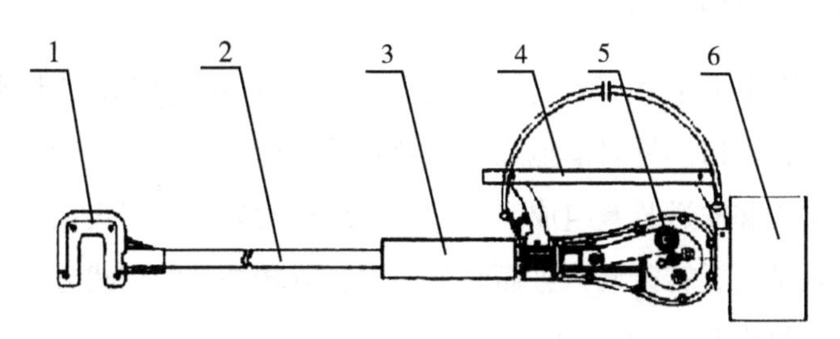

1. 夹持头；2. 导杆；3. 手持减振机构；4. 手持式连杆减振结构；5. 动力传动及偏心振动机构；6. 汽油机

图 7-17　手持式红枣振动收获机结构示意图

针对矮化密植红枣的种植模式和生长特点，设计的自走式矮化密植红枣收获机能一次完成对矮化密植红枣的采收作业。根据红枣的生长高度，通过液压升降油缸提升机体高度，适于机器采收。该机主要由机架、自走式底盘、激振装置、输送装置、集果装置、清选装置、集果箱和液压系统等组成。该机为全液压四轮驱动，转向机构由液压系统控制，机架与自走式底盘连接，激振装置放置在集果装置上方，对称固装在机架两侧，集果装置与连接在机架上的输送装置相连。收获机总体结构如图 7-18 所示。

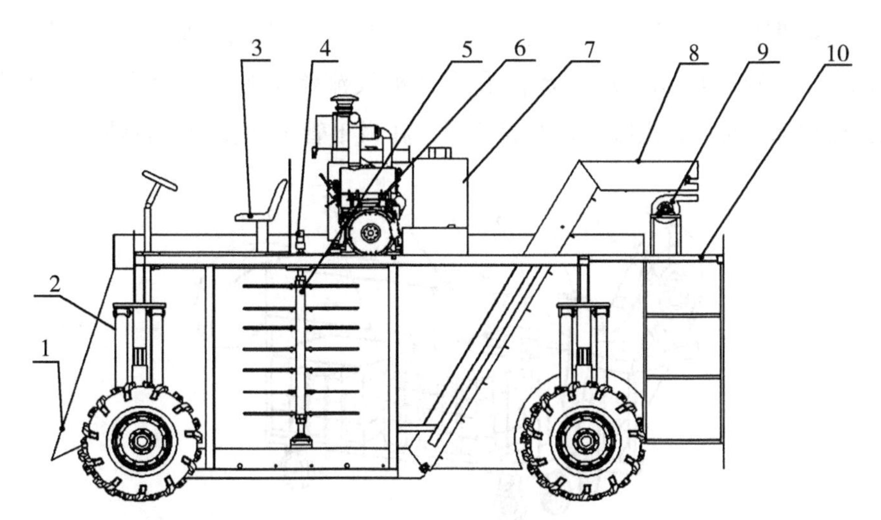

1. 升降油缸；2. 扶枝器；3. 座椅；4. 振荡马达；5. 激振装置；6. 发动机；7. 油箱；8. 输送装置；9. 风机；10. 机架

图 7-18　自走式矮化密植红枣收获机结构图

7.2.2 落地红枣捡拾机

（1）落地红枣捡拾机：由于红枣成熟期不一致，收获期部分红枣落在地面，因此需要对落地红枣进行捡拾。针对落地红枣收获难的问题，设计了一种果实捡拾装置，主要由集果扫盘、挑钩和输送装置组成。通过集扫机构对红枣进行集条，挑钩顺时针旋转将红枣挑起并进入挑钩旋转区域，进而红枣沿挑钩旋转外径的切线方向抛送至输送装置上，完成红枣的捡拾作业（图7-19）。

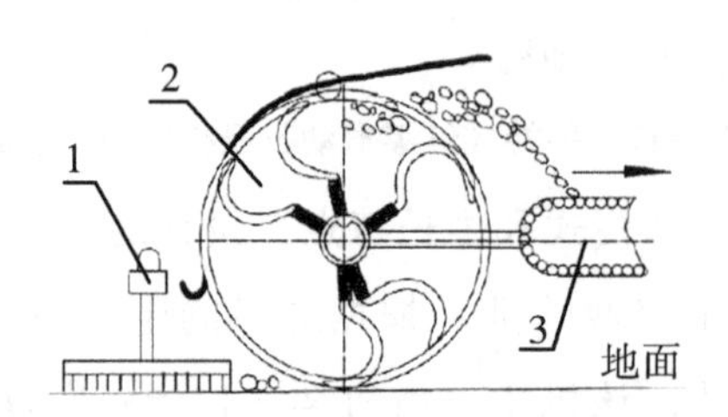

1. 集果扫盘；2. 挑钩；3. 输送装置

图7-19　一种林果捡拾装置结构示意图

（2）气吸式落地枣捡拾机：气吸式红枣捡拾机主要通过风机产生正（负）压将地面的红枣气吸（气吹）收集起来。目前，气吸式红枣捡拾机的研究较为普遍，但均处于试验阶段，代表性的机型有气吸式红枣收获机。该机主要由风机、三通管道、吸管、分选管道、集果箱、集杂袋及机架等组成（图7-20）。其工作原理为：从风机产生的正压气流，在三通管道形成两股气流，沿着风机气流流动方向（风机至分选管道方向）气流流动保持正压，而吸枣管形成负压，在吸枣管负压作用下将地面上的红枣吸

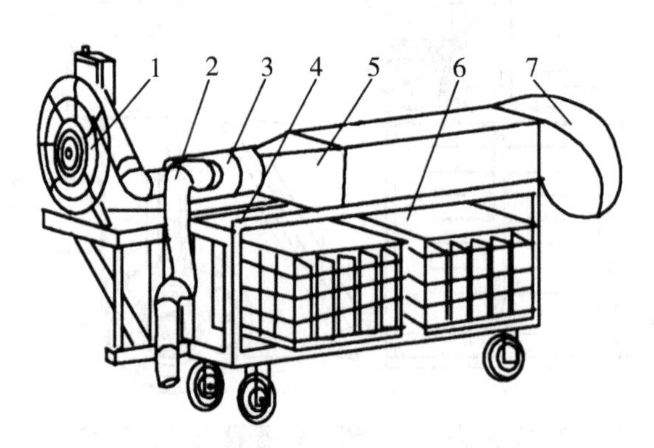

1. 风机；2. 吸管；3. 三通管道；4. 机架；
5. 分选管道；6. 集果箱；7. 集杂袋

图7-20　气吸式红枣捡拾机示意图

入吸枣管，并由气流输送至风选管道，由于分选管道内体积较大，气流速度减小、压力降低，质量大的红枣落入收集筐中，枣叶等轻质杂物被吹入集尘袋中，完成红枣捡拾和杂物分离过程。通过在南疆对样机进行的田间试验表明，该落地红枣捡拾机吸枣口的气流速度为 23 m/s 时，该机平均捡拾效率为 182.8 kg/h，人工捡枣效率平均为 35 kg/h，该气吸式落地红枣捡拾机的生产效率是人工捡拾效率的 5.2 倍。该机的工作效率高，结构简单，但吸枣管易堵塞，对风机性能要求高。

如图 7-21 所示，气吸式红枣收获机主要由柴油机、风机、拨轮分选装置、吸气室、闭风器、吸气管、传动系统、电动系统以及振动分离筛机构等组成。工作时，气吸式红枣捡拾机以蓄电池为主电源，给机器驱动电机、闭风器驱动电机以及振动分离筛机构驱动电机提供动力。机器驱动电机驱动该机行驶在枣园行间，闭风器由闭风器驱动电机提供动力，然后通过链传动将动力传递给拨轮分选装置，振动分离筛机构由振动分离筛驱动电机直接驱动。柴油机作为风机动力源驱使其转动，通过风管与吸气室连接，叶片转动使空气在流场中形成压力差，使吸气室形成充足的负压，操作人员手持吸气管捡拾落地红枣并输送到吸气室里。在吸气室里红枣与杂质通过拨轮分选装置的缠绕以及负压的作用把枣叶与枝条分选出去，排到集杂室，完成一次分离；红枣靠自身重力落到闭风器中，随其旋转落到振动分离筛机构上，通过筛面振动和摆动，实现红枣与碎石、土块的二次分离，然后落到枣箱中，完成红枣捡拾工作。

图 7-21　气吸式红枣捡拾收获机结构

7.3 自走式红枣收获机

7.3.1 整机结构组成

收获机整机结构组成如图 7-22 所示。整机由自走式底盘、机架、激振装置、输送装置、集果装置、液压系统、转向机构、集果箱等组成。该机为全液压四轮驱动，转向机构也由液压系统控制，机架与自走式底盘连接，激振装置放置在集果装置上方，对称固装在机架两侧，集果装置与连接在机架上的输送装置相连。

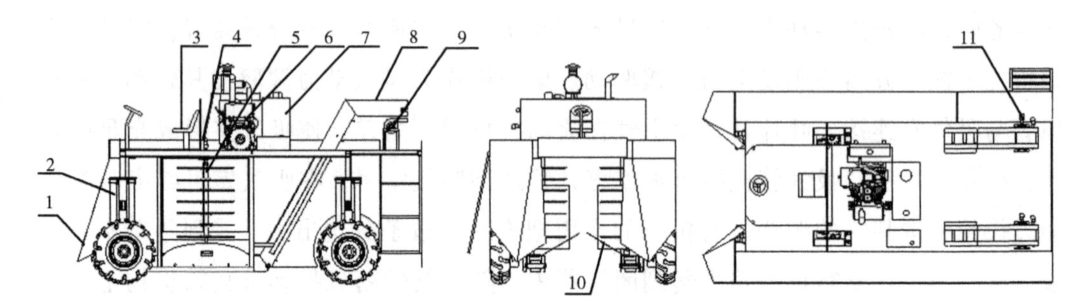

1. 扶枝器；2. 伸缩油缸；3. 座椅；4. 振荡马达；5. 激振装置；6. 发动机；7. 油箱；8. 输送装置；9. 风机；10. 集果装置；11. 输送马达

图 7-22 自走式矮化密植红枣收获机结构示意图

整机的主要技术参数如表 7-3 所示。

表 7-3 自走式矮化密植红枣收获机结构参数

参数	数值
结构型式	自走式
外形尺寸（长×宽×高）（mm×mm×mm）	6 400×3 400×3 800
配套发动机额定功率（kW）	74
配套发动机额定转速（r/min）	2 200
最小离地间隙（mm）	400
行走速度（m/s）	0.3
适应行距（mm）	3 000

7.3.2　工作原理

工作前，根据红枣的生长高度，通过液压系统将机体升高，确保离地间隙 400 mm，保证最低结果位置处的红枣被收获。工作时，收获机骑跨在枣树上以一定速度前进，扶枝器将枣树枝喂入激振装置，激振装置从枣树两侧通过，液压油通过高压齿轮泵流经电磁换向阀，电磁换向阀在 PLC 控制下产生周期性变化信号，改变油液的流动方向，实现振荡马达的正转和反转，振荡马达与立轴相连，从而使拨杆产生往复性振动。红枣在树枝传递的激振力作用下，产生惯性力，当惯性力大于红枣的果柄拉断力时，红枣掉落在集果输送装置上，并向后输送，通过风机的作用，红枣与杂质分离，最后传送到集果箱，完成收获过程。

7.3.3　激振装置

激振装置是红枣收获机的关键工作部件，主要是通过产生的激振力将枣树上的红枣振落下来。激振装置的设计应满足采收对象适用于成熟期的骏枣与灰枣、适合枣树最低结果位置为 400 mm、振动对树枝不产生损伤等 。

激振装置结构如图 7-23 所示。激振装置主要由机架、拨杆滚筒、液压系统组成。液压系统是激振装置的动力源，通过马达把自身的振动和强制回转运动传递给执行装置——拨杆滚筒，振动拨杆击打枣枝实现红枣与树枝的分离。拨杆滚筒是该装置的核心

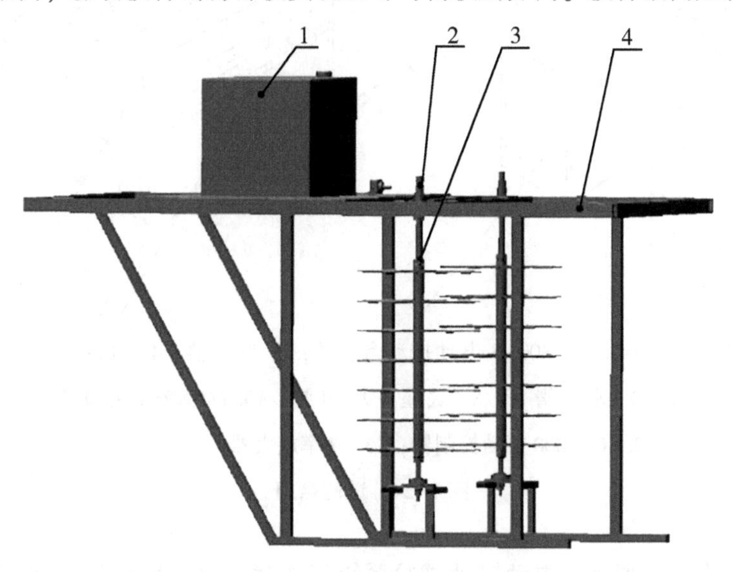

1. 液压油箱；2. 振荡马达；3. 拨杆滚筒；4. 机架

图 7-23　激振装置结构示意图

部分，是影响分离效果和分离效率的主要因素。2个拨杆滚筒竖直安装在机架的两侧，考虑到红枣的农艺要求，为实现红枣与果枝的有效分离，并减小装置的复杂性，拨杆滚筒对称布置安装。

7.3.4 红枣振动特性

（1）试验台的组成：试验设备主要是苏州苏试试验仪器有限公司研制生产的DC-300-3/SV-0505电动振动试验系统，该电动振动系统主要由SV-0505水平滑台、DC-300-3电动振动台台体、RC-2000振动控制器、功率放大器SA-3、YMC92系列动态数据采集器、压电式加速度传感器DH311E和DHDAS软件、可调夹具及电脑等相关处理软件组成。试验台的结构组成如图7-24所示。

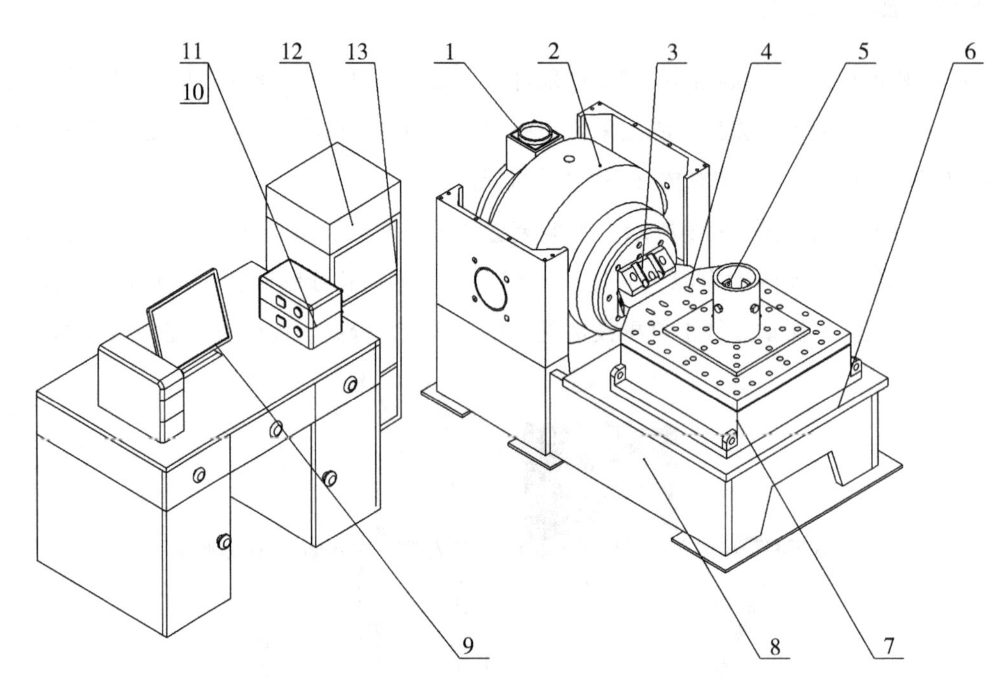

1. 冷却出风口；2. DC-300-3电动振动台台体；3. 联接器；4. 滑台台面；5. 可调夹具；6. 滑台支座；7. 水平滑台；8. 底座；9. 电脑；10. YMC92系列动态数据采集器；11. 信号放大器；12. RC-2000振动控制器；13. 功率放大器

图7-24 试验台组

（2）试验台工作原理：电动振动试验系统工作时，RC-2000振动控制系统发出的指令通过功率放大器将信号传递给振动台体，振动台体内的动圈根据信号产生的交变直线运动，通过联接器传递给滑台平面，固定在夹具上的树体便同滑台一起运动。同时，固定在树体上的加速度传感器会将树体运动产生的加速度信号传输给动态数据采集器，实时测得的相关数据也存入到相应的 DHDAS 软件中。

（3）力的传递效果理论分析：为了研究红枣枣树在受迫振动下力的传递效果，分析红枣振动分离的过程，本研究先建立红枣枣枝、枣柄和红枣的力传递模型，然后分析频率和振幅对红枣振动采收效果的影响。将红枣的“枣枝—枣柄—果实”近似地认为是一个动态模型，即简化成机械振动中的双摆模型。简化后的振动模型，如图 7-25 所示：将枣柄与果枝、枣柄与红枣间的 2 个结合点简化为 2 个结点，以红枣枣枝与枣柄的结点 O 为坐标原点，建立如图 7-25 所示的直角坐标系 $o\text{-}xz$，以红枣果实的质心为坐标原点建立空间坐标系 $O\text{-}XYZ$。设定其弹性系数和黏性阻尼系数分别为 K 和 C；设果柄的质量为 m（g）；红枣的质量为 M（g）；枣柄长度为 l（mm）；为了方便计算，可将红枣看作一个椭圆球，其半径为 R（mm）；其中 a、b 分别为椭圆球的长半轴与短半轴（mm）；红枣果柄与 oz 轴方向的偏转角为 α（rad）；红枣与 OZ 轴方向的夹角为 β（rad）；红枣与 OX 轴方向的夹角为 γ（rad）。利用拉格朗日法建

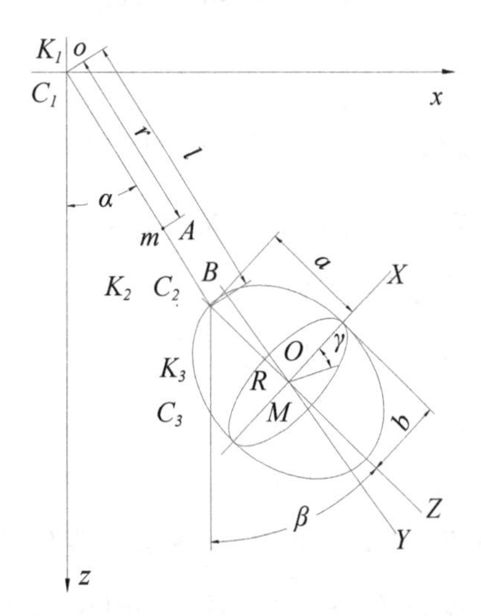

α 为枣柄在 z 轴方向的偏转角（rad）；β 为红枣在 Z 轴方向内的偏转角（rad）；γ 为红枣在 X 轴方向内的偏转角（rad）；r 为 O 点与枣柄质心间距（mm）；l 为枣柄长度（mm）；a 为红枣半长轴（mm）；b 为红枣半短轴（mm）；R 为椭圆球的半径（mm）；m 为枣柄的质量（g）；M 为红枣的质量（g）；K_1、K_2、K_3 为弹性系数；C_1、C_2、C_3 为黏性阻尼系数。

图 7-25　“果—柄—枝”双摆模型

立如下的振动方程：

$$\frac{\mathrm{d}}{\mathrm{d}_t}\left(\frac{\partial T}{\partial q_i}\right) - \frac{\partial T}{\partial q_i} + \frac{\partial U}{\partial q_i} + \frac{\partial V}{\partial q_i} = Q_i \tag{7-1}$$

式中：T——动能（J）；

U——势能（J）；

V——瑞利耗散函数；

q_i——广义坐标；

Q_i——外力（N）。

该双摆模型的动能为：

$$T = \frac{1}{2}\left\{\begin{matrix} J_s\alpha^2 + J_y\beta^2 + J_z\gamma^2 + mr^2\alpha^2 + M \\ \{l^2\alpha^2 + a^2\beta^2 + 2la\alpha\beta\cos(\alpha - \beta)\} \end{matrix}\right\} \tag{7-2}$$

该双摆模型的势能为：

$$U = 1/2[K_1\alpha^2 + K_2(\beta - \alpha)^2 + K_3\gamma] + mgr(1 - \cos\alpha) + Mg(l + \alpha - l\cos\alpha - a\cos\beta) \tag{7-3}$$

其瑞利耗散函数为：

$$V = \frac{1}{2}\sum_{i=1}^{n} C_i v_i = \frac{1}{2}[C_1\alpha^2 + C_2(\beta - \alpha)^2 + C_3\gamma^2] \tag{7-4}$$

式中：J_s——果柄重心关于 o 点的转动惯量（$\mathrm{kg \cdot m^2}$）；

J_y——红枣关于 Y 轴的转动惯量（$\mathrm{kg \cdot m^2}$）；

J_z——红枣关于 Z 轴的转动惯量（$\mathrm{kg \cdot m^2}$）；

C_i——为黏性阻尼系数；

v_i——为角加速度（$i=1, 2, 3$）（$\mathrm{rad/s^2}$）。

通过早期预试验发现红枣在振动过程中，α 和 β 的变化很小，故 α 和 β 之间的差趋近于 0，即有：$\sin\alpha \sim \alpha$；$\sin\beta \sim \beta$；$\sin(\alpha - \beta)$；$\cos(\alpha - \beta) = 1$。

本研究忽略弹性系数 K 和黏性阻尼系数 C，联立化简可得如下：

$$(J_s + mr^2 + Ml^2)\ddot{\alpha} + (mgr + Mgl)\alpha + Mla\beta = Q_a \tag{7-5}$$

$$Ml^2\ddot{\alpha} + (J_y + Ma^2)\beta + Mga\beta = Q_\beta \tag{7-6}$$

式中 Q_α、Q_β 为动态模型所受外力（N）。

改写成矩阵形式可得：

$$[M]\{\ddot{x}\} + [K]\{x\} = [Q] \tag{7-7}$$

式中，$\{Q\}$ 为外力矩阵，则有：

$$\begin{bmatrix} J_s + mr^2 + Ml^2 & Mla \\ Mla & J_y + Ma^2 \end{bmatrix} \cdot \begin{Bmatrix} \ddot{\alpha} \\ \ddot{\beta} \end{Bmatrix} + \begin{bmatrix} mgr + Mgl & 0 \\ 0 & Mga \end{bmatrix} \cdot \begin{Bmatrix} \alpha \\ \beta \end{Bmatrix} = \{Q\} \tag{7-8}$$

当外力 $\{Q\}=0$ 时，化简为：

$$[M]\{\ddot{x}\} + [K]\{x\} = [0] \tag{7-9}$$

设式的解 x_i 具有以下形式，即：

$$x_i = A_i \sin(\omega t + \varphi),\ (i,\ 1,\ 2,\ 3,\ \cdots,\ n) \tag{7-10}$$

式中，A_i 为常数；ω 为角频率（rad/s）；φ 为相位角（rad）。

特征方程为：

$$\begin{vmatrix} mgr + Mgl - (J_s + mr^2 + Ml^2)\omega^2 & -Mla\omega^2 \\ -Mla\omega^2 & Mga - (J_y + Ma^2)\omega^2 \end{vmatrix} = 0 \tag{7-11}$$

化简得到：

$$(J_s + mr^2 + Ml^2)(J_y + Ma^2)\omega^4 + (mgr + Mgl)Mga - [(mgr + Mgl)(J_y + Ma^2) + Mga(J_s + mr^2 + Ml^2)]\omega^2 = 0 \tag{7-12}$$

其中，

$$J_s = \frac{1}{3}ml^2,\ J_y = \frac{2}{5}MR^2 \tag{7-13}$$

则固有振动频率为：

$$f = \frac{2\pi}{\omega} \tag{7-14}$$

以骏枣为研究对象，根据骏枣物料特性的调研结果：枣柄质量 $m=(0.08\pm0.02)$ g；骏枣质量 $M=(13\pm5)$ g；枣柄长度 $l=(3.75\pm0.95)$ mm；骏枣半长轴 $a=(27.5\pm2.5)$ mm；骏枣半短轴 $b=(11.5\pm4.5)$ mm。将上述数值中最大值和最小值分别代入，计算得该振动系统的固有振动频率分别为 $f=14.69$、17.26 Hz。

（4）振动扫频试验：为获得不同枣树侧枝的共振频率，要对选取的样本枣树进行振动扫频试验，并根据扫频结果，获得枣树不同侧枝发生共振时所需的激振频率与振幅。

试验对象是新疆生产建设兵团高效栽培示范枣园种植的枣龄为5年生的骏枣树。为便于试验，试验前先去掉枣树根部，得到样本枣树主干高度 $h_1=0.37$ m、树高 $h_2=2$ m、树冠直径 $D=1.5$ m，根据枣树的形态学特征，样本枣树依次被分为包括主干、主枝、二次枝及枣吊在内的4个部分，根据枣树树形结构，建立枣树力传递路径代号分别为

Ⅰ、Ⅱ、Ⅲ、Ⅳ（图 7-26）。

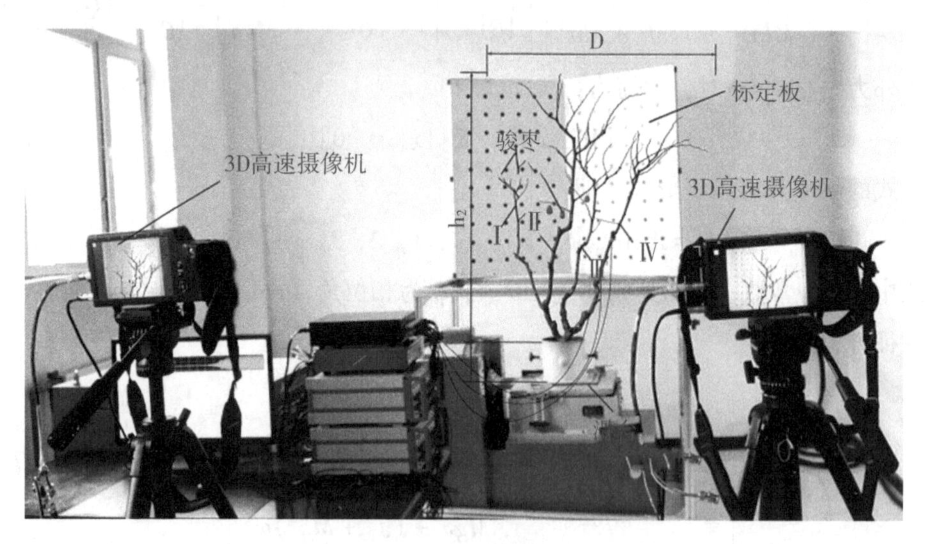

图 7-26　扫频试验

（5）试验过程及分析：试验时，通过自制夹具将样本枣树主干高度 0.2 m 以下处竖直固定在振动试验台上，以模拟土壤和果树根部之间的关系。3 个压电式加速度传感器依次固定在相应路径（Ⅰ、Ⅱ、Ⅲ、Ⅳ）的主枝上，且固定方向与滑台水平移动方向相同，其中编号为 1 的加速度传感器与夹具夹持点间的距离为 0.3 m，编号为 2 和 3 的加速度传感器分别以沿间距为 0.15 m 顺序依次向上固定，其固定示意图如图 7-27 所示。

图 7-27　扫频测试点位置图

根据 DC-300-3/SV-0505 电动振动试验系统的承载能力及前期的预试验，可知该试验台的频率为 0~24 Hz；再根据滑台水平移动的位移，将振幅分别设为 3 mm、5 mm 和 7 mm，最后进行样本枣树的振动扫频试验，获得样本树在各测试点的共振频率（图

7-28）。

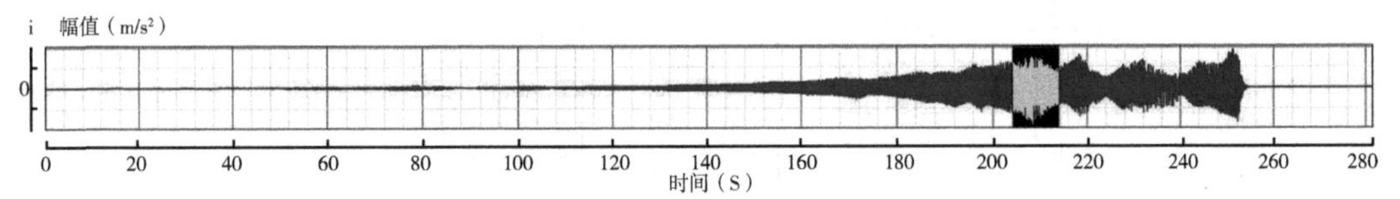

a. 加速度传感器电压值与时间关系

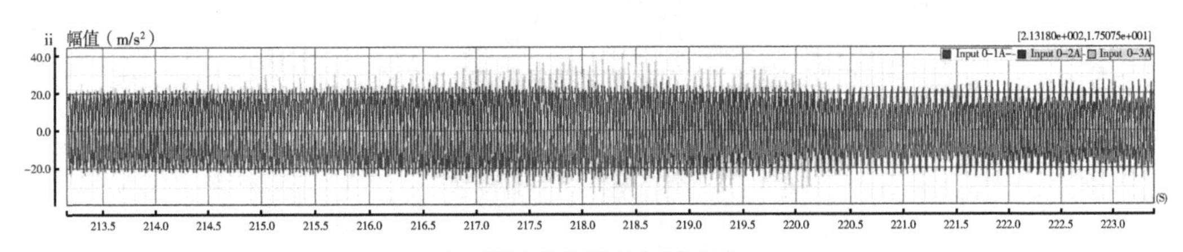

b. 测试点的瞬时加速变化

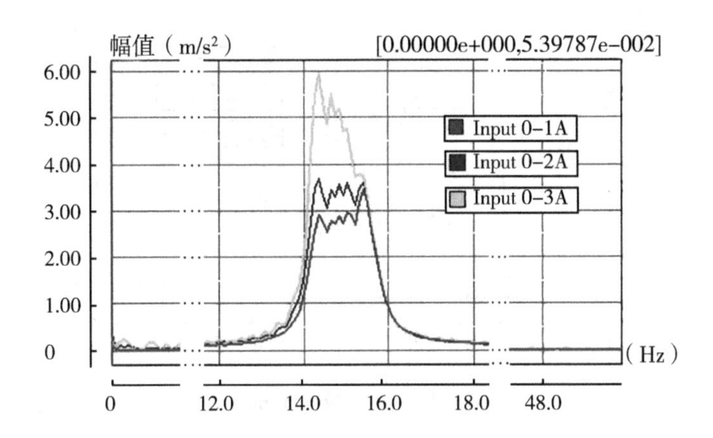

第一共振点（振幅 3 mm）

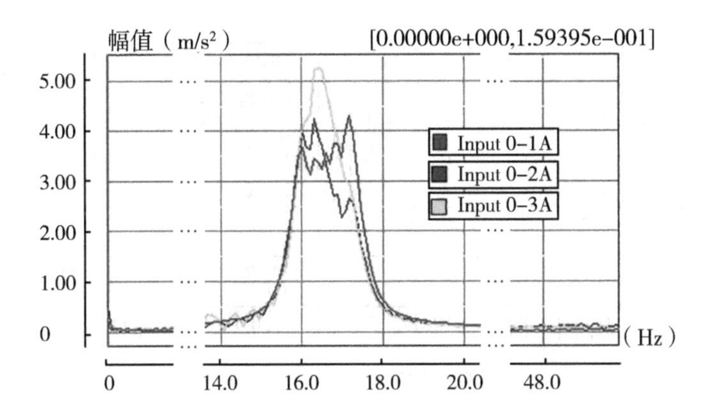

第二共振点（振幅 3 mm）

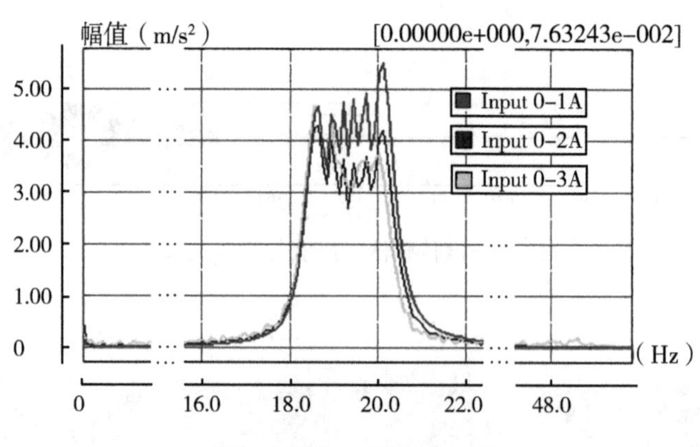

第三共振点（振幅 3 mm）

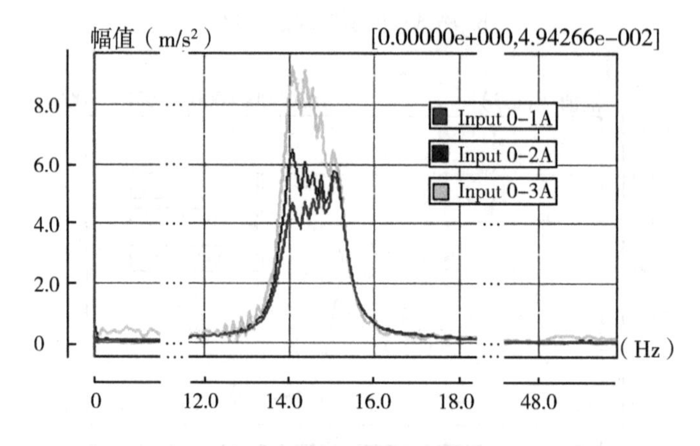

第一共振点（振幅 5 mm）

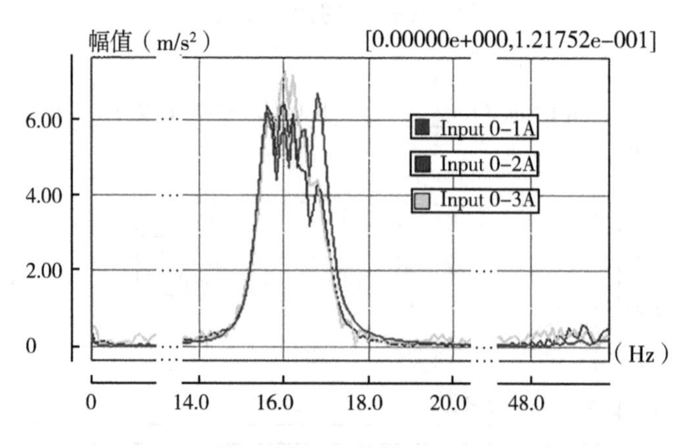

第二共振点（振幅 5 mm）

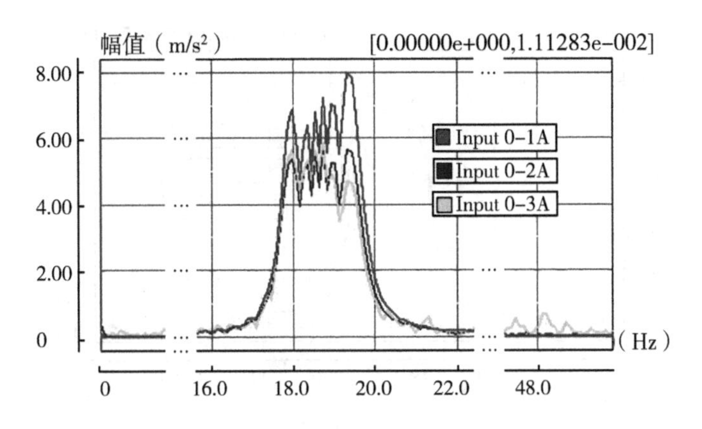

第三共振点（振幅 5 mm）

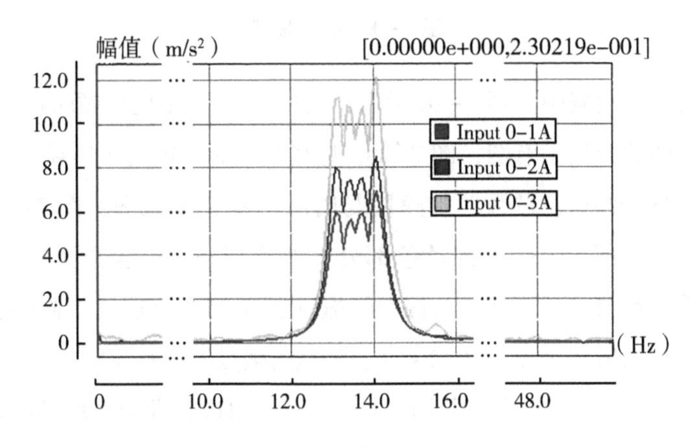

第一共振点（振幅 7 mm）

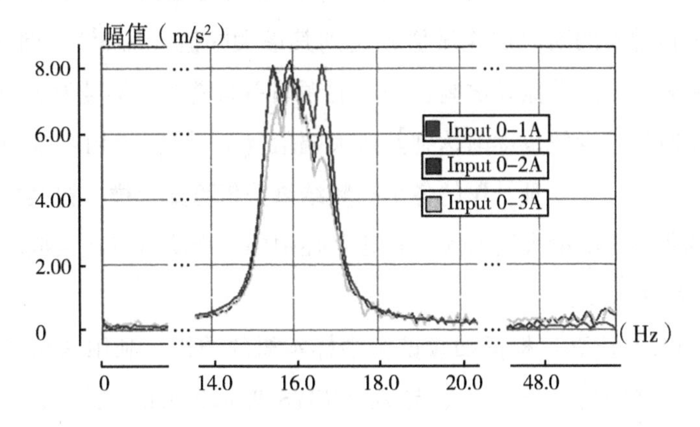

第二共振点（振幅 7 mm）

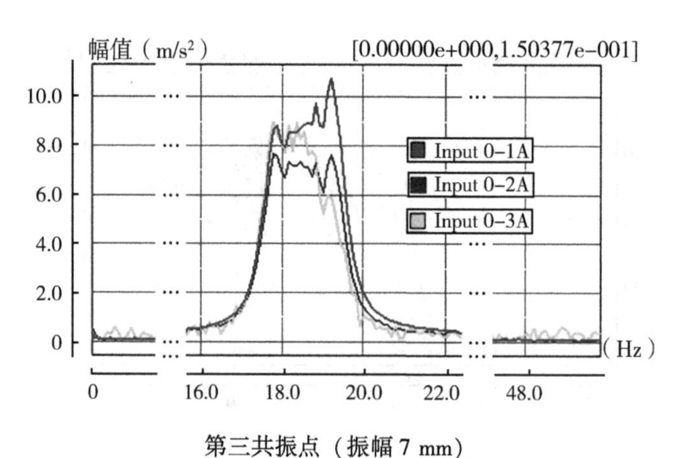

第三共振点（振幅 7 mm）

c. 振幅 3 mm、5 mm、7 mm 时振幅与频率的关系

图 7-28 扫频图谱

扫频试验的时域频域图如图 7-28 所示，其中图 7-28a 是扫频时压电式加速度传感器的电压值与时间的变化示意图；图 7-28b 是在某一时域内选中区域（在此为图 7-28a 中的黄色部分）各个测试点的瞬时加速度与时间的变化示意图；图 7-28c 是在频域中各选中部分（在此为图 7-28a 中的黄色部分）共振出现时，各个测试点的频率变化与时间的对应关系，且图中各测试点的振幅随振动频率的变化选用不同颜色的曲线表示。图 7-28a 中，在振动时间为 0~280.0 s 时，3 个测试点的样本枣树发生共振的时间均为 200.0~253.0 s，且共振时域可以看作由 4 个时间段组成，即第 1 段的时间段为 204.0~213.5 s、第 2 段的时间段为 213.5~222.5 s、第 3 段的时间在 225.5~235.5 s、第 4 段的时间在 245.5~252.5 s。从频域图中可知，靠近滑台（激振源）的测试点即编号为 1 的压电式加速度传感器的瞬时加速度值先达到其最大幅值（m/s^2），即首先发生共振，但此时共振频率较小；随着振动试验台扫频的频率不断增加，编号为 2 和 3 的压电式加速度传感器的瞬时加速度值也逐渐达到其最大幅值（m/s^2），且相对应的共振频率也随之增大。根据路径Ⅰ、Ⅱ、Ⅲ、Ⅳ的各个扫频结果分析可知，样本树共振频率的发生是随着与激振源的距离逐渐增大而增大，且各路径中的 3 个测试点在共振时发生的共振频率主要集中在 12~24 Hz。

（6）枣树的模态仿真：根据扫频试验中样本树的结构，利用 SolidWorks 软件对枣树进行建模，并另存为 *.x_t 格式，导入 ANSYS Workbench 17.0 软件中进行仿真分析。将模型导入 ANSYS 软件后设定材料属性，其中枣树密度 $\rho=478\ kg/m^3$，弹性模量 $E=6.658\times10^9$ Pa，泊松比为 $\varepsilon=0.3$；对枣树进行网格划分，并在枣树根部添加固定约束。

枣树的前六阶仿真结果如表 7-4 所示，表中可知枣树前 4 阶的振动频率与理论计算相近，与扫频试验机定频试验相差不大，由此表明，枣树振动的固有频率范围为 12~20 Hz，前 4 阶振型云图如图 7-29 所示。

表 7-4　枣树的固有频率

模态阶次	1	2	3	4	5	6
频率（Hz）	11.72	12.53	17.34	20.57	32.04	34.58

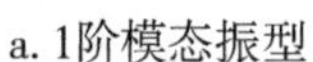
a. 1阶模态振型

b. 2阶模态振型

c. 3阶模态振型

d. 4阶模态振型

图 7-29　枣树的模态振型

（7）振动效果试验：为进一步研究振动频率和振动位移（振幅）对样本枣树 4 个路径（Ⅰ、Ⅱ、Ⅲ、Ⅳ）瞬时加速度的影响关系，再次对样本枣树进行定频振动试验研究。基于样本树扫频试验的结果，选择在 12~24 Hz 频域范围内进行样本树的定频振动试验。试验的振动频率共 13 个，即分别为 f= 12 Hz、13 Hz、14 Hz…24 Hz；振幅 3 个，即分别为 A=3 mm、5 mm、7 mm；测试路径 n 分别为Ⅰ、Ⅱ、Ⅲ、Ⅳ，即 n=4。则本次试验总次数为 N=13×3×4=156。

在进行样本树的定频振动试验时，总共在样本树上布置 6 个压电式加速度传感器，其中编号为 a_1 的压电式加速度传感器布置在样本树的主干上（距离底端 0.3 m 处），其余 5 个编号为 a_2 ~ a_6 的压电式加速度传感器沿每个路径按编号依次由低到高布置，且各传感器之间的距离为 0.15 m（在布置传感器时，应尽量避开分叉点，是由于振动产生的能量沿各路径传递时，在各主干与侧枝的分叉点处损失的能量最大）。

定频试验结果如图 7-30 所示，图中获得了样本树Ⅰ、Ⅱ、Ⅲ和Ⅳ路径的激振频率与瞬时加速度之间的关系图，其中滑台的振幅为 3 mm 时振动频率与瞬时加速度的关系图为图 7-30a、图 7-30b、图 7-30c、图 7-30d；滑台振幅为 5 mm 时的关系图为图 7-30e、图 7-30f、图 7-30g、图 7-30h；则图 7-30i、图 7-30j、图 7-30k、图 7-30l 为滑台振幅为 7 mm 时的频率与瞬时加速度间的关系图。当定频试验的频率设置为 12~24 Hz 时，各路径的瞬时加速度值的范围为 3~40 m/s²。在路径Ⅰ：当滑台的振幅分别为 3 mm、5 mm 和 7 mm 时，编号为 a_3、a_4、a_5和 a_6的测试点第一次出现共振，且产生共振时的频率为 14~16 Hz，而编号为 a_5和 a_6的加速度传感器幅值变化大；在路径Ⅱ：当振动幅值分别为 3 mm、5 mm 和 7 mm 时，编号为 a_2、a_3、a_4、a_5、a_6的测试点首次发生共振时的频率为 14~15 Hz，且 a_4、a_5和 a_6的测试点幅值变化范围大；由路径Ⅲ可知，样本树以不同振幅（3、5、7 mm）振动的情况下，编号为 a_1、a_2、a_3、a_4、a_5和 a_6的传感器在频率为 13~16 Hz 时发生共振现象，此时 a_3、a_4、a_5及 a_6的加速度值变化区间较大；由路径Ⅳ可看出，当振幅为 3 mm、5 mm 及 7 mm 时，编号为 a_5、a_6的测试点首次在 14~15 Hz 出现共振，且加速度值变化大；从图 7-30 中可知，在 16~18Hz 时，样本树第二次出现共振，其中 a_5、a_6在测试区间内的加速度出现最大值。

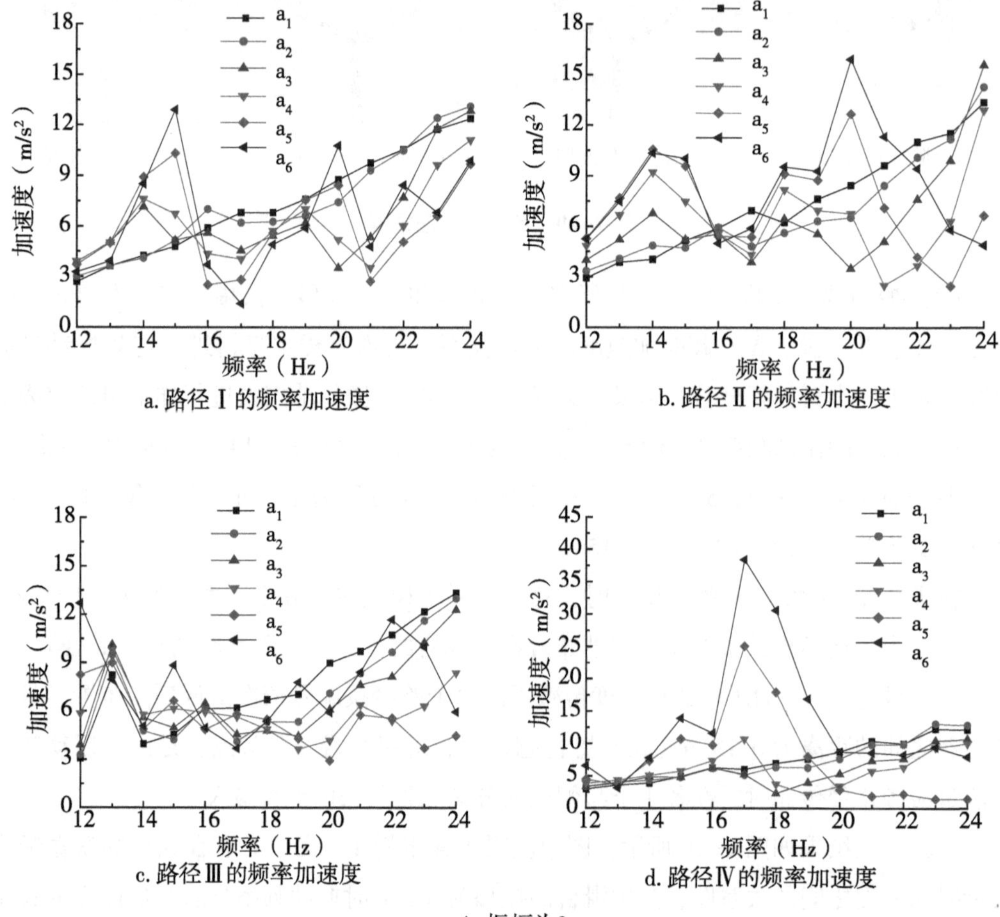

a. 路径Ⅰ的频率加速度　　b. 路径Ⅱ的频率加速度

c. 路径Ⅲ的频率加速度　　d. 路径Ⅳ的频率加速度

A. 振幅为3 mm

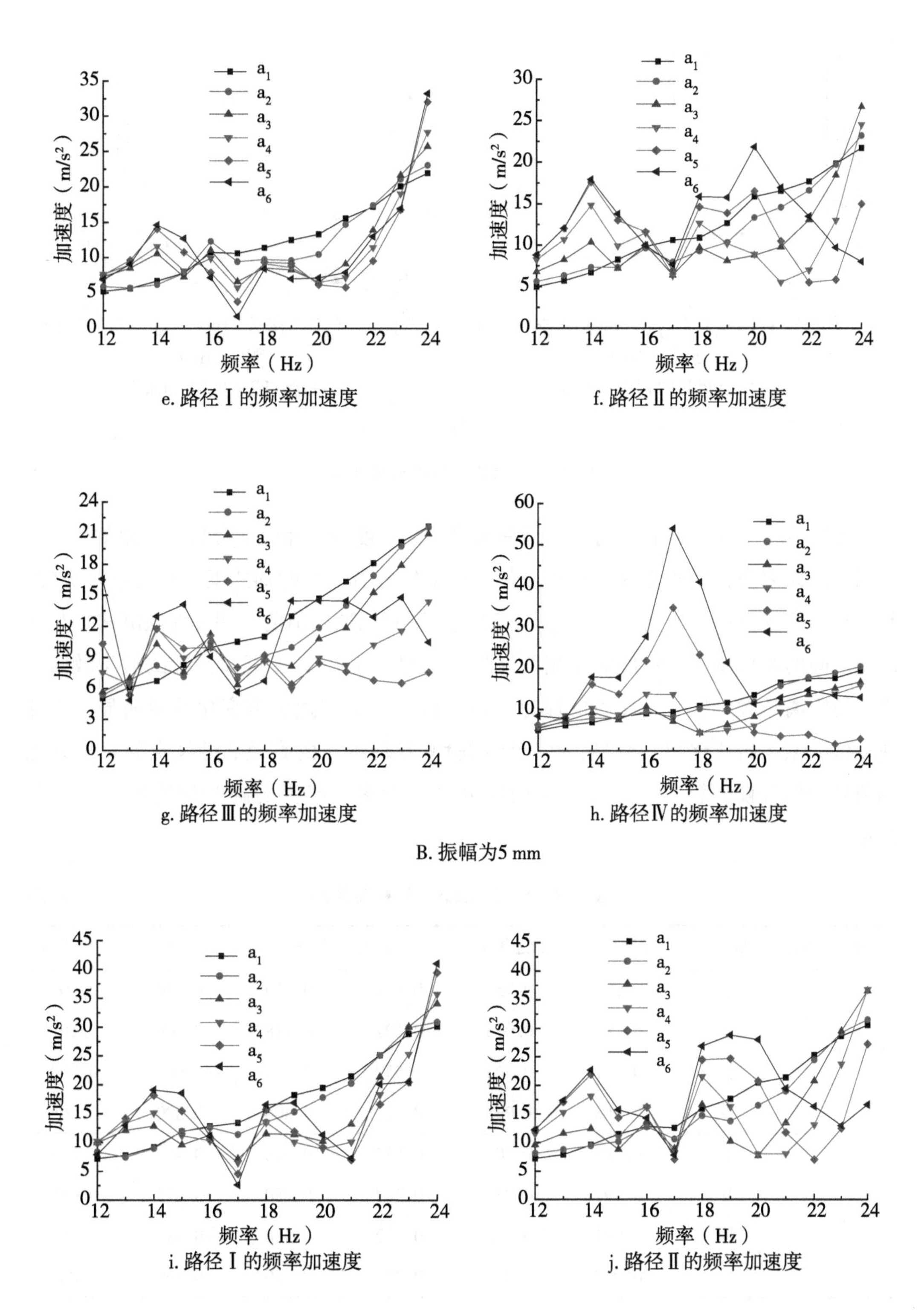

e. 路径Ⅰ的频率加速度

f. 路径Ⅱ的频率加速度

g. 路径Ⅲ的频率加速度

h. 路径Ⅳ的频率加速度

B. 振幅为5 mm

i. 路径Ⅰ的频率加速度

j. 路径Ⅱ的频率加速度

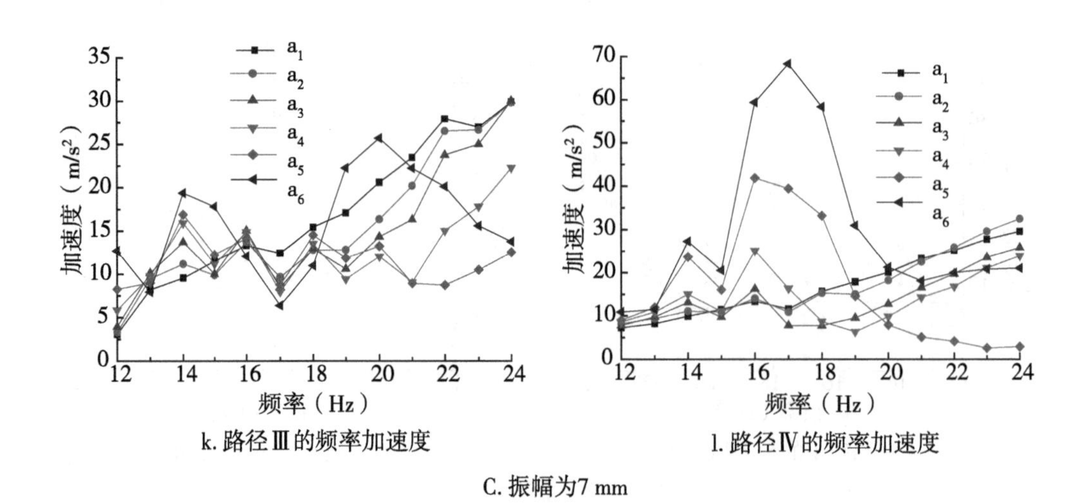

k. 路径Ⅲ的频率加速度　　l. 路径Ⅳ的频率加速度

C. 振幅为7 mm

图 7-30　样本树测试点加速度

利用 Design-expert 软件对振动频率与瞬时加速度进行相关性分析，结果如表 7-5 所示。结果表明，编号为 a_1、a_2和 a_3的加速度传感器的瞬时加速度值具有正相关性，且其相关系数值都大于 0.6，而 a_4、a_5和 a_6的瞬时加速度值的正相关性随测试点与振动源之间的距离越大，它们的正相关性越不明显。由表 7-5 可知，测试点与激振源之间的距离越大，发生共振时的加速度传感器产生的加速度值变化就越明显，但加速度值随振幅的变化却不明显；在定频试验时发现枣树的直径和分叉点数目对共振幅值的变化有较大影响，且某一路径的分叉点越多，产生的瞬时加速度值则变化越小。

表 7-5　频率与加速度的相关系数　　(m/s²)

振幅（mm）	路径	加速度 a_1	加速度 a_2	加速度 a_3	加速度 a_4	加速度 a_5	加速度 a_6
3	Ⅰ	0.996	0.959	0.661	0.519	0.176	0.307
	Ⅱ	0.984	0.912	0.621	0.118	−0.249	0.101
	Ⅲ	0.891	0.723	0.552	−0.114	−0.687	0.008
	Ⅳ	0.988	0.948	0.772	0.406	−0.320	−0.005
5	Ⅰ	0.982	0.909	0.672	0.576	0.452	0.503
	Ⅱ	0.991	0.939	0.712	0.280	−0.177	0.037
	Ⅲ	0.991	0.920	0.832	0.466	−0.490	0.183
	Ⅳ	0.987	0.941	0.737	0.389	−0.409	−0.058

（续表）

振幅（mm）	路径	加速度 a_1	加速度 a_2	加速度 a_3	加速度 a_4	加速度 a_5	加速度 a_6
7	Ⅰ	0.985	0.948	0.727	0.597	0.449	0.505
	Ⅱ	0.984	0.930	0.706	0.418	0.086	0.128
	Ⅲ	0.984	0.929	0.850	0.593	-0.062	0.378
	Ⅳ	0.983	0.944	0.765	0.424	-0.443	-0.048

（8）力的传递效果试验：为验证振动试验的准确性，进一步探索定频试验时发生共振的样本树各侧枝的果实振动效果和瞬时加速度之间的关系，随机选取无损伤的 4 颗红枣，并将其编号 H_1、H_2、H_3 和 H_4，利用电子天平分别对骏枣质量进行 3 次称量并求平均值，结果如表 7-6 所示。

表 7-6　红枣物理参数

名称	H_1	H_2	H_3	H_4
质量（g）	16.18	10.59	17.59	12.41
	16.16	10.59	17.60	12.38
	16.16	10.60	17.57	12.37
平均值（g）	16.167	10.593	17.596	12.387

试验前，首先通过 3D 坐标标对样本树在空间的位置进行标定（图 7-26），再根据 4 颗红枣在各路径侧枝上不同的挂果位置依次布置到样本树侧枝上。该试验的试验步骤与定频试验一样，分别将 4 颗红枣依次挂接在各个路径（Ⅰ、Ⅱ、Ⅲ和Ⅳ），总共 156 组试验。

在试验时，枣柄选用弹性模量和刚度等物理参数相似的橡胶线替代，通过橡胶线将每颗红枣挂接在样本树各路径接枣侧枝的不同位置，实现模拟枣树“枝—柄—果”的振动试验模型。利用 3D 高速摄像机［由美国 Vision Research 公司生产的 FASTECIMAGING—TS4 相机，其分辨率最大为 1 600×1 200 像素（1 280×1 200 像素），最大分辨率下的帧频达 1 000 帧，低分辨率下的帧频达 160 000 帧］进行捕捉拍摄各路径上红枣在空间的运动形式，观察红枣在试验台的激励下产生的多维振动。通过 3D ProAnalyst 分析软件对摄像机拍摄的红枣在空间运动的轨迹进行分析处理，得到红枣在空间运动时的瞬时加速度最大值。

通过 3D ProAnalyst 分析软件对 3D 高速摄像机拍摄的红枣在空间运动的轨迹进行分

析和处理。由分析结果可知，红枣在空间运动的加速度值数据量较大，在利用 3D ProAnalyst 软件进行加速度分析时，选取在振动试验过程中试验台运行平稳的 500 帧作为本次试验的数据采集样本，通过数据统计分析软件，得到每个红枣在 500 帧内的瞬时加速度最大值和最小值，依次得到 4 个骏枣中每个红枣的瞬时加速度的平均值和变异系数（每个共 13 个数值），结果如表 7-7 所示。

表 7-7 中分别为不同振幅（3 mm、5 mm 和 7 mm）下每颗红枣的瞬时加速度值，根据前期预试验测得红枣果柄的最大拉断力为 6 N，再由试验得到的 4 个路径中挂接的红枣产生的瞬间惯性力值，由公式 $F=ma$（式中 m 是红枣质量；a 是瞬时加速度）可知红枣受到振动激励产生的惯性力都大于 6 N，所以样本树上的红枣全部都能够振落。

由表 7-7 分析可知：当水平滑台的振幅越大时，各侧枝上红枣的最大瞬时加速度值也呈现出逐渐增大趋势，且变异系数的变化不大，也就是说滑台的振幅在允许的试验范围内，水平移动的振幅越大，样本树上每个红枣的最大加速度值也相对较大，红枣越容易从树体振落；在样本树的不同路径，以同一振幅振动时，红枣的质量越大，空间中红枣振动的瞬时加速度值越大，由此可知红枣在振动过程中越容易掉落。

7.3.5 拨杆滚筒的设计

拨杆滚筒是激振装置的执行作业部件，其结构的好坏直接影响设备的装配工艺，对整个装置的作业效果也会造成很大影响。结构比较合理的拨杆滚筒不仅能较好地完成果实与树枝分离的任务，而且对树枝和红枣的损伤比较小。拨杆滚筒采用组装式结构，在拨杆滚筒上完成相关部件的定位和装配。主要由圆盘总成、立轴、间隔套、轴承等组成，圆盘总成由拨杆、铁盘和橡胶盘组成。每组圆盘总成之间通过间隔套隔开，保证一定的间隙（图 7-31）。工作时，拨杆滚筒以一定的频率和振幅振动，将红枣振落。

振动拨杆材料选用环氧树脂，避免拨杆击打枣树枝，对树枝造成损伤。因此拨杆的材料选用环氧树脂的优点是：力学性能高、附着力强、耐热性高。因为附着力强，所以它能够与橡胶圆盘很好地固定在一起，不至于窜动。结合枣树的生长情况，要使拨杆能将红枣振落，拨杆所产生的惯性力必须大于红枣的果柄拉断力，同时还要小于红枣的破裂力，即：

$$F_l \leqslant ml\omega^2 \leqslant F_p \tag{7-15}$$

$$11 \leqslant ml\omega^2 \leqslant 125.3 \tag{7-16}$$

表 7-7 红枣的瞬时加速度（振幅 3 mm、5 mm、7 mm）

		最大值（m/s^2）			最小值（m/s^2）			平均值（m/s^2）			变异系数（%）		
		振幅 3 mm	振幅 5 mm	振幅 7 mm	振幅 3 mm	振幅 5 mm	振幅 7 mm	振幅 3 mm	振幅 5 mm	振幅 7 mm	振幅 3 mm	振幅 5 mm	振幅 7 mm
路径Ⅰ	H_1	5 395	8 810	6 255	2 612	3 444	2 481	3 803	5 117	3 811	18.27	27.65	29.26
	H_2	4 775	8 318	6 144	1 066	2 852	2 221	2 712	5 038	3 537	46.02	32.72	31.36
	H_3	3 093	6 762	6 011	1 583	1 872	2 480	2 300	4 333	3 860	20.20	37.40	25.52
	H_4	2 596	3 897	5 435	1 245	1 440	2 574	1 816	2 612	3 671	22.61	28.63	23.93
路径Ⅱ	H_1	2 126	2 809	2 266	416	1 196	520	1 178	1 712	1 605	46.69	25.78	28.13
	H_2	1 433	1 755	3 789	189	317	549	7 418	10 752	1 445	55.83	33.36	57.55
	H_3	3 702	3 159	4 399	502	491	1510	1 727	1 807	2 133	46.38	35.84	34.04
	H_4	1 516	3 718	2 343	260	261	714	965	1 380	1 637	38.02	61.87	27.98
路径Ⅲ	H_1	2 624	3 438	8 159	585	968	967	1 470	1 823	2 640	42.24	37.56	23.53
	H_2	3 010	5 189	9 458	725	594	865	1 324	2 780	3 499	47.70	51.56	29.27
	H_3	3 725	3 369	8 194	852	676	829	1 765	1 829	2 311	47.47	33.24	30.27
	H_4	3 074	4 595	6 524	445	1 133	891	1 284	2 243	2 376	62.32	49.08	31.11
路径Ⅳ	H_1	1 899	2 812	2 023	291	552	716	874	1 078	1 213	58.31	54.67	32.57
	H_2	3 276	4 306	4 764	779	1 470	1 118	2 153	2 882	2 803	28.86	28.94	33.07
	H_3	3 495	4 034	3 965	947	963	1 363	19 613	2 473	2 917	46.36	38.88	24.07
	H_4	1 768	1 803	2 374	445	725	676	998	1 296	1 563	40.50	23.28	28.72

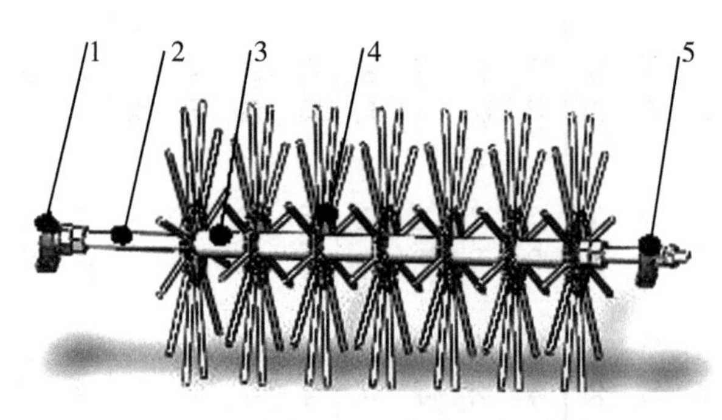

1. 轴承；2. 立轴；3. 间隔套；4. 圆盘总成

图 7-31　拨杆滚筒结构示意图

工作时，2 个拨杆滚筒是骑跨在一行枣树上对其进行采收，即拨杆的长度至少要大于树冠直径的一半值。通过对 2～3 年生红枣树的调研，枣树的树冠直径在 2 m 左右，最终确定拨杆的长度选为 530 mm，直径是 15 mm。

拨杆的排列。滚筒上的拨杆在完成对红枣分离的同时，还要保证甩落下来的红枣果实能够顺利地落下去，并且在保证分离效果的同时，尽可能减少对红枣果实和果枝造成严重的机械损伤。对骏枣与灰枣的果实尺寸进行测量，测量结果表明，骏枣果实纵向直径为 35～41 mm，横向直径为 25～29 mm；灰枣果实纵向直径为 30～36 mm，横向直径为 20～27 mm，从而确定任意两拨杆间的距离都不小于 41 mm，且采用圆柱辐射状排列方式，同时还要保证拨杆在枣树间的通过性。在综合分析拨杆在枣树间的通过性和分布的前提下，确定每层圆盘上有 12 根拨杆。

7.3.6　红枣收获试验

田间试验的目的主要是通过自走式矮化密植红枣收获机激振装置进行性能生产试验和测试，测试自走式矮化密植红枣收获机激振装置的各项性能是否达到设计要求。

2019 年 11 月在新疆生产建设兵团第一师十三团进行了现场试验，试验树种是多年生红枣树（灰枣），红枣处于完熟期，机器的行走速度是 0.22 m/s，环境温度是 19 ℃，空气湿度为 24.5%，风速为 1 m/s。试验果园种植模式以及红枣树的主要树形特征参数如表 7-8 所示。

表 7-8　试验枣树主要参数

项目	参数
枣树行间距（m）	3

（续表）

项目	参数
枣树株间距（m）	1.19
树干平均直径（10 株）（mm）	77
树干平均高度（10 株）（mm）	2 299
树冠平均宽度（mm）	1 856
最高结果高度（mm）	2 430
最低结果高度（mm）	460
平均产量（kg/667 m²）	709

红枣收获的试验方法确定以《农业机械生产试验方法》（GB/T 5667—2008）为依据，参照《农业机械试验条件测定方法的一般规定》（GB/T 5262—2008）执行，结合激振装置的结构特点、工作原理、设计参数以及作业性能，制定红枣收获机械试验方法。选择采净率、损伤率作为试验指标。田间试验如图 7-32 所示。

图 7-32　样机田间试验

（1）采净率：通过计数法计算采净率。每棵树振动结束后，捡拾落果并记下落果个数，然后用人工敲打法将树上未脱落果实打落并记下落果个数，最后根据式（7-17）计算采净率。

$$P_2(\%) = \frac{N_1}{N_1 + N_2} \times 100 \qquad (7\text{-}17)$$

式中：P_2为采净率（%）；N_1为振动采收落果个数（个）；N_2为振动未脱落果实个数（个）。

（2）损伤率：每棵树振动结束后，捡拾落果并记下落果个数，从中挑选出具有明显裂纹、破皮的红枣，计算其个数，最后根据下式计算损伤率。

$$P_3 = \frac{N_3}{N_4} \times 100\% \tag{7-18}$$

式中：P_3为损伤率（%）；N_3为有损伤的果树（个）；N_4为振动采收落果个数（个）。

根据试验数据经计算获得激振装置的性能参数如表 7-9 所示。

表 7-9　激振装置的性能参数表

序号	项目	参数
1	收净率（%）	91.11
2	磨损率（%）	0.08
3	含杂率（%）	1.50
4	纯作业小时生产率（km^2·h）	0.35

7.4　气吹式落地枣捡拾机

7.4.1　结构组成

该机器主要由气流分配装置、风机、输送装置、仿形轮、行走轮、集枣箱和机架等组成，主要采用链轮传递形式，由电动机提供动力，输送装置的周向均布着毛刷。其中气流分配装置由旋转风管和装有避风器的气流分配管组成，在旋转风管的周向均布着四列气流喷嘴（图 7-33、图 7-34）。

7.4.2　工作原理

工作时，落地红枣捡拾装置的风机吹出的高速气流沿着输风管进入气流分配管，在气流分配管的“八”字形区域形成气流区；同时，旋转风管绕其中心沿逆时针方向旋转，当气流喷嘴口进入避风器区域，气流喷嘴与气流区域相通，气流沿着气流嘴吹出，将地上的红枣吹向其后方的输送装置，输送装置将落地红枣输送到集枣箱，随着整机连续向前运动，完成落地红枣捡拾工作（图 7-34）。

输送装置通过仿形轮与地面接触，可适应地面起伏，毛刷与地面接触处，在地面对

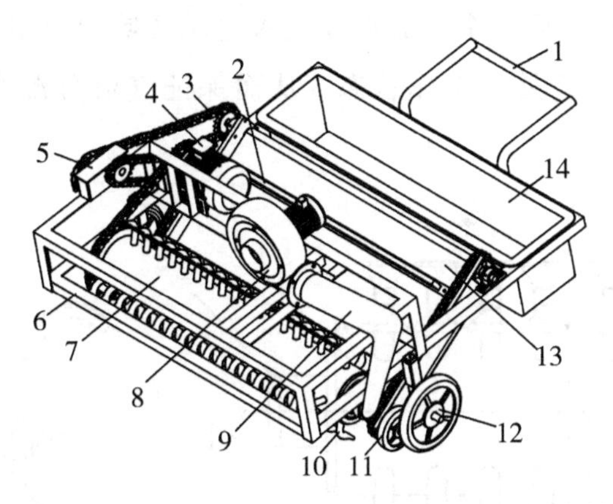

1. 手柄；2. 毛刷；3. 传动链；4. 电动机；5. 齿轮箱；6. 机架；
7. 气流分配装置；8. 风机；9. 输风管；10. 气流喷嘴；11. 方形轮；
12. 地轮；13. 输送装置；14. 集枣箱

图 7-33　气吹式落地红枣捡拾机结构示意图

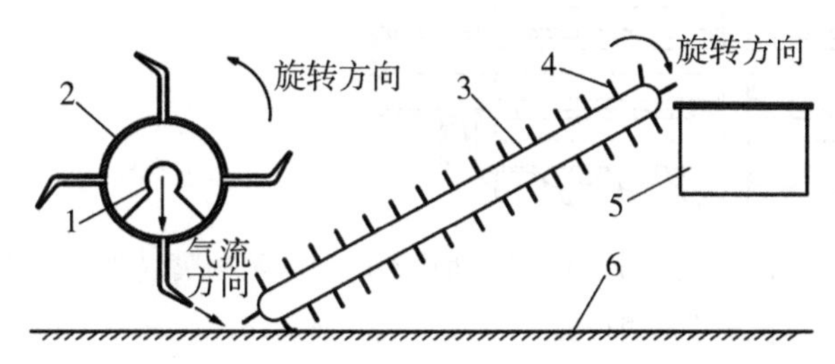

1. 进风管；2. 旋转风管；3. 输送装置；4. 毛刷；5. 集枣箱；6. 地面

图 7-34　气吹式落地红枣捡拾机工作原理

毛刷的力作用下，毛刷弯曲与地面紧贴在一起，当气流将红枣沿地面吹至输送装置时，在毛刷与地面贴合处聚集，随着输送带的传动，毛刷将红枣带动，在气流与毛刷的共同作用下，红枣被毛刷带到输送带上，输送到集枣箱，完成红枣输送工作。

7.4.3　气流分配装置设计

气流分配装置是气吹式红枣收获机的关键部件，在工作过程中主要用于气流分配，以确保处于工作状态的气流喷嘴风压稳定，其性能直接影响该落地红枣捡拾装置的工作性能。

气流分配装置如图 7-35 所示，2 个避风器间的夹角为 90°，四列气流喷嘴均布在旋转风管圆周上，相邻 2 个气流喷嘴间的夹角为 90°，可确保在工作过程中，前一个气流喷嘴转出避风器区域的同时，后一个气流喷嘴进入避风区域，且前一个气流喷嘴转出避风区域的面积与后一个气流喷嘴进入避风区域的面积相等，整个过程始终只有一列完整的气流喷嘴处于工作状态，从而保证气流分配管和气流喷嘴风压的稳定。

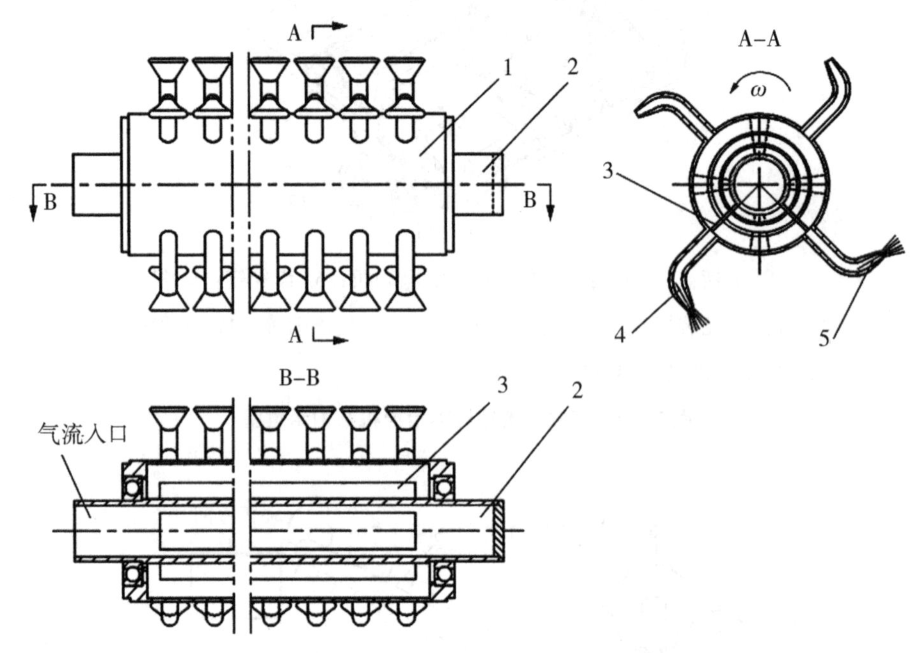

1. 旋转风管；2. 气流分配管；3. 闭风器；4. 气流喷嘴（气流开始临界位置）；
5. 气流喷嘴（气流结束临界位置）

图 7–35　气流分配装置结构示意图

（1）气流喷嘴运动轨迹分析：工作过程中，旋转风管的运动过程可看作是旋转风管绕其中心轴线的旋转运动和沿着工作方向水平运动的合成。对旋转风管建立直角坐标系，且其中一个气流喷嘴出口转动到坐标原点，作为初始位置，如图 7–36 所示。研究表明，以气流喷嘴出口位置为研究对象，在时间 t 内旋转风管转过 α 角；当旋转风管沿着工作方向水平速度（后文简称为“水平速度”）为 0 时，气流喷嘴从坐标原点转动到 C 点（图 7–36a）；当旋转风管水平速度为任一速度 v 时，气流喷嘴从原点转动到 D 点，此过程可看作图 7–36a 过程沿着工作方向水平移动 vt 距离，如图 7–36b 所示，此过程的位移方程如下所示：

$$\begin{cases} x = R\sin\alpha - vt \\ y = R(1 - \cos\alpha) \end{cases} \tag{7-19}$$

则气流喷嘴以任一水平速度 v 的运动位移可用下式表示：

$$y = R - \sqrt{R^2 - \frac{\pi^2 v^2}{4\omega^2} - x^2 - \frac{\pi v}{\omega}x} \tag{7-20}$$

其中，$R = \frac{D_1}{2}$

式中：v——沿工作方向水平移动速度（m/s）；

ω——旋转风管转动角速度（rad/s）；

t——任一时间段（s）；

α——旋转风管在时间 t 内转过的角度（rad）；

(R)——旋转风管外轮廓圆弧半径（mm）；

$(D)_1$——旋转风管外轮廓圆弧直径（mm）。

式（7-20）表示的曲线为旋轮线，即工作过程中气流喷嘴的运动轨迹为旋轮线，有利于气流将红枣吹起。

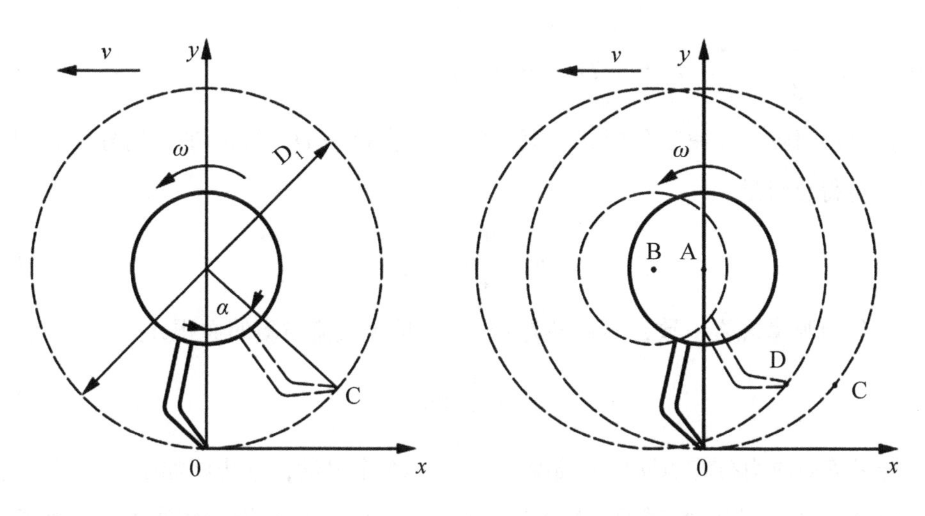

a. 速度v=0时运动简图　　b. 速度$v=v_0$时运动简图

v 为工作状态移动速度（m/s）；ω 为旋转风管转动角速度（°/s）；α 为旋转风管在任一时间 t 内转过的角度（°）；D_1为旋转风管总直径（mm）。

图 7-36　气吹式落地红枣捡拾装置运动简图

（2）气流喷嘴出风口运动分析：图 7-36 为气流喷嘴转过 α 角的运动示意图，对气流喷嘴作速度分析。其中，v_a是出风口的绝对速度，v_r是出风口的相对速度，v_0是出风口绕 B 点的旋转速度，v 是本捡拾装置运动工作方向的速度。

$$\vec{v_a} = \vec{v_e} + \vec{v_r} = \vec{v} + \vec{v_0} + \vec{v_r} \tag{7-21}$$

将各速度分解可得：

$$v_{ax} = v_r\cos(\alpha - \frac{2}{3}\pi) + v_0\cos(\alpha - \frac{\pi}{2}) - v$$

$$= 1.32\sin\alpha - 6\sin(\frac{\pi}{6} - \alpha) - 0.5 \tag{7-22}$$

$$v_{ay} = v_r\sin(\alpha - \frac{2}{3}\pi) + v_0\sin(\alpha - \frac{\pi}{2})$$

$$= \left[1.32\cos\alpha - 6\cos(\frac{\pi}{6} - \alpha)\right] \tag{7-23}$$

$$v_a = \sqrt{v_{ax}^2 + v_{ay}^2} \tag{7-24}$$

经试验测得 $v_r = 6$ m/s，$\omega = 30$ r/min，$v = 0.5$ m/s，$R = 0.44$ m，$\beta = \pi/6$，代入可得：

$$v_a = \sqrt{51.7 + 6\sin(\frac{\pi}{6} - \alpha) - 1.32\sin\alpha} \tag{7-25}$$

其中，$\alpha = \frac{\pi}{3} \sim \frac{5\pi}{6}$，$v_a = 6.77 \sim 6.90$ m/s 。

（3）气流喷嘴气流速度分析：气流分配管的直径为 D，气流在气流分配管中的流速为 V_0，可得总流量 q：

$$q = \frac{1}{4}\pi D^2 V_0 \tag{7-26}$$

18 个气流喷嘴规格一致，其直径为 d，可得单个气流喷嘴的面积 A：

$$A = \frac{1}{4}\pi d^2 \tag{7-27}$$

旋转风管周向均布着四列气流喷嘴，每列有 18 个喷嘴，其排序如图 7-37 所示。工作时，设第 1~18 个气流喷嘴的气体流速依次为 $V_1 - V_{18}$，假设沿着气流方向，相邻气流喷嘴气体流速依次降低 $x\%$，可得：

$$q = AV_1 + AV_2 + \cdots + AV_{18} \tag{7-28}$$

$$\frac{V_{i+1}}{V_i} = 1 - x \tag{7-29}$$

$$V_{i+1} = V_1(1 - x) \tag{7-30}$$

假定 $x\% = 2\%$，根据上式可计算每个气流喷嘴出口的气流速度，第 i 个喷嘴的气流速度为：

$$V_i = (98\%)^{i-1} V_1 \tag{7-31}$$

(4) 气流喷嘴处气流速度分析：计算分析喷嘴处气流速度变化规律，可利用射流动量通量守恒原理来推导。由射流动量通量守恒原理得：

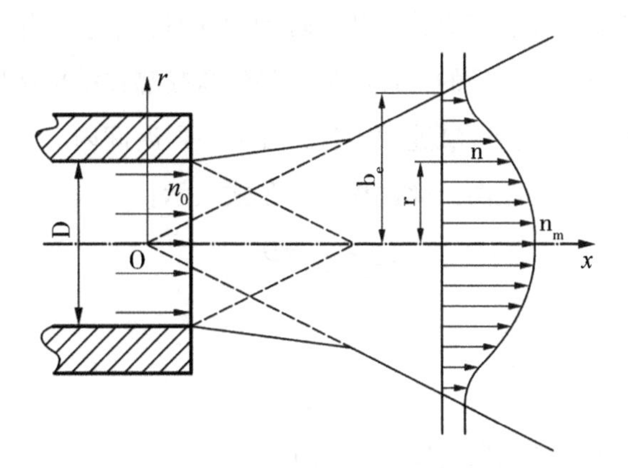

图 7-37　气流喷嘴处射流简图

$$J = \int_0^\infty \rho n^2 \cdot 2\pi r \mathrm{d}_r = \frac{\rho n_0^2 \pi D^2}{4} \tag{7-32}$$

式中：J 为气流的动量通量；ρ 为气流密度；n 为气流速度；D 为出口直径；n_0 为出口处的流速；r 为出口处的半径。喷嘴处气流的变化如图 7-37 所示。

考虑到主体段各断面的流速分布存在相似性，即

$$\frac{n}{n_m} = f\left(\frac{r}{b}\right) = \exp\left[-\left(\frac{r}{b}\right)^2\right] \tag{7-33}$$

取 b_e 作为特征半厚度，当 $r=b_e$ 时，$n=n_m/e$，代入得

$$\int_0^\infty n^2 \cdot 2\pi r \mathrm{d}_r = \frac{\pi}{2} n_m^2 b_e^2 = n_0^2 \frac{\pi D^2}{4} \tag{7-34}$$

设射流厚度线性扩展，即

$$b_e = cx \tag{7-35}$$

代入得

$$\frac{n_m}{n_0} = \frac{1}{\sqrt{2}\mathrm{c}}\left(\frac{D}{x}\right) \tag{7-36}$$

据 Albertson、Dai 和 Jensen 等的实测材料 $c=0.114$，则可变为：

$$\frac{n_m}{n_0} = 6.2\frac{D}{x} \tag{7-37}$$

当气流出口速度 $n_0=4\sim6$ m/s，$D=10$ mm，则 $n_m=2.48\sim6.00$ m/s

（5）气流喷嘴处气流速度分析：捡拾率是评价落地红枣捡拾机械性能的重要指标，捡拾率越高，则该装置的捡拾性能越好，为了提高本装置捡拾率，气流喷嘴在捡拾区域内必须连续工作，不存在漏吹区域。

工作过程中，气流喷嘴随气流分配装置转动的同时，沿着工作方向水平移动，因此气流喷嘴的水平运动与旋转运动的合理匹配，是气流喷嘴在捡拾区域连续工作的主要因素。为了保证气流喷嘴在捡拾区域连续工作，在同一段时间内，气流喷嘴沿周向转过的距离大于其水平方向前进的距离，此过程可用公式表示：

$$\frac{2\pi}{\omega} \leqslant \frac{\pi D_1}{v} \tag{7-38}$$

即：

$$n \geqslant \frac{v}{\pi D_1} \tag{7-39}$$

式中：ω —旋转风管转动角速度（rad/s）；

$n=\omega/2\pi$ ——旋转风管转速（r/min）；

v ——沿工作方向水平移动速度（m/s）；

D_1——旋转风管外轮廓圆弧直径（mm）。

7.4.4 气流分配装置腔体结构 CFD 分析

为了明确旋转风管转动过程中，气流喷嘴吹出气流的运动趋势，以确定气流喷嘴出风对落地红枣作用形式，从而验证气吹式红枣机构设计的合理性，本书运用流体仿真软件 Fluent 对气流分配装置进行仿真分析。该气流分配装置共有 18 列气流喷嘴，本书仅分析在旋转过程中，气流喷嘴处气流的运动情况，故为了提高计算效率，取该装置的 1/9 作为仿真对象，其三维模型如图 7-38 所示。

（1）动态仿真网格划分及边界条件定义：本书运用 Gambit 软件进行网格划分。用 SolidWorks 将模型导出为 *. spt 格式，将 *. spt 模型文件导入到 Gambit 软件中，抽取该模型空气流道。在流道中，旋转区的直径为 455 mm，外环境取直径为1 000 mm的半圆柱形，气流喷嘴（旋转区）与地面的距离为 10 mm。为了不影响计算效果，把气流分配管及外环境的两侧面的仿真条件设为对称面。为了提高计算精度，旋转区 8 个气流喷嘴划分为 2 mm Quad 网格，旋转区其余网格划分为 5 mm Tet/Hybrid 网格，网格增长率为 1. 2；气流分配管网格划为 5 mm Tet/Hybrid 网格，外环境为 10 mm Hex/Wedge 网格，共5293 376个网格。旋转区与外环境及气流分配管与旋转区之间以滑移网格的形式交换数据。将网格导入 Fluent 17. 0 软件，进行一次网格光顺，光顺后，网格最小正交质量为 0. 25，最大正偏差为 0. 69，网格质量良好，满足计算要求。定义气流旋转区及交界

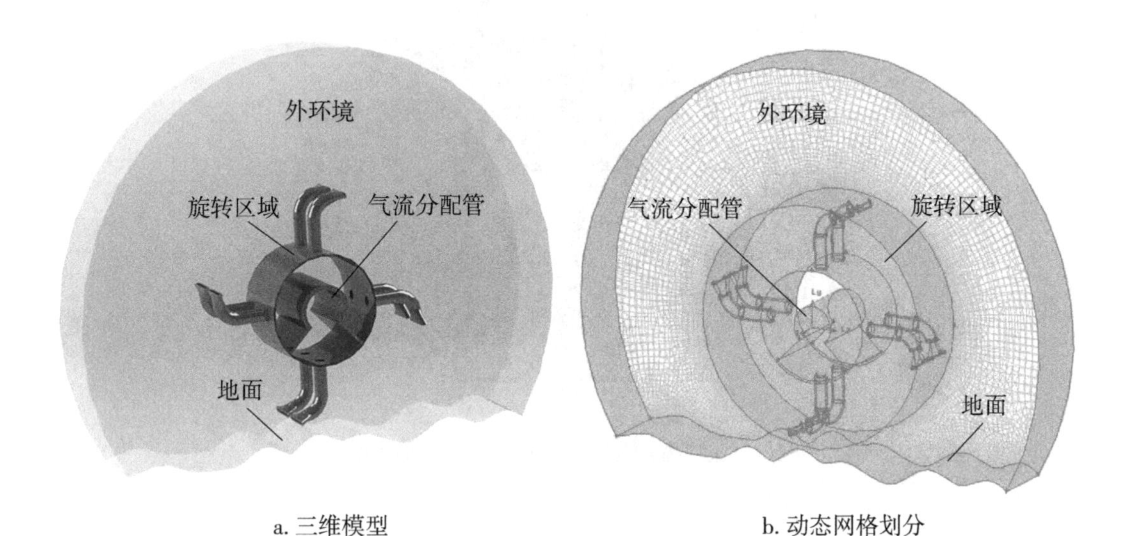

a. 三维模型　　　　　　　　　　b. 动态网格划分

图 7-38　仿真结构参数化模型

面条件，将网格输出为 3D Fluent 网格格式 *.msh。

（2）动态仿真网格划分及边界条件定义：将 Gambit 软件导出的 *.msh 网格文件导入到流体分析软件 Fluent 17.0，根据旋转区域的工作环境，不考虑温度和黏性的变化，设定流体属性为不可压缩的牛顿流体。设定滑移网格交界面条件，设定旋转气流区域转速为 30 r/min、地面移动速度为 1 m/s、气流速度为 1 m/s。流动模型采用 RNG 的 k-epsilon 湍流模型，工作过程为瞬态，采用标准初始化模式计算，计算残差均为0.000 5。结算结果如图 7-39 所示。

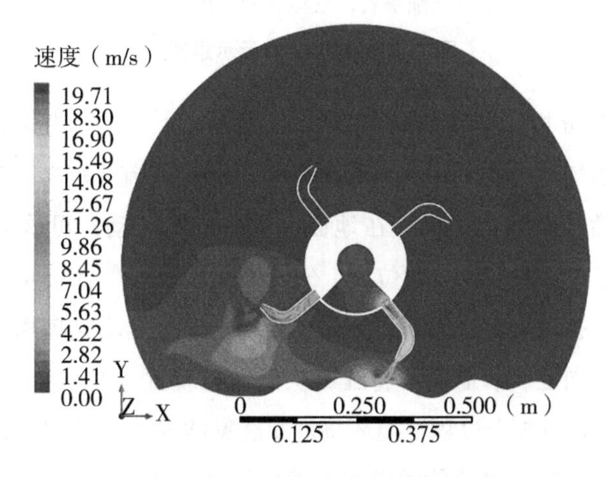

a. 气流喷嘴转入气流分配管出风区域

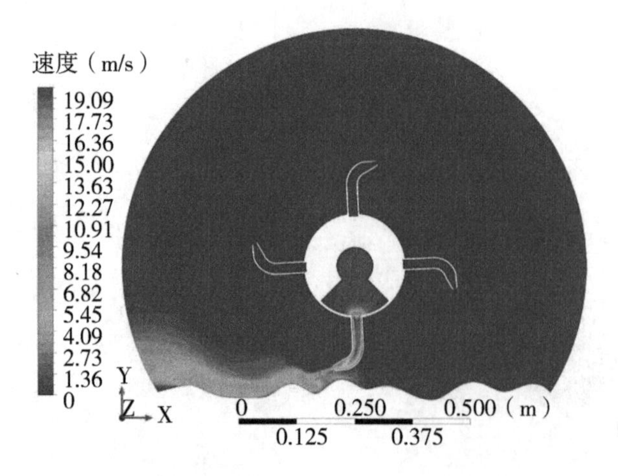

b. 气流喷嘴转至气流分配管出风区域中央

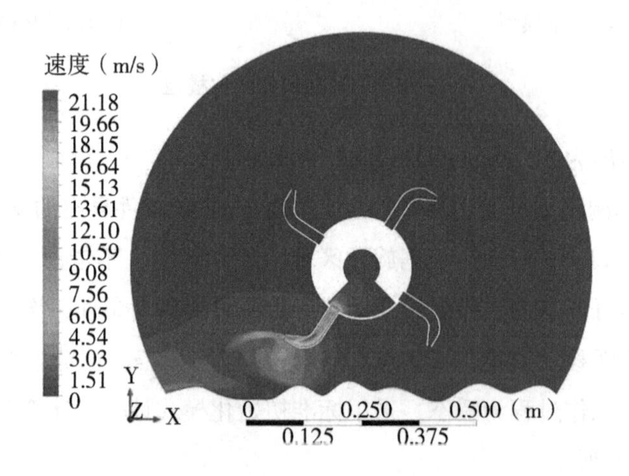

c. 气流喷嘴转出气流分配管出风区域

图 7-39　动态仿真云示意图

（3）仿真结果与分析：仿真结果如图 7-39 所示，a、b、c 为气流喷嘴转入气流分配管出风区域到转出气流分配管出风区域的整个过程，气流喷嘴转入气流分配管出风区域时，风从气流喷嘴倾斜吹向地面，在地面上水平向前运动，可吹动落地红枣向前滚动。b 为气流喷嘴与地面平行，在此位置，气流喷嘴风速（气流喷嘴的中心风）在地面上方沿着水平吹动，扩散开的风沿地面水平吹红枣。c 为气流喷嘴离开气流分配装置出风区域，风开始倾斜向上吹，有利于将红枣吹向输送装置。在气流分配装转动过程中，各气流喷嘴重复 a、b、c 3 个过程，循环将地面红枣吹向输送装置。仿真结果表明，气流喷嘴结构设置合理，喷出气流能够良好地满足落地红枣捡拾过程对气流流向的要求。

7.4.5　CFD 静态仿真

通过对旋转风管进行 CFD 静态仿真，分析气流喷嘴沿气流流向速度、压力及湍动能的变化，从而确定气流喷嘴设计合理性。本书运用 SolidWorks 软件建立了气吹式红枣收获机的三维模型（图 7-40），旋转风管周围均布着 4 列气流喷嘴（每列 18 个气流喷嘴）。

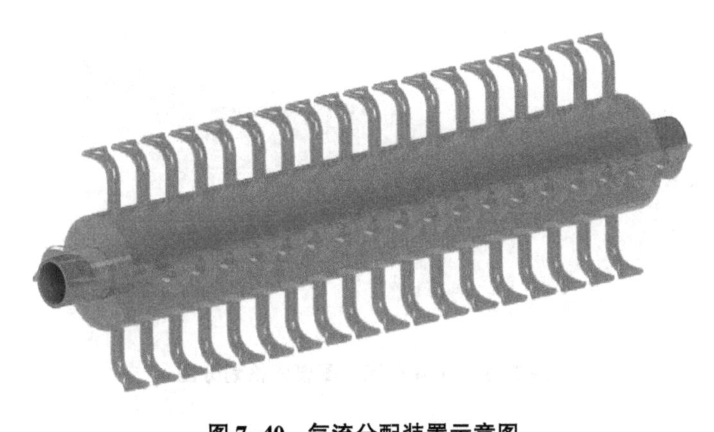

图 7-40　气流分配装置示意图

（1）建立流道模型：气吹式红枣捡拾机构工作过程中，始终只有一列气流喷嘴处于工作状态（当前一列气流喷嘴转出气流分配管气流区时，后一列气流喷嘴转入气流分配管气流区，且前一列转出气流分配管气流区的面积与后一列转入的面积相等，该过程的出风面积，始终只有一列完整气流喷嘴处于工作状态），为了简化计算过程，可把旋转风管的 1/4 作为 CFD 仿真对象（只有一列风管处于工作状态）（图 7-41）。在导入 Gambit 网格划分软件计算之前，将 SolidWorks 模型存储 *. spt 格式。

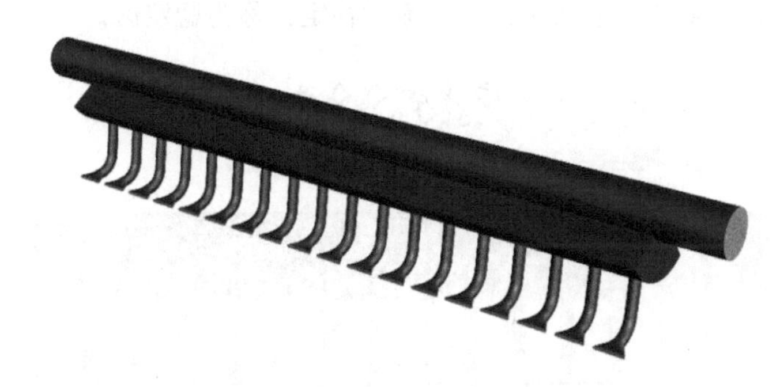

图 7-41　1/4 气流分配管示意图

（2）流道模型网格划分及边界条件定义：将 *. spt 格式模型导入 Gambit 中。为了提高网格质量和仿真效果，用 Gambit 将气流喷嘴划分为 54 个区（18×3），将气流分配管和避风器区域划分为2区，共56个区。为了提高网格适应性，网格类型采用三角形，并对气流喷嘴及其与风管连接处网格细化，最大网格尺寸为6 mm，加密最小尺寸为2 mm，划分网格总数为1 713 401，网格的最小正交质量为0.214，最大正偏差为0.727，满足计算要求，并将网格导出为适合于Fluent计算的3D ＊.msh格式。为了进一步提高网格质量，在Fluent 17.0软件进行流体计算之前，对网格质量相对较差的0.1%进行一次网格光顺，网格划分如图7-42所示。

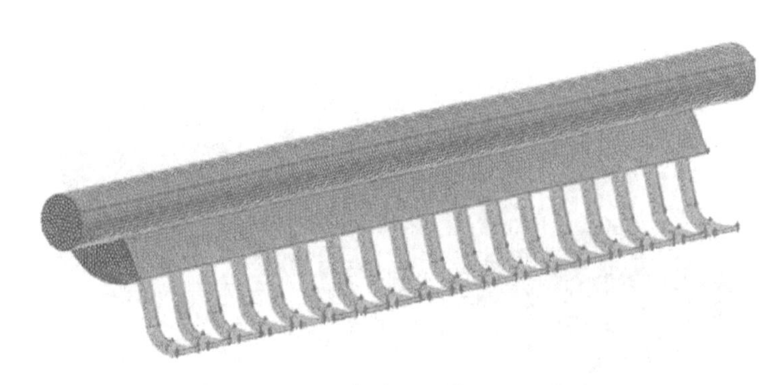

图7-42　1/4气流分配管网格划分图

将Gambit软件导出的＊.msh网格文件导入到流体分析软件Fluent 17.0，设定边界条件：设定流体属性为空气，气流分配管进口气流速度为30 m/s，流动模型为RNG的k-epsilon湍流模型，工作过程为静态，采用标准初始化模式计算，计算残差均为0.000 5。计算结果如图7-43所示。

（3）仿真结果与分析：图7-43a为气流风配管湍动能图。湍动能是流体流动稳定性标志，湍动能越小，则流体流动稳定性越好。气流分配管内部湍动能最大值小于63.69 m^2/s^2，进口区局部湍动能相对较大，为31～47 m^2/s^2；气流分配管中间区湍动能为5～21 m^2/s^2，该区域湍动能较小，气体流动稳定，称为稳定区。

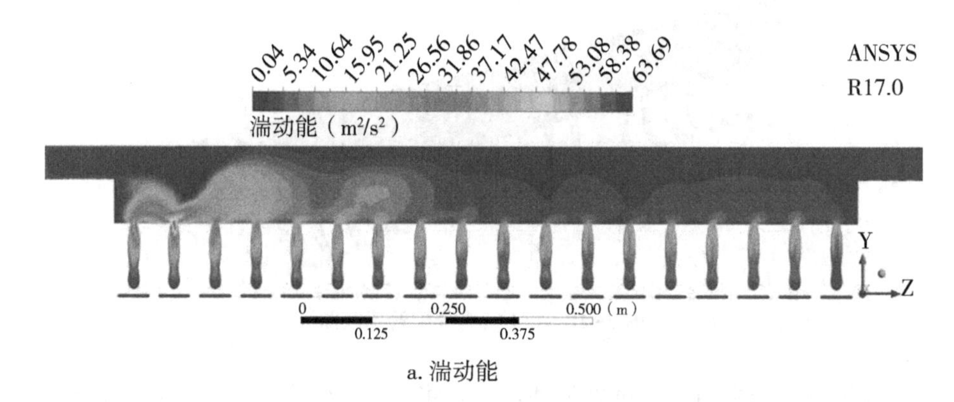

a. 湍动能

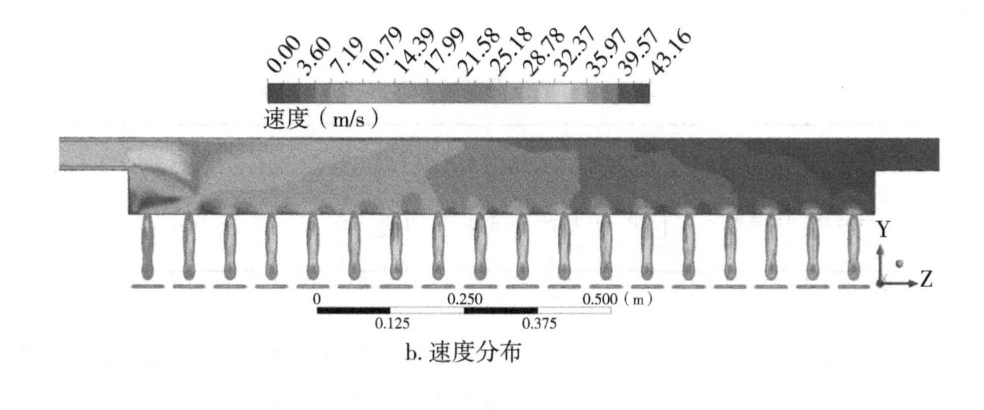

b. 速度分布

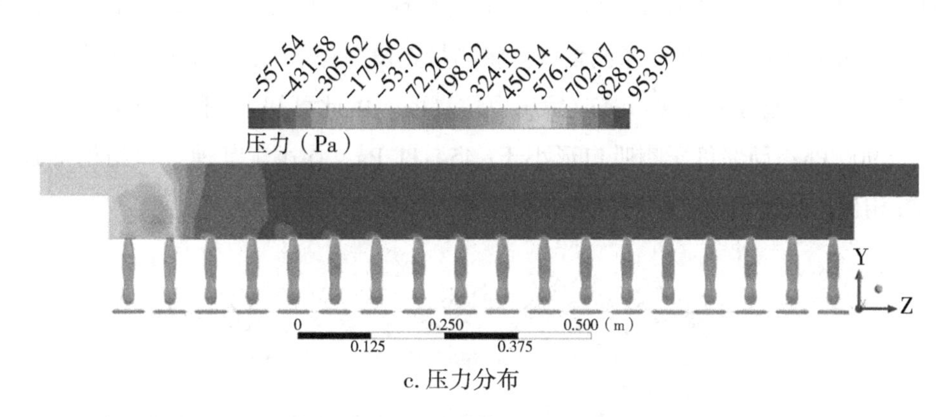

c. 压力分布

图 7-43　气流分配管 CFD 仿真结果示意图

图 7-43b 为气流风配管速度分布图。沿着气流流动方向，流速逐渐减小。各气流喷嘴进口速度为 10～14 m/s，进口气流流速稳定，但 1、2 号气流喷嘴进口速度较低，存在较大扰动。

图 7-43c 为气流风配管压力分布图，3～18 号气流喷嘴进口压力为 800～900 Pa，较稳定。1、2 号气流喷嘴进口处压力为 400～500 Pa，在气流进口区存在较大扰动。

仿真结果表明，在气流稳定区，流体流速、压力均符合设计要求；在气流进口区流体有较大扰动，在该区域速度、压力均小于气流稳定区域，应进行结构优化。

7.4.6　气流分配装置的 CFD 优化设计

（1）气流分配管接头修改结构形式：仿真结果表明，气流分配管采用方形管接头时，气流分配管进口区有较大湍动能，最大湍动能为 60 m^2/s^2左右，气流分配管内部气流扰动较大。为降低气流分配管内部气流扰动，本文设计常用的 3 种导流结构，分别是喇叭形结构、外圆形结构、“S” 形结构（表 7-10），其中方形结构为本文初步的设计结构。

表 7-10　气流分配管截面形状

方形	喇叭形	外圆形	“S”形
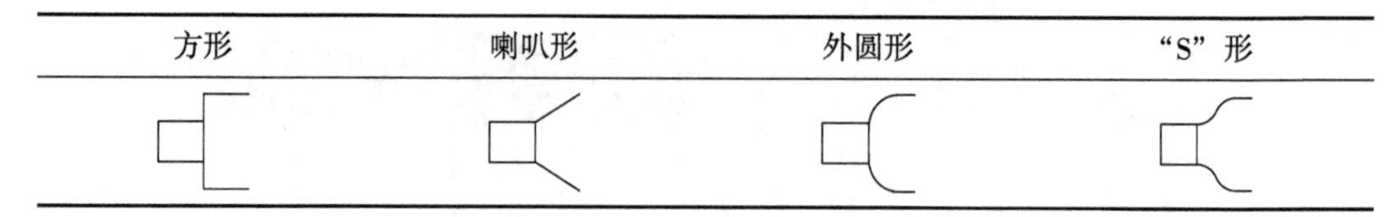			

（2）气流分配管修改结构 CFD 分析：将修改后的结构，重新建立气流分配装置模型，并进行网格划分和流体计算；为详细分析气流分配装置内部湍动能的变化，本书运用流体后处理软件 CFD-Post 17.0 软件分析气流分配装置内部流体流动状态。具体方法为：在气流分配装置内部画一条测量线，将测量点设在每个气流喷嘴的正上方。

图 7-44 为气流分配管接口修改后压力仿真图。由此可知，3 种修改结构内部正压力均大于 900 Pa；局部负压喇叭口形小于-454.11 Pa，均小于其他接口结构形式。与图 7-43c相比，修改后的结构对气流分配装置内部压力改变不大。

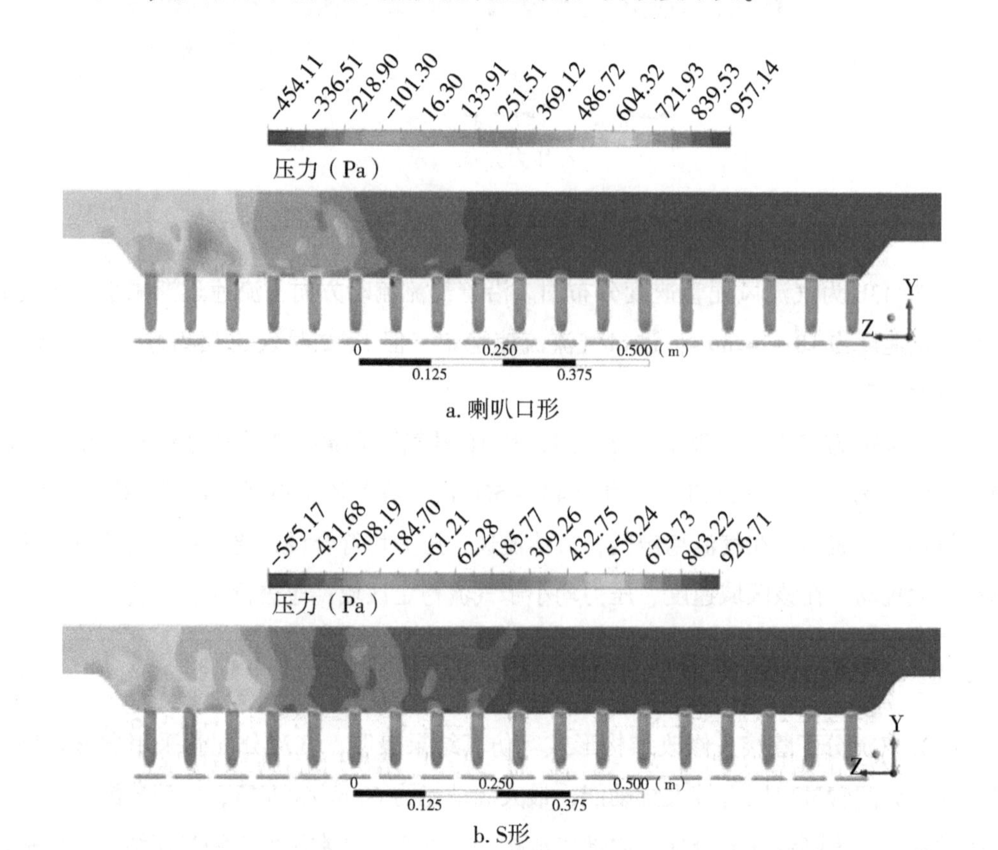

a. 喇叭口形

b. S形

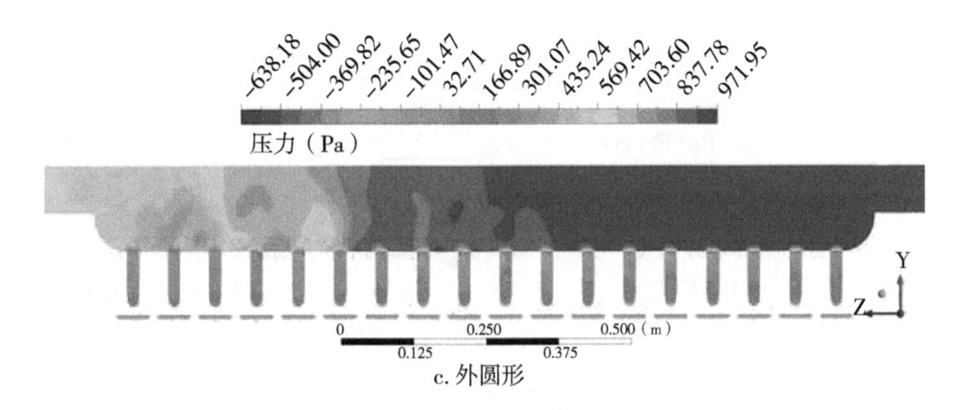

c. 外圆形

图 7-44 气流分配管接口压力仿真结果示意图

图 7-45 为气流分配管接口修改后湍动能仿真图。由图可知，气流分配装置进口处局部湍动能均较大，中后部较稳定，湍动能较小。其中，喇叭口形气流分配装置湍动能最大值小于 29. 62 m^2/s^2，进口处均为 7. 41～17. 28 m^2/s^2；“S” 形气流分配装置湍动能最大值小于 32. 83 m^2/s^2，进口处均布在 5. 48～16. 42 m^2/s^2；外圆形气流分配装置湍动能最大值小于 41. 33 m^2/s^2，进口处均布在 6. 91～17. 23 m^2/s^2。与图 7-43a 相比，修改后的结构可明显减小气流分配装置内部的湍动能，改善流体稳定性。其中喇叭口形对动能最大值改善与 “S” 结构相似，优于外圆形结构；进口处局部较大气流改善情况 “S” 形结构与外圆形结构相似，优于喇叭口形。

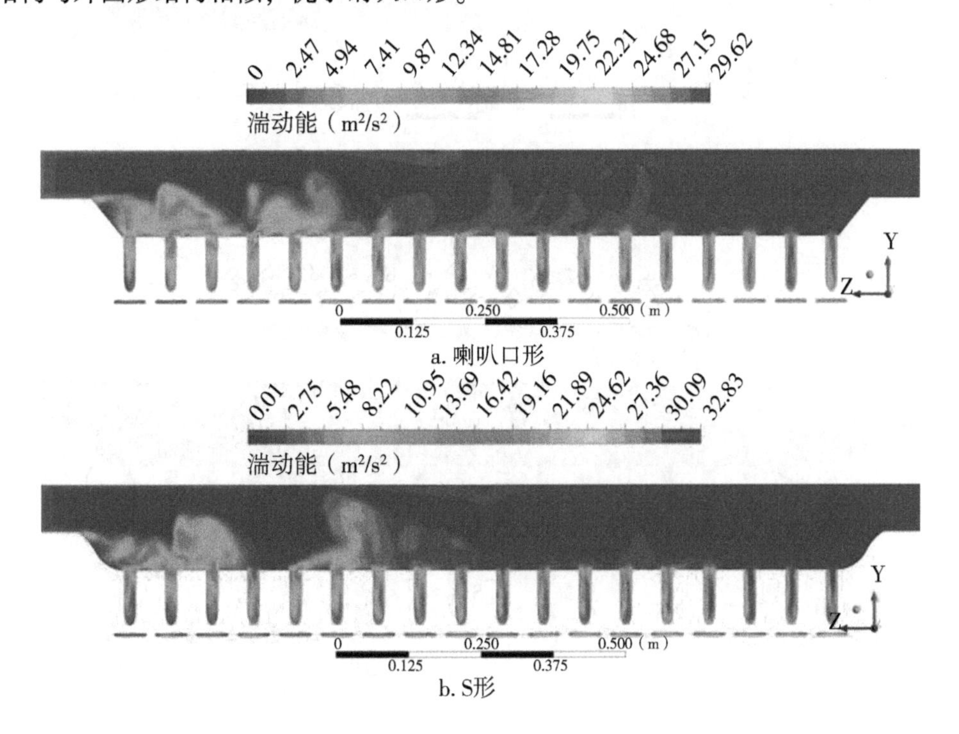

a. 喇叭口形

b. S形

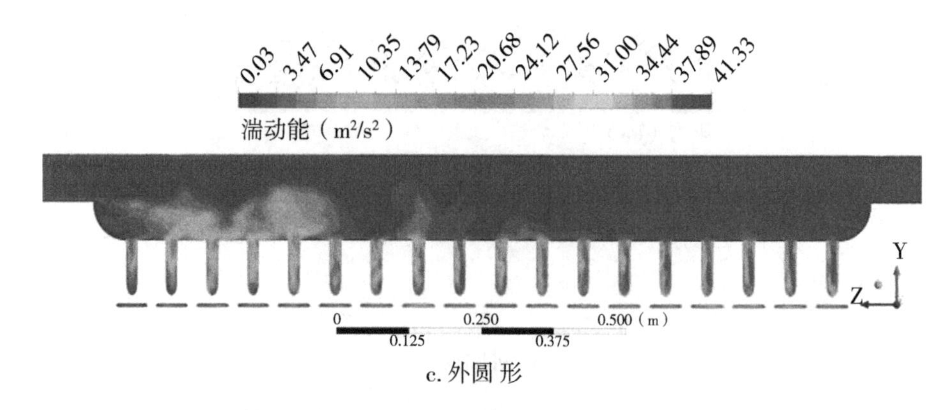

c. 外圆形

图 7-45　气流分配管接口湍动能仿真结果示意图

图 7-46 为气流分配管接口修改后速度仿真图。由此可知，3 种修改后结构速度分布相似，气流沿着流动方向速度递减。修改后结构对速度没有明显影响，仅增大了各气流喷嘴进口处的气流速度。

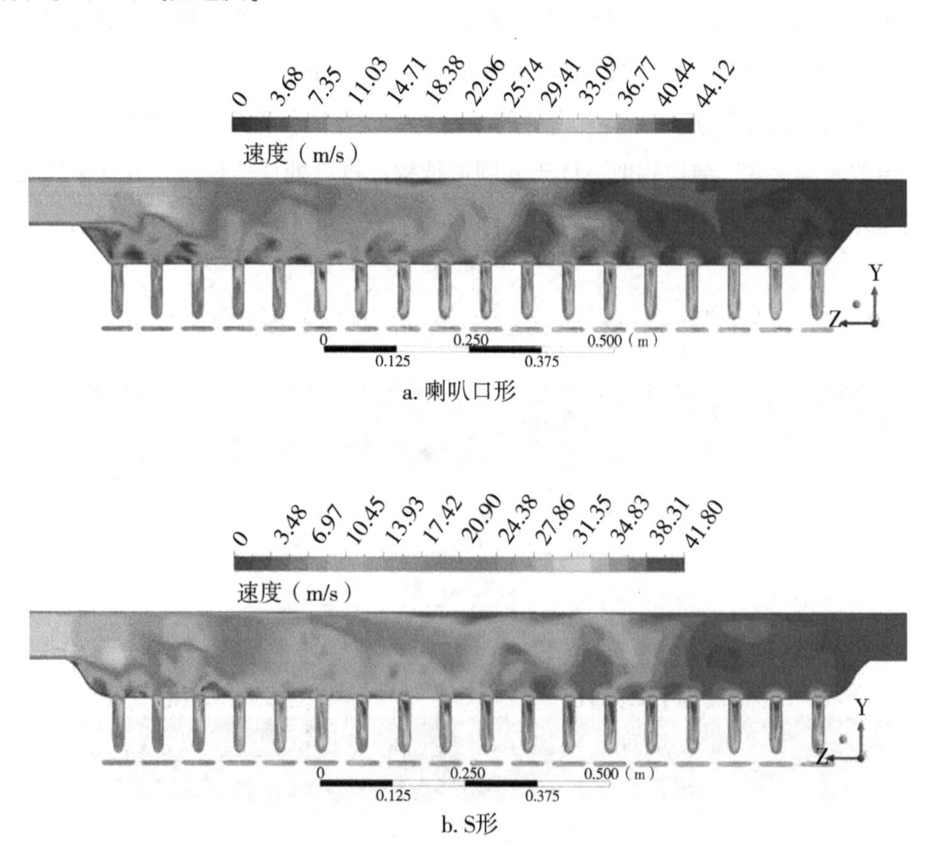

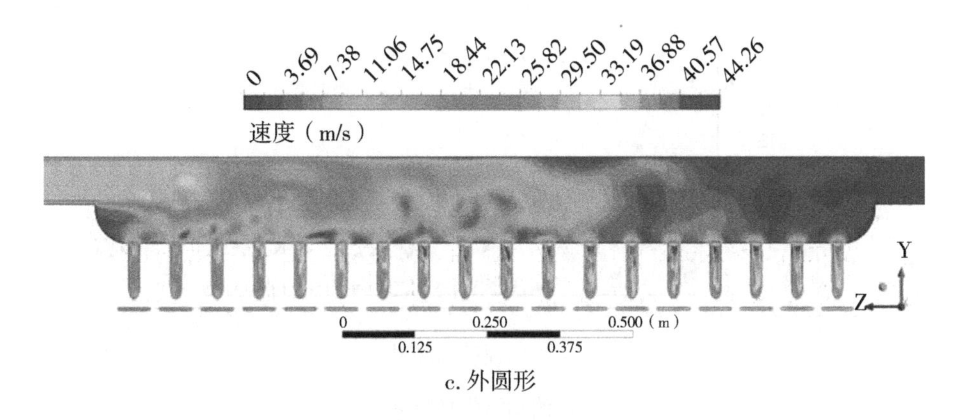

c. 外圆形

图 7-46　气流分配管接口速度仿真结果示意图

图 7-44、图 7-45、图 7-47 表明，3 种修改后的结构对气流分配装置内部流体速度和压力影响较小，可明显降低流体湍动能，喇叭口形和“S”形减小湍动能效果比外圆形更明显。

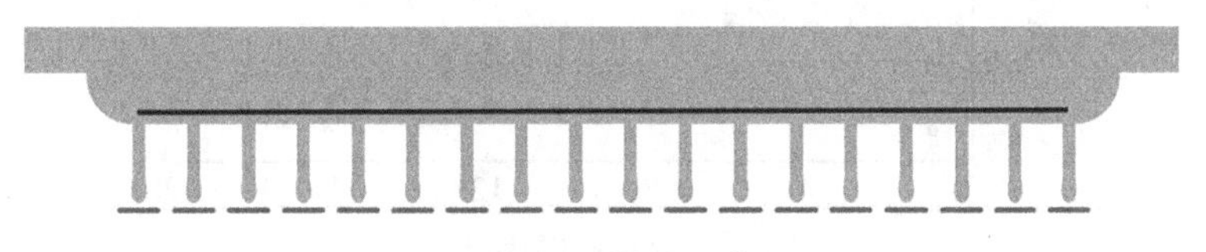

图 7-47　测量线示意图

图 7-48 为气流分配装置采用 4 种不同接头时，在气流喷嘴进口附近气流压力、速度、湍动能的仿真结果。由图 7-48 可知，气流分配装置进口处气流区湍动能较大，对 1、2、3 号气流喷嘴进口压力影响较大。“S”形、外圆形、喇叭口形在进口区域气流压力略低于方形结构，速度高于方形结构；在该区域，方形结构湍动能是其余修改结构的

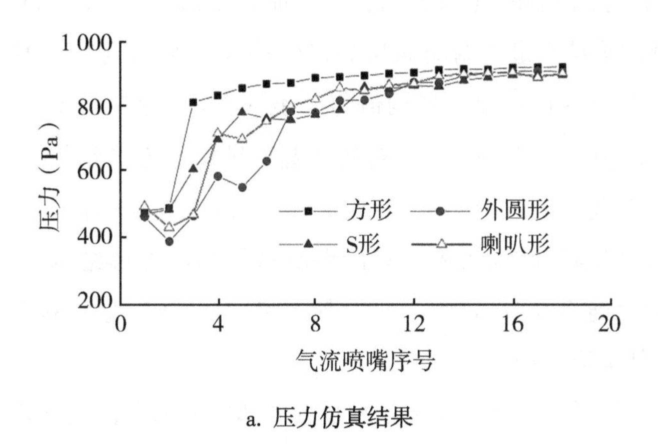

a. 压力仿真结果

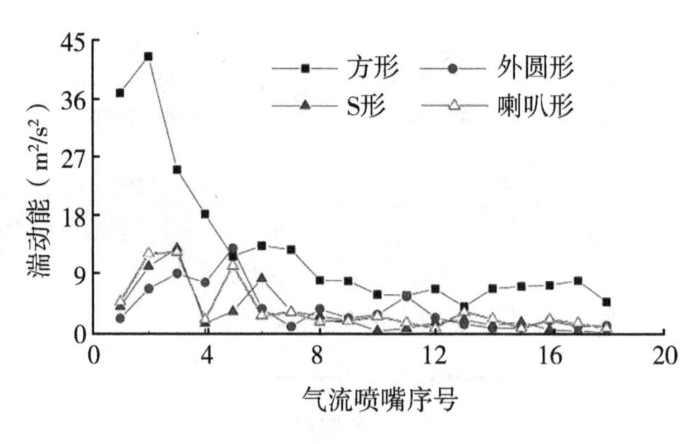

b. 湍动能仿真结果

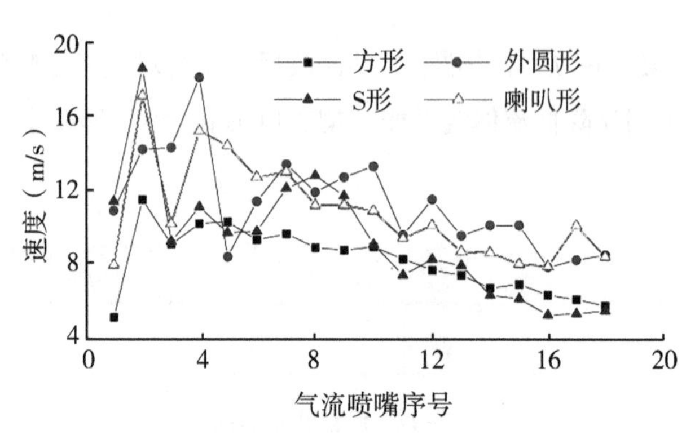

c. 速度仿真结果

图 7-48　气流分配管不同接口仿真结果示意图

4 倍以上。在稳定区，各气流喷嘴进口处，修改后结构的湍动能均低于方形结构。综上所述，修改后结构对降低气流湍动能效果明显，可明显改善气流稳定性。

方形结构各气流喷嘴进口区域湍动能最大值为 42.7 m^2/s^2，平均值为 13.23 m^2/s^2；外圆形结构最大湍动能为 13.30 m^2/s^2，平均值为 4.01 m^2/s^2；“S”形结构最大湍动能为 13.30 m^2/s^2，平均值为 3.41 m^2/s^2；喇叭口形结构最大湍动能为 12.70 m^2/s^2，平均值为 3.96 m^2/s^2。对比外圆形结构与方形结构，最大湍动能降低 68.85%，平均湍动能降低 69.69%；对比“S”形结构与方形结构，最大湍动能降低 68.85%，平均湍动能降低 74.22%；对比喇叭形结构与方形结构，最大湍动能降低 70.26%，平均湍动能降低 70.07%。改善气流稳定，“S”形结构强于喇叭形结构，喇叭形结构强于外圆形结构。

综上所述，“S”形结构对于气流分配装置内部气流稳定性改善效果最佳，相关研究表明，圆锥扩张管道的锥度为 8°时扩张损失最小，因而在安装位置足够允许的情况下，选取节锥角度尽量接近 8°。本文将继续分析“S”形结构气流分配装置气流喷嘴所在面气流的分布情况。

（3）“S”形结构气流分配装置气流喷嘴 CFD 分析：为了分析沿气流方向各气流喷嘴内部速度的变化，将“S”形结构气流分配管 Fluent 仿真数据 *.dat 文件导入后处理软件 CFD-Post 中，在 18 个气流喷嘴中心 z 面上，分别创建 18 个对应的气流喷嘴截面，并求出对应截面上的速度图。各截面速度结果如图 7-49 所示。为了分析气流喷嘴截面流体流向，得出气流喷嘴平面流体流动矢量图 7-50。

由图 7-49 可知，从 1 号喷嘴到 18 号喷嘴（水平方向），气流喷嘴进口上部区域流动速度逐渐减小；气流喷嘴进口区域流速逐渐增大，各喷嘴最大速度均不超过 40 m/s。气流从上方面积较大的区域，流速较低，进入直径较小的气流喷嘴，速度变大。在气流喷嘴内部，沿气流方向，速度均匀减小，最小流速不低于 11.43 m/s。

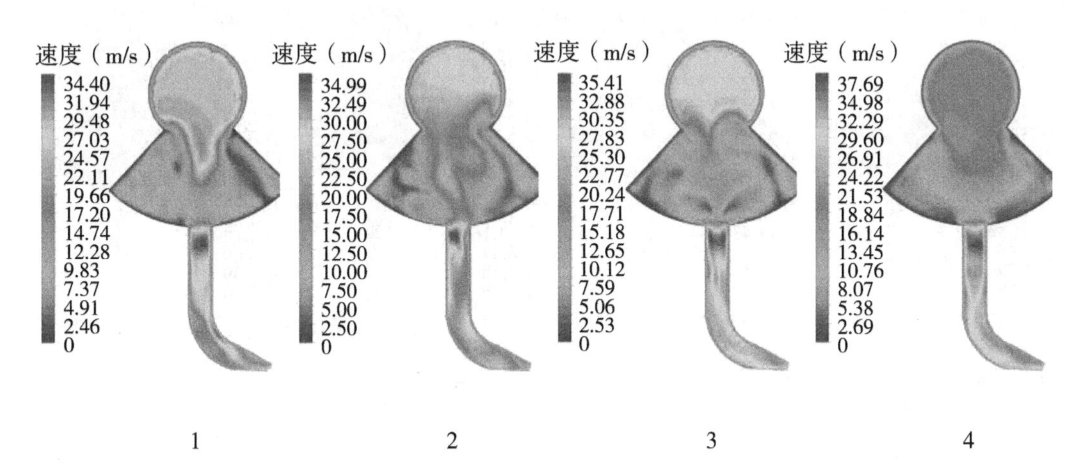

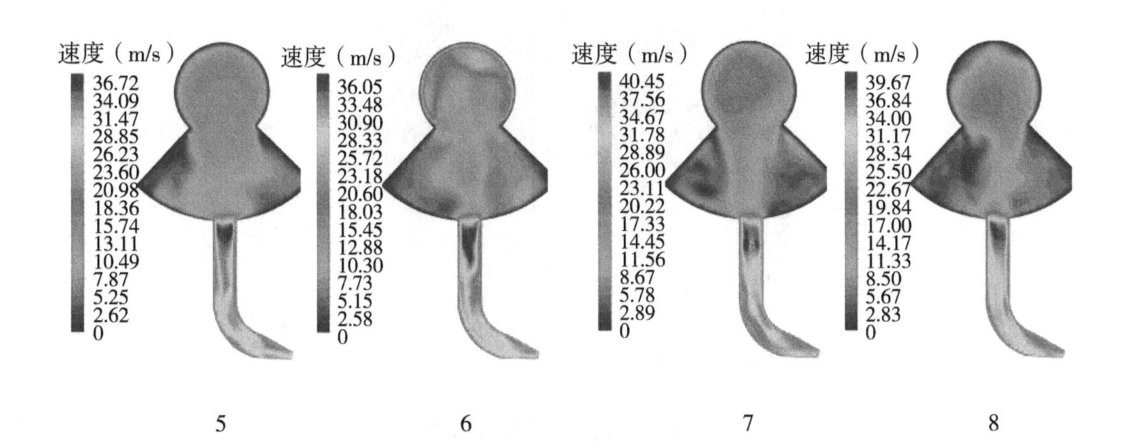

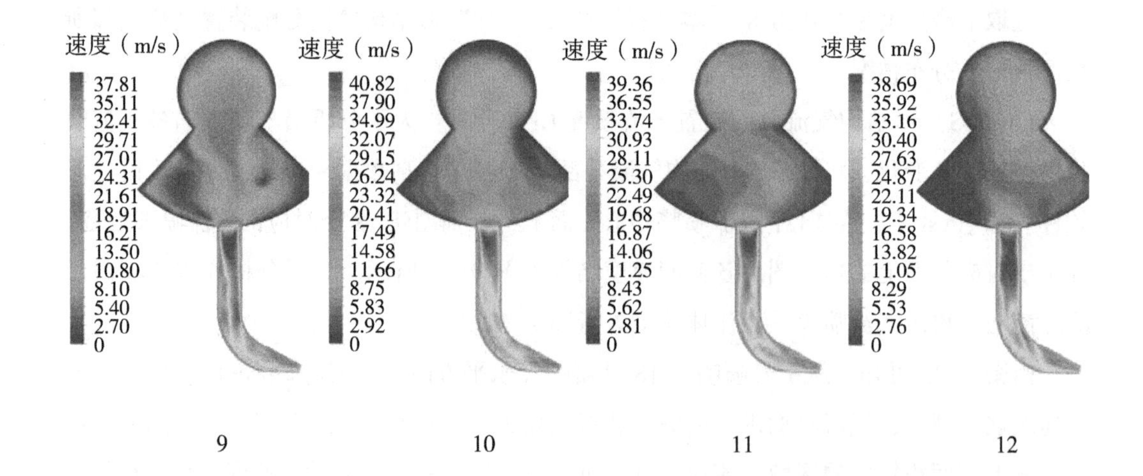

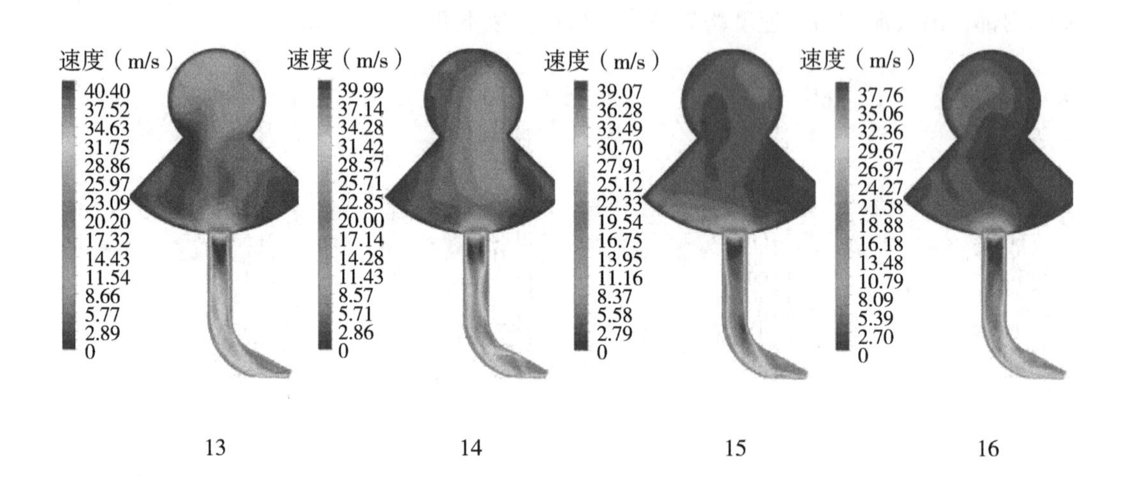

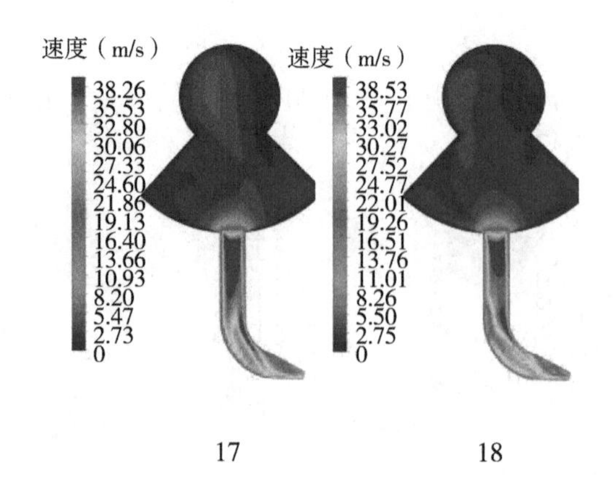

图 7-49　气流喷嘴速度云示意图

由图 7-50 可知，气流主要有 2 种流动方式，主要沿着气流喷嘴管流动，少量气流向两侧流动，在两侧形成较小的涡流，该涡流对主气流影响较小，气流喷嘴管内部气体流动稳定。

综上所述，“S”形结构气流分配管结构设计良好，能有效降低流体湍动能，改善气流流动稳定性，符合设计要求。

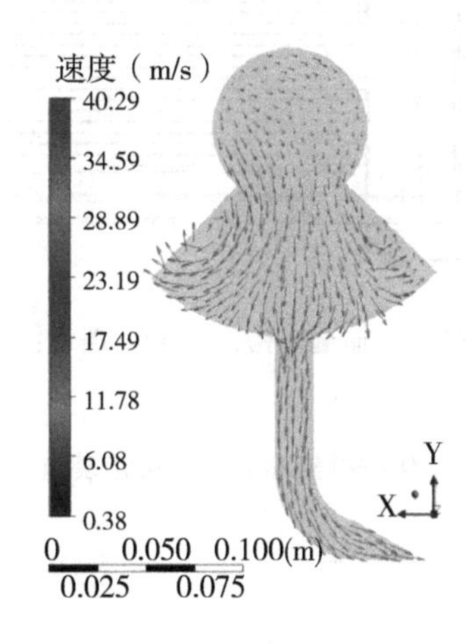

图 7-50　气流喷嘴内部流体流动示意图

7.5　机械式落地枣捡拾机

7.5.1　整机结构

落地红枣捡拾机主要由机架、挑果机构、输送机构、侧面挡板、仿形轮、驱动电机及随动机构等部分组成（图 7-51）。捡拾装置通过随动机构安装于收获机前端，其中输送机构安装于挑果机构的上方且挑果杆与输送拨杆交错排列。

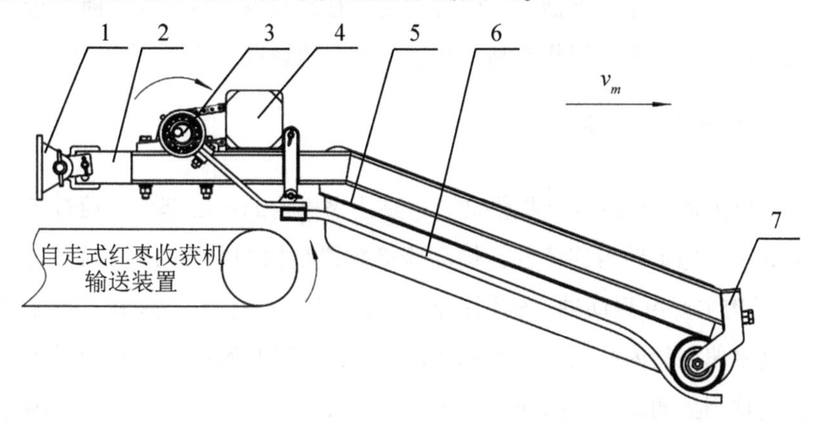

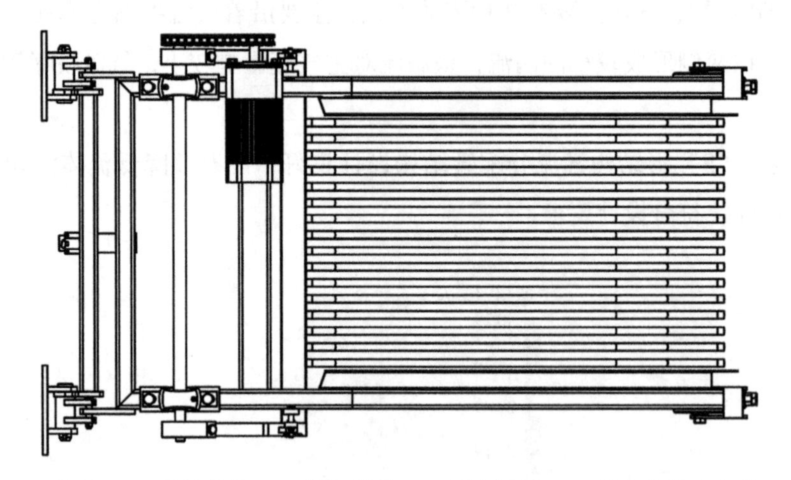

1. 机架 ；2. 挑果机构；3. 输送机构；4. 侧面挡板；5. 仿形轮驱动电机；6. 输送拨杆；7. 挑果杆

图 7-51　矮化密植红枣收获机捡拾装置结构示意图

7.5.2　工作原理

捡拾装置左右对称布置于收获机前端，并依据收获机输送装置的结构参数确定其安装距离，确保被捡拾的红枣可顺利进入收获机输送装置。红枣收获机作业时骑跨于某一行枣树上，在仿形轮和随动机构的共同作用下，捡拾装置依据田间地表高低起伏情况行走。在驱动电机的作用下，挑果机构中的偏心轮顺时针转动，带动挑果杆做轨迹为类余摆线的旋转运动。在这一过程中，挑果杆具有一定的入土深度，克服土壤阻力并利用机构的急回特性将红枣挑起，同时输送拨杆在驱动电机的作用下顺时针旋转，将做斜抛运动的红枣向后输送至收获机输送装置完成红枣捡拾。由于挑果杆具有一定的入土深度，避免了将红枣挑起时挑果杆与红枣的直接接触，从一定程度上降低了红枣机械损伤率；同时挑果杆在偏心轮的作用下做往复回转运动，有效减少了机组作业时的行进阻力，克服了现有红枣捡拾装置机械损伤率高、行进阻力大的缺点。

7.5.3　偏心轮的设计

偏心轮主要为挑果杆的运动提供动力，是挑果机构的核心部件，通过键与驱动轴连接。为确保其工作稳定性与连续性，提高捡拾装置结构的紧凑性，偏心轮机构如图 7-52 所示。该机构主要由驱动轴、轴用挡圈、偏心轮、圆柱滚子轴承、偏心固定件、连接杆组成。其中偏心轮内孔通过键与驱动轴连接，外缘与圆柱滚子轴承过盈装配，同时轴承两端使用轴用挡圈锁紧，防止偏心轮与圆柱滚子轴承发生轴向窜动；圆柱滚子轴承外端通过偏心固定件与连接杆进行螺栓连接。该装配方式既实现了挑果杆的偏心驱动，又提高了装置结构的紧凑性。

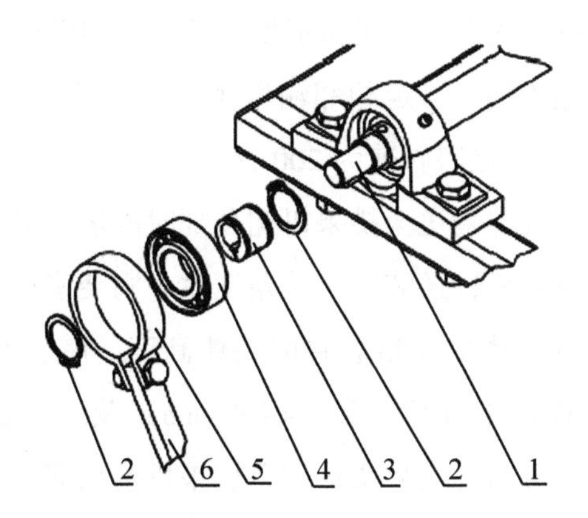

1. 驱动轴；2. 轴用挡圈；3. 偏心轮；4. 圆柱滚子轴承；5. 偏心固定件；6. 连接杆

图 7-52 偏心轮机构示意图

7.5.4 输送机构的设计

输送机构主要实现将捡起的红枣向收获机输送装置输送，是捡拾装置的关键工作部件。在作业过程中，为确保输送的连续性与平稳性，采用链式输送机构。如图 7-53 所示，输送机构主要由驱动链轮、弯板滚子链、输送拨杆组固定件、拨杆、拨杆固定件及从动链轮等部分组成。拨杆采用黏结的方式与拨杆固定件进行连接构成拨杆组，拨杆组

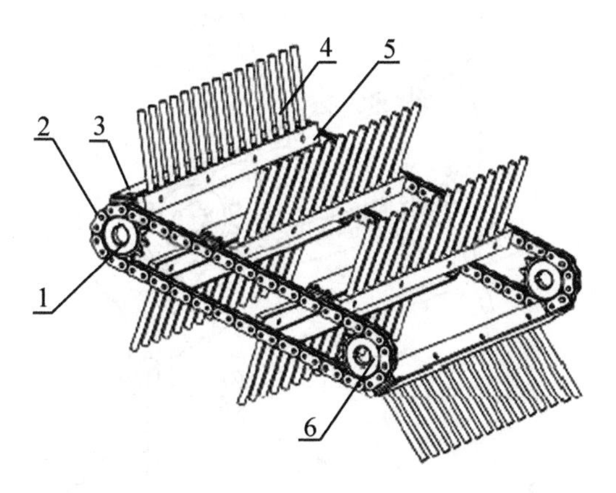

1. 驱动链轮；2. 弯板滚子链；3. 输送拨杆固定件；4. 拨杆；5. 拨杆固定件；6. 从动链轮

图 7-53 链式输送机构示意图

采用螺栓连接的方式与拨杆组固定件进行连接，拨杆组固定件采用螺栓连接的方式与弯板滚子链上的弯板进行连接。通过对输送机构作业速度、载荷等作业要求进行分析，弯板滚子链的链条型号为08A。依据红枣机械损伤特性研究结果可知：不同拨杆尺寸对红枣造成机械损伤的极限转速不同，确定相邻输送拨杆组的间距为150 mm、输送拨杆长度为100 mm、直径为10 mm、极限转速为200 r/min。

输送机构的安装角度对红枣输送至挑果机构顶部时的运动情况有一定的影响，直接决定了红枣能否顺利进入收获机输送装置。若角度太小则会使红枣在挑果杆顶部堆积造成挤压损伤；若角度太大则会增加捡拾装置的整体高度，使装置作业时的通过性能降低。依据收获机对捡拾装置整体高度要求（<400 mm）及红枣运动情况，对输送至挑果机构顶部的红枣进行受力分析。当果实运动至挑果机构顶部，在输送拨杆的作用下做斜抛运动，假设运动瞬间果实在拨杆上不发生滑动，则根据达朗贝尔原理建立沿切向和法向的辅助坐标系。

7.5.5　捡拾过程红枣运动学分析

捡拾过程中，红枣运动分析如图7-54所示。设输送拨杆有效转动半径为r，相邻拨杆间距为l，输送机构转速为ω_1，红枣做斜抛运动竖直方向的位移为h。在红枣被挑起瞬时运动中，假设红枣与挑果杆之间无相对滑动，挑果杆在偏心轮的驱动下将红枣从地面挑起并随着挑果杆运动，当挑果杆运动至最高点时向下运动与红枣脱离，红枣在惯性的作用下以最高点位置时的瞬时速度为初速度向后做斜抛运动，并在输送拨杆的作用

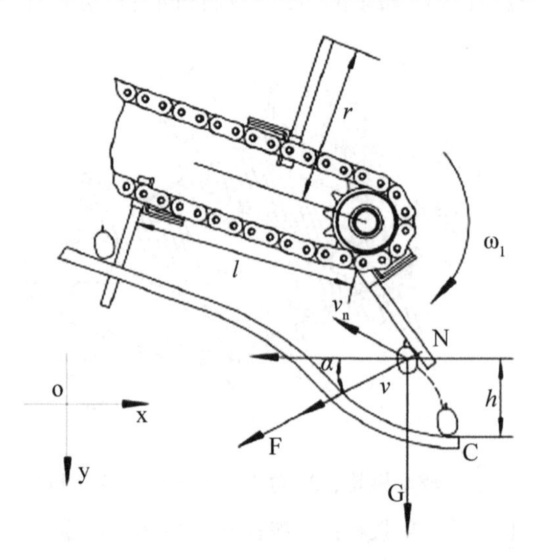

图7-54　捡拾过程中红枣运动分析

下被输送收集。

当挑果杆与红枣分离时，红枣的瞬时速度与拨杆在最高点时的瞬时速度相等，由图 7-54 可知，挑果杆在最高点时偏心轮转角为 90°，根据各杆的参数，则可知红枣做斜抛运动的初速度 v_c 为：

$$\begin{cases} v_{cx} = v_m - 0.001w \\ v_{cy} = -0.01w \end{cases} \tag{7-40}$$

7.5.6　红枣捡拾试验

（1）红枣挑抛捡拾装置试验平台的搭建：图 7-55 所示为红枣挑抛捡拾装置试验平台，主要由红枣挑抛捡拾装置、调速小车和土槽等组成。试验时调速小车为红枣挑抛捡拾装置提供动力，并通过调节 NVF2G-22/PS4 变频器来改变捡拾装置的前进速度，通过 DYG-6W 调速器对挑果机构的偏心轮转速进行调整。工作时，挑果杆的偏心轮在驱动电机的作用下顺时针转动，带动挑果杆做轨迹为类余摆线的旋转运动，从而对土槽内的红枣进行捡拾。试验所需的仪器设备与红枣挑抛捡拾装置主要技术参数分别如表 7-11 和表 7-12 所示。

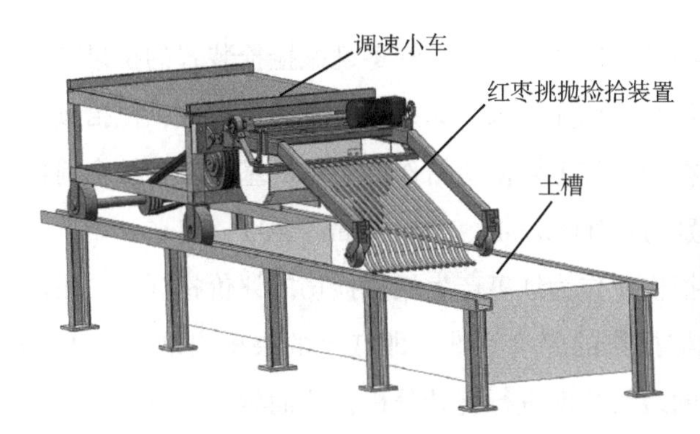

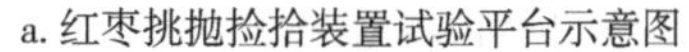
a. 红枣挑抛捡拾装置试验平台示意图

b. 红枣挑抛捡拾装置试验平台

图 7-55　红枣挑抛捡拾装置试验平台及示意图

表 7-11　试验仪器的相关参数

仪器及设备名称	生产厂家	型号	量程	精度
变频器	浙江正泰电器股份有限公司	NVF2G-22/PS4	—	—
调速器	上海展崇电气科技有限公司	DYG-6W	90~1 200 r/min	—
手持式转速表	上海转速仪表厂	LZ-30	0~12 000 r/min	0.2 r/min
电子游标卡尺	美耐特	MNT-150T	0~200 mm	0.01 mm

表 7-12　红枣挑抛捡拾装置的主要技术参数

项目	参数
单侧作业幅宽（mm）	800
前进速度范围（m/s）	0.2~0.4
外形尺寸（长×宽×高）（mm）	930×450×360
驱动电机额定功率（W）	120
驱动电机额定转速（r/min）	1 300
捡拾方式	挑抛捡拾
挑果杆直径（mm）	10

根据红枣挑抛捡拾装置工作原理可知，自走式红枣收获机为红枣挑抛捡拾装置提供动力，因此红枣挑抛捡拾装置的作业前进速度为 0.2~0.4 m/s，所以选取装置行进速度的 3 个水平值为 0.2 m/s、0.3 m/s 和 0.4 m/s。

依据第 3 章分析可知，偏心轮的偏心距决定着捡拾高度，是影响红枣捡拾装置捡拾效果和挑果杆捡拾速度的主要影响因素，通过前期分析确定偏心轮偏心距的 3 个水平值分别为：8 mm、10 mm、12 mm。

依据挑抛捡拾条件分析可知，偏心轮转速如果过小，红枣挑抛捡拾装置的挑果杆运动轨迹曲线将不是类余摆线，无法满足捡拾作业要求，如果偏心轮转速过大，捡拾频率过高，不利于红枣的捡拾作业，因此在满足红枣挑抛捡拾作业要求的基础上，结合前期分析确定偏心轮转速的 3 个水平值分别为：300 r/min、350 r/min、400 r/min。

在红枣挑抛捡拾过程中，以红枣损伤率作为红枣产生机械损伤的评价指标。采用国家标准 GB/T 5835—2009 作为红枣机械损伤的评价标准，即红枣的果皮出现长达 1/10 以上的破口即为破损果，对红枣果皮的裂纹长度进行统计分析，从而确定红枣的损伤程度并结合式（7-41）计算得到红枣损伤率，则红枣损伤率为：

$$\delta = \frac{W_p}{W} \times 100\% \tag{7-41}$$

式中：δ 为红枣损伤率（%）；W_p 为捡拾后红枣果实损伤的个数；W 为捡拾后红枣果实的总数。

试验前连接变频器、电动机和红枣挑抛捡拾装置等与试验台相关的仪器设备，然后随机将红枣试样（每组 64 个）放置在土槽里（土槽内土壤含水率 12.75%~15.96%），待红枣挑抛捡拾装置按照试验条件正常运转后，对土槽里的红枣进行挑抛捡拾，每组试验完成后使用游标卡尺对红枣的损伤程度进行统计，得到红枣损伤率。

（2）试验设计：本试验采用二次旋转正交组合试验方法，以捡拾装置前进速度、偏心轮转速以及偏心轮偏心距为试验因素，以红枣损伤率 δ 为评价指标，进行试验安排，每组试验进行 3 次重复取平均值，水平编码如表 7-13 所示。

表 7-13 因素水平及编码

		影响因素		
		机具前进速度（m/s）	偏心轮转速（r/min）	偏心距（mm）
代码	未编码	x_1	x_2	x_3
	已编码	A	B	C
编码水平	+1. 682	0. 468	434. 1	13. 364
	+1	0. 4	400	12
	0	0. 3	350	10
	−1	0. 2	300	8
	−1. 682	0. 132	265. 9	6. 636

（3）试验结果与分析：二次旋转正交组合试验方案如表 7-14 所示，按照试验方案安排试验，测得红枣损伤率。

表 7-14 试验方案及结果

试验号	影响因素			响应指标
	机具前进速度 x_1（m/s）	偏心轮转速 x_2（r/min）	偏心距 x_3（mm）	损伤率 δ（%）
1	−1	−1	−1	8. 4
2	+1	−1	−1	13. 8
3	−1	+1	−1	11. 3
4	+1	+1	−1	14. 8
5	−1	−1	+1	10. 5
6	+1	−1	+1	15. 8
7	−1	+1	+1	14. 9
8	+1	+1	+1	20. 1
9	−1. 682	0	0	6. 8
10	+1. 682	0	0	15. 8
11	0	−1. 682	0	12. 8

（续表）

试验号	影响因素			响应指标
	机具前进速度 x_1（m/s）	偏心轮转速 x_2（r/min）	偏心距 x_3（mm）	损伤率 δ（%）
12	0	+1.682	0	17.2
13	0	0	−1.682	11.6
14	0	0	+1.682	16
15	0	0	0	10.8
16	0	0	0	12.1
17	0	0	0	11.7
18	0	0	0	9.9
19	0	0	0	13.1
20	0	0	0	8.7

（4）回归模型的建立与检验：利用 Design-Expert8.0.5 软件对表 7-14 中的试验数据进行处理，获得红枣损伤率的方差分析结果如表 7-15 所示。

表 7-15　红枣损伤率的回归模型方差分析

来源	平方和	自由度	均方和	F 值	P 值	显著性
模型	191.71	9	21.30	15.29	< 0.000 1	**
x_1	87.34	1	87.34	62.67	< 0.000 1	**
x_2	29.29	1	29.29	21.02	0.001 0	*
x_3	30.47	1	30.74	21.87	0.000 9	*
$x_1 x_2$	0.50	1	0.50	0.36	0.562 5	
$x_1 x_3$	0.32	1	0.32	0.23	0.642 1	
$x_2 x_3$	2.88	1	2.88	2.07	0.181 1	
x_1^2	0.24	1	0.24	0.17	0.686 9	
x_2^2	29.77	1	29.77	21.36	0.000 9	*
x_3^2	14.79	1	14.79	10.61	0.008 6	*
残差	13.94	10	1.39			
失拟项	1.30	5	0.26	0.10	0.987 0	
误差	12.63	5	2.53			
总变异	205.65	19				

注：*、** 分别表示在 0.05、0.01 水平上的显著性。下同。

①红枣损伤率回归方程：由表 7-15 数据分析可知，红枣损伤率回归模型的 $P<0.0001$，P 值代表了相应变量的显著性情况，P 值越小则说明红枣损伤率的回归模型极其显著，在此模型中，x_1对方程影响极显著，x_2、x_3、x_2^2、x_3^2对方程影响显著；F 检验可以判定回归方程中各变量对指标影响的显著性，该模型的 F 值为 15.29，而失拟项的 F 检验结果不显著（$P>0.05$），说明在选择的参数范围内回归模型拟合程度较好，剔除不显著项后得到回归方程为：

$$y = 11.04 + 2.53x_1 + 1.46x_2 + 1.49x_3 - 0.25x_1x_2 + 0.2x_1x_3 + 0.6x_2x_3 + 0.13{x_1}^2 + 1.44{x_2}^2 + 1.01{x_3}^2$$

其中，x_1、x_2、x_3分别代表机具前进速度、偏心轮转速、偏心距 3 个影响因素。

②主效应分析：由于二次旋转正交组合试验设计中的各因素均经过了无量纲线性编码处理且偏回归系数已经标准化，因此其绝对值的大小可直接反映各影响因素对响应指标的影响程度。通过上式可知，3 个影响因素对红枣损伤率的影响显著性顺序为：$x_1>x_3>x_2$。即在本试验条件下，3 个影响因素对红枣损伤率影响的顺序依次为：机具前进速度>偏心距>偏心轮转速。

（5）各因素对红枣损伤率影响规律分析：利用 Design-Expert 软件的响应曲面分析法对机具前进速度 x_1、偏心轮转速 x_2、偏心距 x_3两因素间交互效应进行分析，以便更直观地反映因素与红枣损伤率之间的关系。

由图 7-56a 可知，在同一偏心距（偏心距为 10 mm）水平下，随着机具前进速度和偏心轮转速的增加，红枣损伤率也逐渐增加；在机具前进速度为 0.2～0.26 m/s、偏心轮转速为 300～376 r/min 时，红枣损伤率较小。由表 7-15 可知，机具前进速度对红枣损伤率作用的 F 值为 62.67，偏心轮转速对红枣损伤率作用的 F 值为 21.02，因此机具前进速度对红枣损伤率的影响大于偏心轮转速对红枣损伤率的影响。

由 7-56b 可知，在同一偏心轮转速（偏心轮转速为 350 r/min）水平下，随着机具前进速度和偏心距的增加，红枣损伤率也逐渐增加；在机具前进速度为 0.2～0.27 m/s、偏心距为 8～11.3 mm 时，红枣损伤率较小。由表 7-15 可知，机具前进速度对红枣损伤率作用的 F 值为 62.67，偏心距对红枣损伤率作用的 F 值为 21.87，因此机具前进速度对红枣损伤率的影响大于偏心距对红枣损伤率的影响。

由图 7-56c 可知，在同一机具前进速度（前进速度为 0.3 m/s）水平下，随着偏心轮转速和偏心距的增加，红枣损伤率也逐渐增加；偏心轮转速为 300～384 r/min、偏心距为 8～11.3 mm 时，红枣损伤率较小。由表 7-15 可知，偏心轮转速对红枣损伤率作用

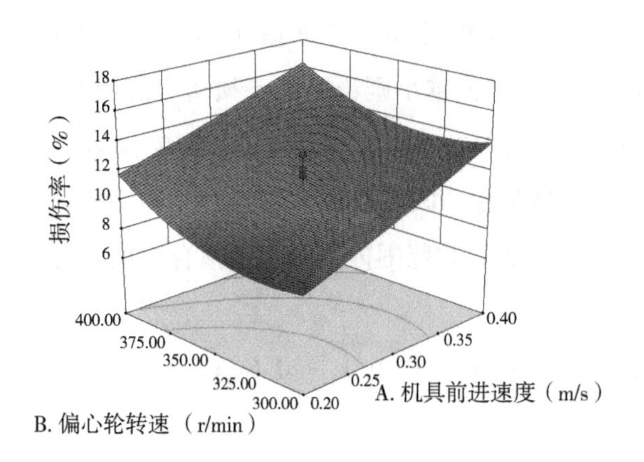

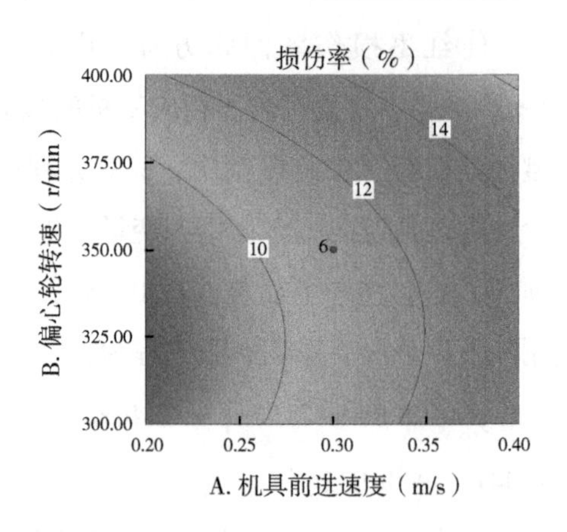

a. 偏心轮转速和机具前进速度

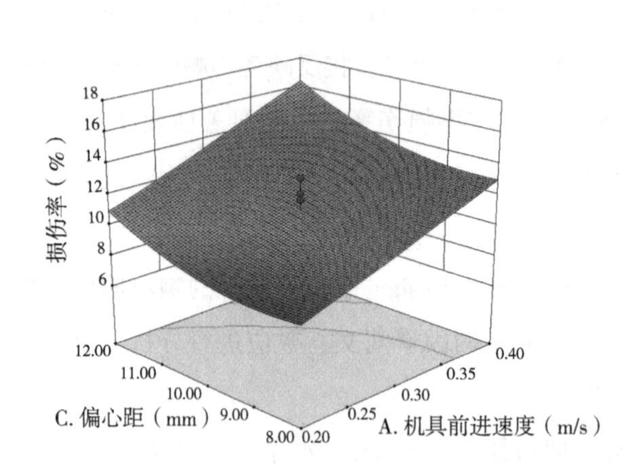

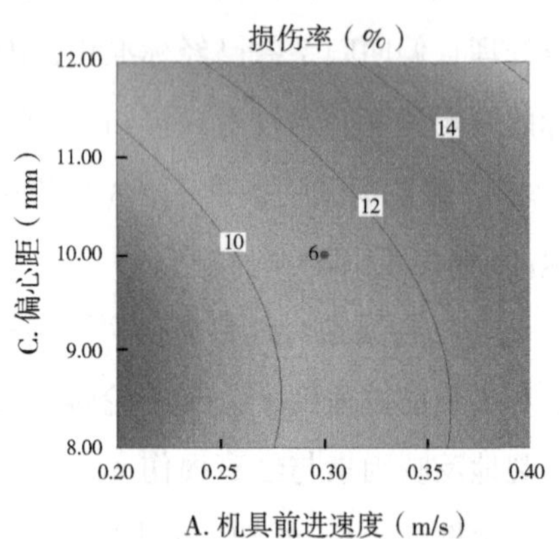

b. 偏心距和机具前进速度

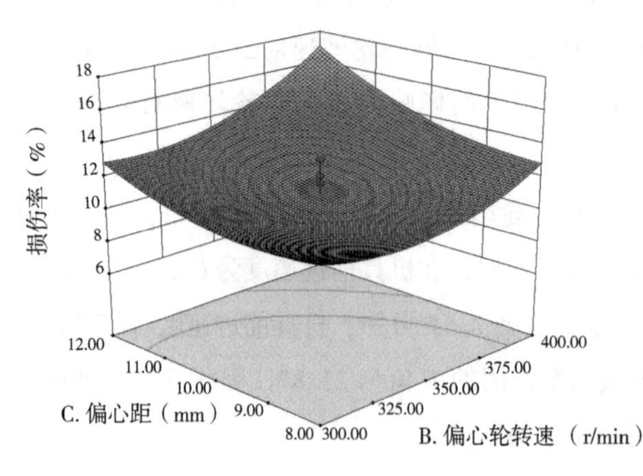

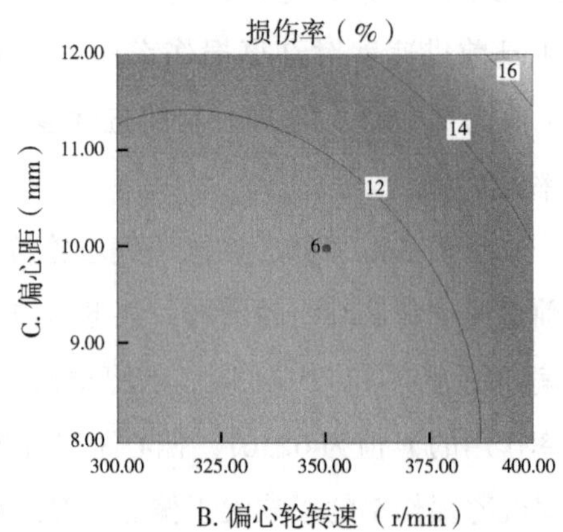

c. 偏心距和偏心轮转速

图 7-56　两因素对红枣损伤率的影响

的 F 值为 21.02，偏心距对红枣损伤率作用的 F 值为 21.87，因此偏心距对红枣损伤率的影响大于偏心轮转速对红枣损伤率的影响。

当机具前进速度为 0.132~0.468 m/s、偏心轮转速为 265.9~434.1 r/min、偏心距为 6.636~13.364 mm 时，利用 Design-Expert 8.0.5 软件以红枣损伤率最小寻求所对应的影响因素最佳参数组合，最佳参数组合为：机具前进速度为 0.21 m/s、偏心轮转速在 325.29 r/min、偏心距为 9.01 mm、红枣损伤率为 7.9%。

7.6　气吸式落地枣捡拾机

7.6.1　结构组成

气吸式红枣捡拾机主要由柴油发电机、电动履带底盘、自动摆吸机构、清选系统等结构组成，总体结构如图 7-57 所示，主要技术参数如表 7-16 所示。柴油发电机为电动履带底盘的行走、工作部件的运转提供电力保障。

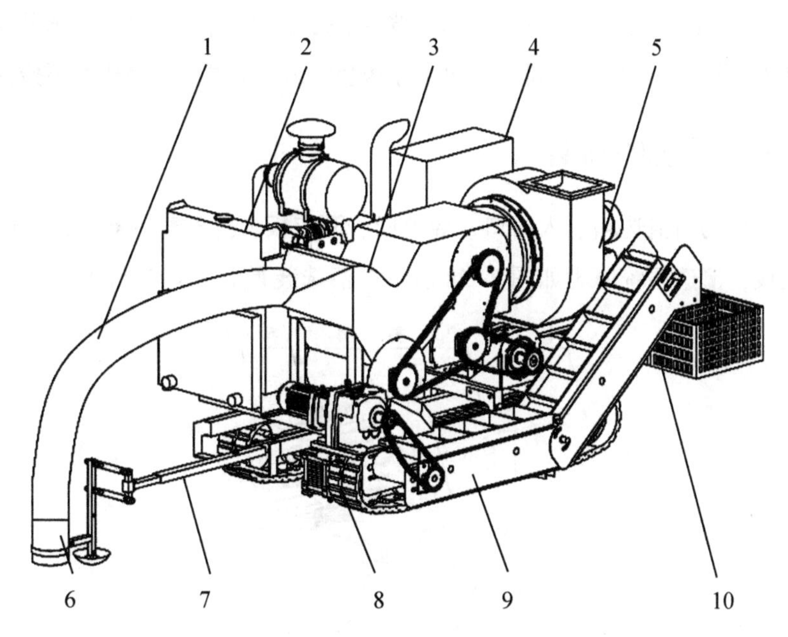

1. 风管；2. 柴油发电机；3. 清选系统；4. 控制系统；5. 离心风机；6. 吸头；7. 摆吸装置；8. 电动履带底盘；9. 输送装置；10. 集枣管

图 7-57　气吸式落地红枣捡拾

表 7-16　气吸式红枣捡拾机的主要技术参数

参数	数值/型式
配套动力（kW）	40
整机外形尺寸（mm）	4 300×1 700×1 760
行走方式	自走式
离心风机型号	Y5-47
工作幅宽（mm）	≤1 200
工作速度（km/h）	0~3
吸头内径（mm）	198

7.6.2　工作原理

工作时，控制系统通过变频器控制离心风机运转，在离心风机进风口处形成的负压气流经过清选系统和风管传导至吸拾头处，红枣在气流的压差阻力和摩擦阻力作用下被吸拾。在此过程中，摆吸装置带动吸头的往复摆动，并伴随整机行进，实现吸头运动的自动控制，以达到吸拾作业范围内红枣的目的。被吸拾的红枣沿着风管进入清选系统，经过清选系统的分选及沉降后经闭风器排出，再由输送装置运至集枣筐，完成红枣捡拾过程。

7.6.3　清选系统的设计

清选系统结构由清选箱、入料口、导流面、调节板、排枣避风器、排杂避风器、传动机构等组成，清选系统原理如图 7-58 所示。清选装置的入料口与吸枣管连接，负压

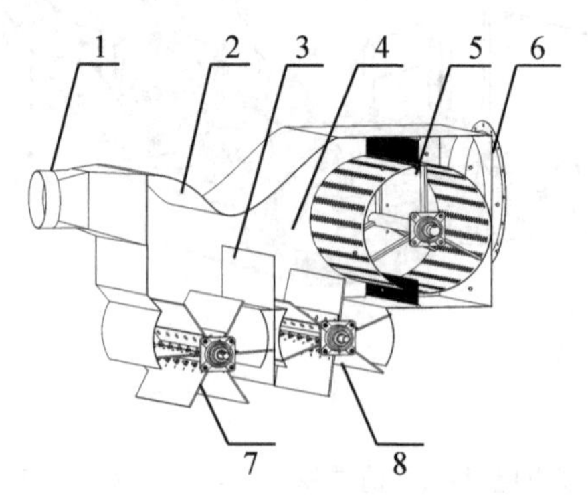

1. 入料口；2. 导流面；3. 调节板；4. 清选箱；5. 虑杂装置；6. 负压口；7. 排枣闭风器；8. 排杂闭风器

图 7-58　清选系统原理图

口与风机的吸风口连接。调节板处于排枣和排杂闭风器中间，可上下滑动调节。排枣、排杂避风器在传动机构驱动下旋转。

工作时，杂质随着红枣一起在负压气流作用下经吸枣管进入清选箱入料口，在惯性作用下与导流面发生侧向碰撞，由于枣—杂与导流面摩擦力、碰撞恢复系数和流体作用力等参数不同，形成运动轨迹差异，产生分层。枣叶和枣吊因质量轻，形面阻力比红枣大，受气流作用的影响明显，处于枣—杂流上层；红枣与导流面侧向碰撞后产生逆时针转动，形成沿运动方向垂直向下的 Magnus 力，处于枣—杂流下层。此时，将调节板顶端置于枣—杂分层处，阻挡红枣落入排枣闭风器，杂质因气流作用，越过调节板后吸附于滚筒筛筛面，在条刷作用下落入排杂闭风器，完成枣—杂清选工作过程。

清选箱流域内气流速度越大，清选速率就越快，但惯性大造成红枣损伤愈加严重，同时气流速度应略大于杂质悬浮速度以保证清杂效果，因此气流速度是设计清选箱尺寸的重要依据。在入料口至负压口的整个流域内，气体马赫数远小于 0.1，认为空气是不可压缩流体，可忽略闭风器内与外界气流交换、泄漏等情况，由流体力学流量守恒定律知单位时间内通过任意流断面的流量相同且与流速呈反比，即：

$$\int_A u_A d_A = \int_B u_B d_B = Q \tag{7-42}$$

式中：u_A——为过流断面 A 处流速（m/s）；

u_B——为过流断面 B 处流速（m/s）；

d_A——为 A 处过流断面面积（m^2）；

d_B——为 B 处过流断面面积（m^2）。

物料进入清选箱时的气流速度为 27~45 m/s，杂质悬浮速度 3.4~5.6 m/s，在保证沉降区空气流速略大于杂质悬浮速度的前提下，为了有利于红枣沉降，流速应尽可能低。入料口直径设计值为 0.2 m，由此计算得清选箱截面积为 0.3 m^2。为保证机器的通过性，清选箱高度应尽可能低，由此确定清选箱宽度为 0.6 m、高度为 0.5 m，长度需大于排枣、排杂闭风器直径与调节板位置尺寸，取 1.2 m。

7.6.4 导流面设计

为使红枣尽快沉降，采用导流面与红枣非完全偏心弹性碰撞方式降低红枣动能。导流面曲线如图 7-59 所示，导流面形状为倾斜的椭圆曲线方程 $F(x, y)$，以入料口中心位置为坐标原点（0，0），平行于入料口方向为 X 轴，垂直方向为 Y 轴，建立坐标系 OXY，椭圆 2 个焦点分别为 $F_1(x_{C0}, y_{C0})$ 和 $F_2(x_{Cf}, y_{Cf})$，$M(x_i, y_i)$ 为椭圆线上任意一点。椭圆 2 个焦点连线的直线所得的弦为长轴，记为 $2a$。椭圆截垂直平分 2 个焦

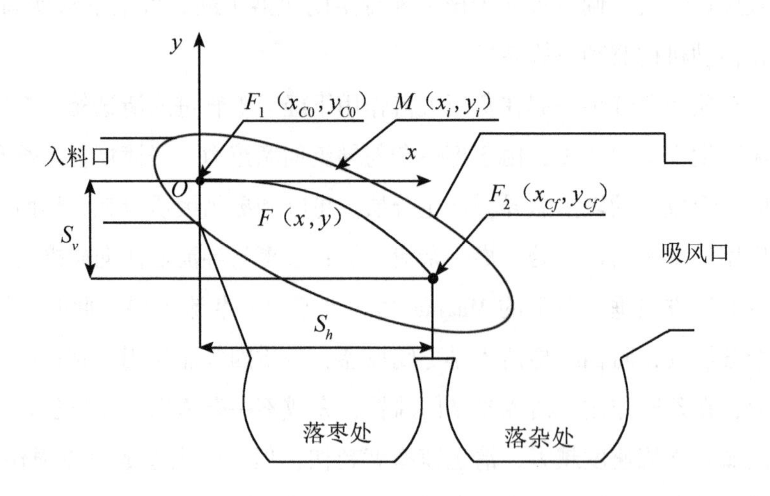

图 7-59　动态网导流面曲线示意图格划分

点连线的直线所得弦为短轴，记为 $2b$，焦点距离记为 $2c$。

根据椭圆面曲线性质可得：

$$2a = | M(x_i,\ y_i)F_1(x_{C0},\ y_{C0}) | + | M(x_i,\ y_i)F_2(x_{cf},\ y_{cf}) | \tag{7-43}$$

$$\begin{cases} a^2 = \dfrac{1}{4}\left[\begin{aligned} &(\sqrt{(x_{c_0} - x_i)^2 + (y_{c_0} - y_i)^2} + \\ &\sqrt{(x_{c_f} - x_{c_0})^2 + (y_{c_f} - y_{c_0})^2})^2 \end{aligned} \right] \\ b^2 = \dfrac{1}{4}\left[\begin{aligned} &(x_{c_0} - x_i)^2 + (y_{c_0} - y_i)^2 \\ &- (x_{c_f} - x_{c_0})^2 + (y_{c_f} - y_{c_0})^2 \end{aligned} \right] \end{cases} \tag{7-44}$$

联立式（7-43）、式（7-44），得

$$1 = \frac{\left(x_i\cos\theta - y_i\sin\theta - \dfrac{\sqrt{(x_{c_f} - x_{c_0})^2 + (y_{c_f} - y_{c_0})^2}}{2} \right)^2}{a^2} + \frac{(y_i\cos\theta + x_i sin\theta)^2}{b^2} \tag{7-45}$$

其中，F_1（x_{C0}，y_{C0}）的坐标为（0，0），调节板在 x 轴投影数值取箱体最大时 x_{Cf}=0.6 m，y_{Cf}的数值由公式 y_{Cf}=0.6tanθ 得到，将以上数值代入式（7-45）并简化得导流面方程为：

$$1 = \frac{(4x_i\cos\theta - 4y_i\sin\theta - 0.6)^2}{\sqrt{x_i^2 + y_i^2} - \sqrt{0.6^2 + (0.6\tan\theta)^2}} + \frac{4(x_i\sin\theta - y_i\cos\theta)}{x_i^2 + y_i^2 - [0.6^2 + (0.6\tan\theta)^2]} \tag{7-46}$$

式中：θ—为椭圆方程的倾角（rad）。

椭圆曲线方程的倾角由红枣从入料口至调节板间水平和垂直位移的比值得出。因清选箱截面积远大于吸枣管，为计算简便，忽略清选箱内流体对红枣的作用。则红枣进入清选箱后，做只受重力的类平抛运动。椭圆线曲线方程的倾角 θ 可根据红枣在水平和垂直面的行进距离为 S_h、S_v 的比值得出。为便于分析，选取单颗红枣进行分析，因其与空气密度差异较大，且与气流速度差异较小，可以忽略除曳力以外的力，以红枣质心为原点建立坐标系 $o'x'y'$，其在流体中物料受力如图 7-60 所示。

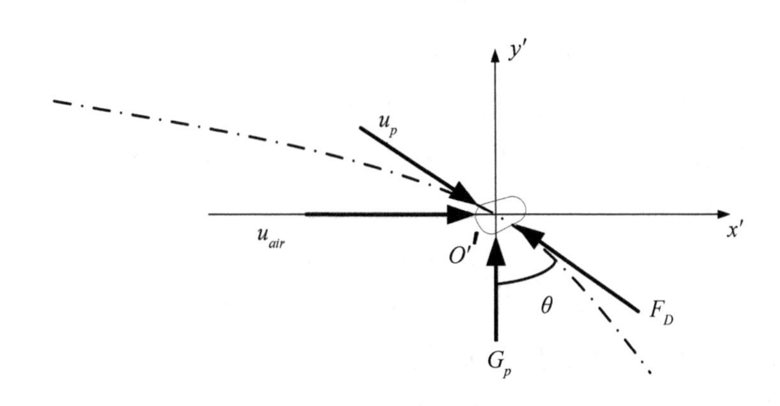

图 7-60　红枣受力示意图

建立红枣运动轨迹切线方向力平衡方程为：

$$\begin{cases} G_p = m_p g \\ a = \dfrac{du_p}{d_t} \\ m_p a = \cos\theta G_p + F_D \end{cases} \tag{7-47}$$

式中：θ——红枣运动轨迹切线与 y' 轴夹角（rad）；

G_p——红枣重力（N）；

m_p——红枣质量（kg）；

a——红枣加速度（m/s^2）；

F_D——红枣在流场中受到的曳力（N）；

u_p——红枣速度（m/s）。

其中，曳力 F_D 计算公式为：

$$F_D = \frac{C_D}{8}\rho_{air} \mid \cos\theta u_{air} - u_p \mid (\cos\theta u_{air} - u_p)(\pi d_p^2) \tag{7-48}$$

式中：ρ_{air}——空气密度（kg/m^3），取 1.205 kg/m^3；

u_{air}——气流速度（m/s）；

d_p——红枣垂直于相对速度方向的投影直径（m）；

C_D——绕流阻力系数，取值由颗粒的雷诺系数决定。

绕流阻力系数计算公式为：

$$C=\begin{cases}\dfrac{24}{Re_p},\ 1\leqslant Re_p\\ \dfrac{24(1+0.15\,Re_p{}^{0.687})}{Re_p},\ 1<Re_p<10^3\\ 0.44,\ Re_p>10^3\end{cases} \tag{7-49}$$

式中：Re_p——引入空隙率之后得到的雷诺数。

雷诺系数为惯性力和黏性力（内摩擦力）之比，是表征流体流动特性的一个重要参数，由下式计算得出：

$$Re=\frac{\varepsilon\rho_{\mathrm{air}}\mid\vec{\mu}_{\mathrm{air}}-\vec{u}_p\mid d_p}{\mu_{\mathrm{air}}} \tag{7-50}$$

式中：μ_{air}——是气体动力黏度（m^2/s）。

在压强为 101.325 kPa、温度为 20 ℃的条件下，空气运动黏度为 $14.8\times10^{-6}\ m^2/s$。

将数值代入式（7-49）、式（7-50），计算可得雷诺系数大于 10^3 属于 Newton 公式，属于湍流的范畴，因此 C_D 取值为 0.44。

曳力与气流方向相同，根据牛顿第二定律，红枣水平方向的力学方程为：

$$m_p a=0.44\frac{\rho_g\mid u_{air}-u_p\mid(u_{air}-u_p)}{2}\frac{\pi d_p^2}{4} \tag{7-51}$$

联立式（7-47）、式（7-48）、式（7-51）得：

$$\begin{cases}S_h=\dfrac{u_0+at}{2}t\\ S_v=\dfrac{1}{2}(g)t^2\\ \tan\theta=\dfrac{S_v}{S_h}=\dfrac{gt}{u_0+at}\end{cases} \tag{7-52}$$

由气吸式红枣收获机作业参数知，物料进入清选箱的最大速度为 6.5 m/s，代入式（7-52），得 $\theta=11.31°$，即导流面曲线为倾角 11.31°的椭圆方程。

7.6.5 清选系统流体域仿真分析

流体特性易受结构参数影响，为分析清选系统结构对流场特性影响规律，采用

Fluent 软件对清选系统内流场特性进行仿真分析，结果如图 7-61 所示。

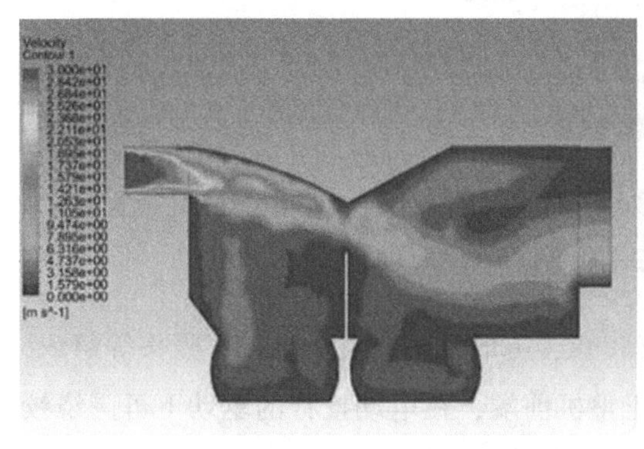

a. 清选箱内气流速度云示意图

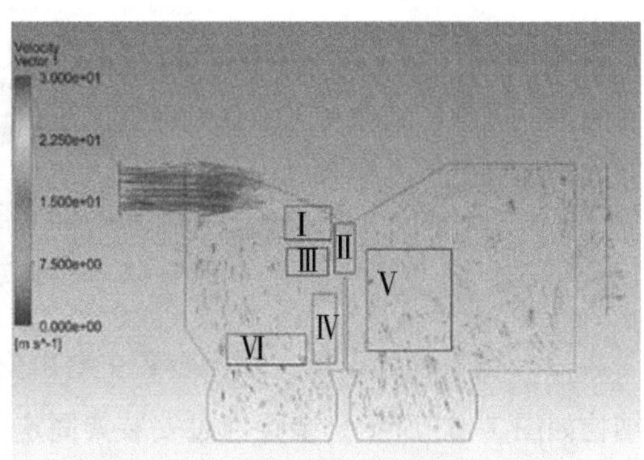

b. 清选箱内气流速度矢量示意图

图 7-61　清选箱内气流分布

图 7-61（a）为气流速度云图，可知气流进入清选箱后流速快速降低，利于红枣的沉降，沿着导流面结构形成气流带，便于携带轻质杂质越过调节板，调节板阻碍气流作用明显，可降低红枣动能，减轻碰撞损伤。图 7-61（b）为气流速度矢量图，气流在调节板前形成顺时针旋流，在Ⅰ区的物料流和Ⅱ区气流轨迹变化明显，可有效引导枣—杂向下沉降。少量被红枣遮挡并被携带至Ⅳ区的杂质，由于枣—杂的比重差异，再次形成分层，红枣落入闭风器，杂质则随着Ⅵ区旋流进入Ⅲ区进行二次清选。越过调节板后气流形成逆时针旋流，在Ⅴ区形成逆时针气流，有利于杂质向排杂闭风器处移动，便于杂质快速沉降并排出，流场仿真分析符合预期效果。

分析结果表明，导流面和调节板共同作用形成“∞”形旋流，有利于红枣的沉降和杂质清选，清选系统流场符合清选要求。

（1）滤杂装置设计：为了避免杂质在气流作用进入风机，造成风机叶轮损伤，需在风机吸风口前设置滤杂装置，结构如图 7-62 所示。滤杂装置主要由滚筒筛、清扫条刷、传动部件组成。滚筒筛固定于传动轴上，两条清扫条刷对称安装在清选箱上下面，刷毛与滚筒筛紧密接触。工作时，部分杂质会吸附于滚筒筛上，随着滚筒筛的转动，杂质在清扫条刷的作用下被扫刷后落入排杂闭风器，进而排出清选箱。

在实现阻挡杂质的前提下，为降低风阻，应尽可能增加孔隙率。由于清选箱高度为 0.5 m，宽度为 0.6 m，所有设计滚筒筛直径为 0.45 m，宽度为 0.59 m。滚筒筛筛面由多孔镀锌板制成，前期试验测得杂质最小轴长直径均大于 4 mm，确定筛孔直径 $\varphi=4$ mm。

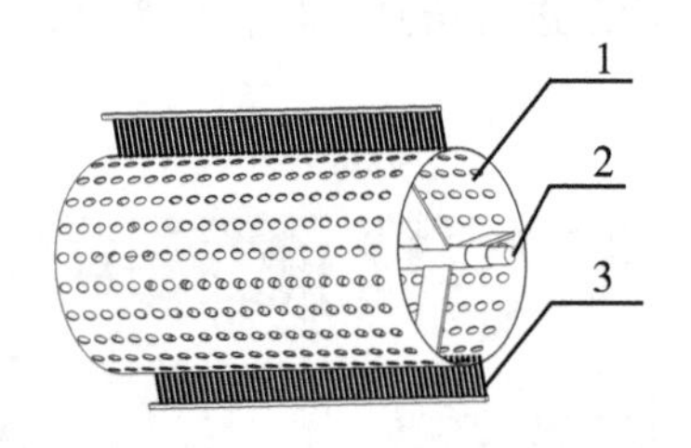

1. 滚筒筛；2. 传动轴；3. 清扫条刷

图 7-62　1/4 滤杂装置结构示意图

（2）摆吸装置设计：摆吸装置主要由安装架、仿形机构、电动推杆、吸头等组成，结构如图 7-63 所示。装置通过安装架固定于整机前端，在电动推杆的驱动下可围绕铰接轴往复摆动。平行四杆仿形机构可实现吸头随地面平整度的仿形，并保持吸头与地面平行状态。摆臂调节内、外套管分别采用 50 mm×30 mm、60 mm×40 mm，壁厚 5 mm 的矩形钢管制作，可相互嵌套，实现摆臂长度调节。吸头为 2 mm 钢板辊压而成，内径为 198 mm、长度为 500 mm，其上端与风管连接。

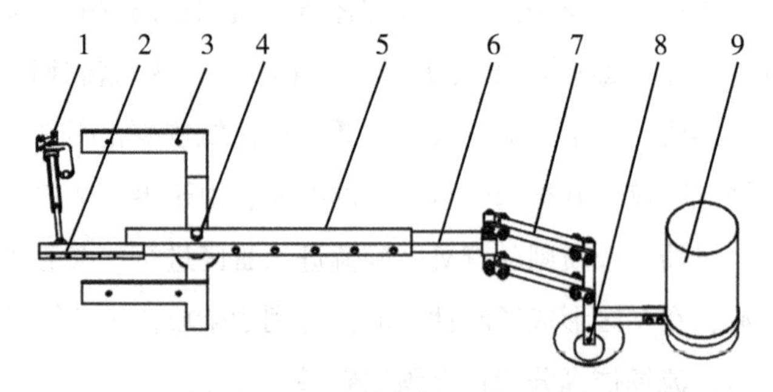

1. 电动推杆；2. 电动推杆安装调节板；3. 安装架；4. 铰接轴；5. 摆臂调节外套管；6. 摆臂调节内套管；7. 平行四杆仿形机构；8. 仿形圆盘；9. 吸头

图 7-63　摆吸装置结构示意图

①摆吸装置运动分析：摆吸装置运动特性是影响吸拾区域的关键因素。以摆吸装置的摆臂铰接轴为坐标原点 o，样机前进方向为 y 轴正方向，垂直向右为 x 轴正方向，建立坐标系 o-xy，分析摆吸装置的运动特性（图 7-64）。

对摆吸装置进行运动学分析，构建其矢量方程为：

$$\overrightarrow{OA}\overrightarrow{AB}=\overrightarrow{OA'}+\overrightarrow{A'B}=\overrightarrow{OB} \tag{7-53}$$

将矢量方程转变为解析式，则有：

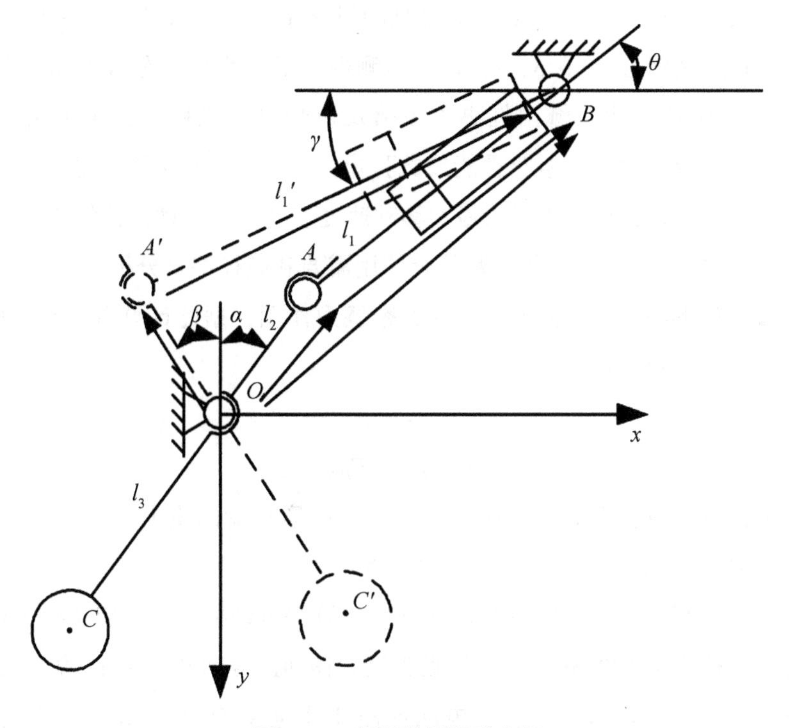

图 7-64　摆吸装置运动分析

$$\begin{cases} x_B = l_1\cos\alpha + l_2\sin\alpha \\ y_B = -(l_1\cos\alpha + l_2\cos\alpha) \end{cases} \tag{7-54}$$

$$\begin{cases} x_{A'} = -l_2\sin\beta = -l'_2\cos\gamma \\ y_{A'} = -l_2\cos\beta = l'_1\sin\gamma \end{cases} \tag{7-55}$$

摆臂左右极点 C、C'以 y 轴对称，则有：

$$\begin{cases} x_A = -x_{A'} \\ y_A = y_{A'} \\ -x_C = x_C \\ y_C = y_{C'} \\ \alpha = \beta \end{cases} \tag{7-56}$$

本书选取电动推杆的型号为 XDHA，可知其最短尺寸为行程加 105 mm，最长尺寸为 2 倍行程加 105 mm，即有：

$$\begin{cases} l_1 = S + 105 \\ l'_1 = 2S + 105 \end{cases} \tag{7-57}$$

式中：S 为电动推杆行程（mm）。

电动推杆安装铰接点 B 在电动履带底盘的纵梁上，与摆吸装置铰接轴的水平间距为0.3 m，即 B 点坐标为（-0.3，x_B）。试验测得人工集条宽度均<1.0 m，履带底盘宽度为1.15 m，为保证作业区域内红枣被吸拾及避免红枣被碾压，确定 $x_C \in [-0.6, 0.6]$。由前期吸头移动速度与吸拾性能预试验知，当吸头移动速度超过1.0 m时，吸拾效果大幅度下降，故以此值作为吸头最大移动速度。此外，电动推杆的空载速度与载荷相关，一般为5~115 mm/s，具体参数结合使用需要和载荷综合分析。

摆吸装置的仿形圆盘与地面移动时受到摩擦力作用，据此计算电动推杆所需推力。建立摩擦力和力矩方程为：

$$F_f = F_p\mu \tag{7-58}$$

$$F_f \cdot \lambda_3 = F_l l_2 \tag{7-59}$$

式中：F_f为仿形圆盘所受摩擦力（N）；F_p为仿形圆盘的重力（N）；μ 为仿形圆盘与地面摩擦系数0.5；F_l为电动推杆的推力（N）。

测量可知仿形圆盘与地面接触力为40 N，计算得电动推杆推力应达到200 N。当选取电动推杆空载速度为100 mm/s，为使吸头最大移动速度达到1.0 m。代入数值，计算可得电动推杆安装铰接点 B 的坐标，电动推杆型号为 XDHA12-200，行程为200 mm、空载速度为100 mm/s、最大推力为230 N。

②吸头工作参数

悬浮速度时保证红枣能被吸拾的最小气流速度，数值上与红枣重力相等，可采用力平衡法分析红枣悬浮速度。建立气流中红枣的力平衡方程为：

$$F_a = m_p g \tag{7-60}$$

式中：F_a为红枣所受曳力（N）；m_p为红枣质量（kg）；g 为重力加速度（m/s^2）。

曳力 F_a的表达式为：

$$F_a = \frac{1}{2} C A \rho_f u_g \tag{7-61}$$

式中：C 为曳力系数；A 为红枣投影面积（m^2）；ρ_f 为空气密度，20 ℃时，取 ρ_f = 1.205 kg/m^3；u_g为红枣与气流的相对速度（m/s）。

其中，C 的值由雷诺系数确定，计算公式为：

$$C = \begin{cases} \dfrac{24}{Re_p}, & 1 \leqslant Re_p \\ \dfrac{24(1 + 0.15\,{Re_p}^{0.687})}{Re_p}, & 1 < Re_p < 10^3 \\ 0.44, & Re_p > 10^3 \end{cases} \tag{7-62}$$

$$R_e = \frac{d_v \rho_f u_g}{\eta} \tag{7-63}$$

式中：R_e为引入孔隙率后的雷诺系数；d_v为红枣圆当量径（m），由 d_v =（$6V_p/\pi$）1/2 计算得到；η 为空气黏性系数（m^2/s），20 ℃时取 $1.5\times10^{-5}\ m^2/s$。

将数值代入式（7-62）计算可知 R_e 大于 10^3，属于牛顿（Newton）流体范畴，即 C 的值为 0.44，将其代入式（7-61）得：

$$u_g = \sqrt{\frac{m_p g}{A\rho_f}} \tag{7-64}$$

其中，红枣投影面积 A 的计算公式为：

$$A = \frac{1}{4}\pi d_l d_s \tag{7-65}$$

式中：d_l为红枣长轴尺寸（mm）；d_s为红枣短轴尺寸（mm）。

为保证捡拾效果，红枣质量取 95%置信区间上限，前期试验可知红枣以“横躺”姿态被吸拾，故投影面积以红枣长轴尺寸和短轴尺寸取 95%置信区间下限尺寸相乘计算得到。代入数值，计算得红枣悬浮速度为 28.33 m/s。

③吸口距地面间距

吸头始终处于红枣上方移动，需要与地面有一定间距。此时，吸头入口处气流特性较为复杂，并且对作业性能影响显著，具体参数难以通过数值方法准确计算。因此，本文结合红枣尺寸特征和 Fluent 软件仿真方法，分析吸头处气流特性。

由红枣尺寸特征可知，其短轴最大直径为 38.07 mm，为便于后续田间试验时参数的调节，对其进行适量圆整，即吸头底面距地面间距的最小值确定为 40 mm。以 40 mm 为初始值、以 20 mm 增量为步长，分别仿真吸头底面距地面间距为 40 mm、60 mm、80 mm 时的吸头处气流特性。

仿真结果如图 7-65 所示。可知吸头外气流速度随着吸头距地面间距的增加急剧降低，当间距为 80 mm 时，近地面气流速度仅为吸头内气流的 20%左右。因此，确定吸头距地面间距范围为 40~80 mm，具体参数通过试验确定。

7.6.6 摆吸装置控制系统

摆吸装置控制系统具有遥控和自动控制 2 种操作模式，可针对田间作业环境需要自由切换。结构主要包括电动推杆、控制模块、遥控模块等，控制原理如图 7-66 所示。在遥控操控模式下，人工通过操作遥控模块实现电动推杆的伸、缩、暂停等。在自动控制模式下，通过控制模块实现电动的运动控制。直流变压器可调节电动推杆电机的转

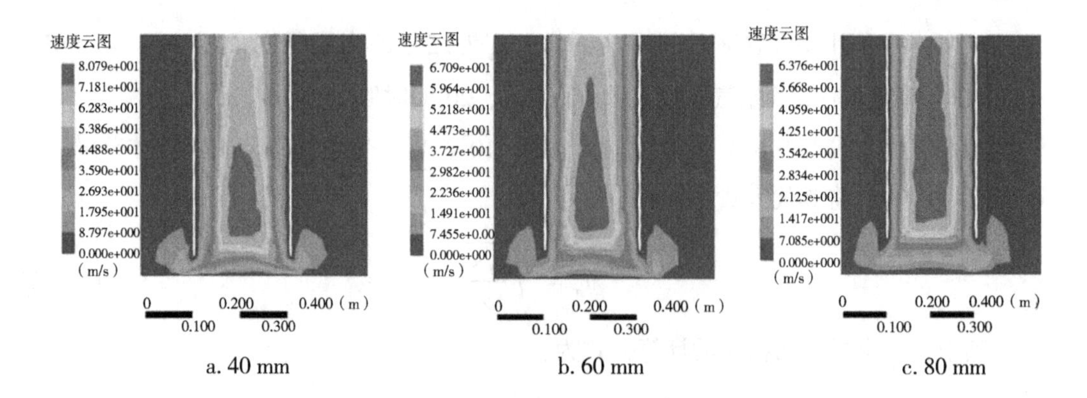

a. 40 mm　　b. 60 mm　　c. 80 mm

图 7-65　不同吸头底面距地面间距时的气流特性

速，进而改变电动推杆的运行速度。

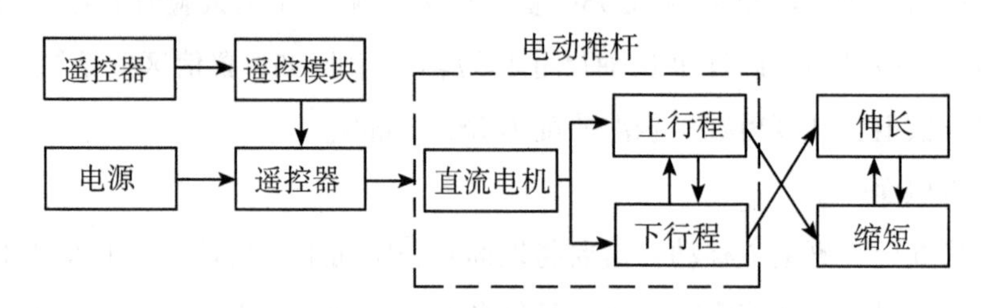

图 7-66　摆吸装置控制系统原理示意图

7.6.7　试验验证

（1）收获试验：依据 Box-Behken 试验原理，设计 3 因素 3 水平试验，试验方案和结果如表 7-17 所示。方案共有 17 组，包括 12 个分析因子和 5 个零点估计误差，试验方案与结果如表 7-17 所示：

表 7-17　试验方案与结果

序号	试验因素			试验指标		
	吸头距地面间距 x_i（mm）	气流速度 x_2（m/s）	吸头摆动速度 x_3（m/s）	拾净率（%）	纯工作小时生产率（kg/h）	破损率（%）
1	40	28	0.8	97.85	758.58	2.73
2	80	28	0.8	92.67	661.84	1.01
3	40	38	0.8	99.16	772.29	5.92

（续表）

序号	试验因素			试验指标		
	吸头距地面间距 x_i（mm）	气流速度 x_2（m/s）	吸头摆动速度 x_3（m/s）	拾净率（%）	纯工作小时生产率（kg/h）	破损率（%）
4	80	38	0.8	99.95	925.73	5.22
5	40	33	0.6	99.97	749.48	2.94
6	80	33	0.6	97.85	816.95	3.24
7	40	33	1.0	99.99	808.23	7.33
8	80	33	1.0	99.92	850.44	5.95
9	60	28	0.6	95.08	714.62	0.82
10	60	38	0.6	99.85	819.30	6.43
11	60	28	1.0	95.72	732.93	5.38
12	60	38	1	99.94	948.25	8.10
13	60	33	0.8	99.27	905.27	2.68
14	60	33	0.8	99.41	878.83	3.12
15	60	33	0.8	99.19	881.67	2.82
16	60	33	0.8	98.71	902.33	2.54
17	60	33	0.8	99.20	929.07	2.71

（2）试验指标回归模型与方差分析：利用 Design-Expert 10.0.3 软件对表 7-17 的试验结果进行方差分析，得到拾净率、纯工作小时生产率、破损率方差分析结果，如表 7-18、表 7-19 和表 7-20 所示。

①拾净率方差分析结果。

表 7-18　拾净率方差分析结果

方差来源	平方和	标准差	F 值	P 值
模型	68.35	7.59	46.81	<0.000 1**
x_1	5.41	5.41	33.36	0.000 7**
x_2	38.63	38.63	238.11	<0.000 1**
x_3	0.99	0.99	6.13	0.042 5*
x_1x_2	8.91	8.91	54.92	0.000 1**
x_1x_3	1.05	1.050	6.48	0.038 4*

（续表）

方差来源	平方和	标准差	F 值	P 值
x_2x_3	0.076	0.076	0.47	0.516 7^{NS}
${x_1}^2$	1.40E-3	1.40E-3	8.64E-3	0.928 5^{NS}
${x_2}^2$	13.14	13.14	81.010	<0.000 1**
${x_3}^2$	0.28	0.28	1.73	0.229 8^{NS}
残差	1.14	0.16		
失拟项	0.86	0.29	4.080	0.103 8^{NS}
误差	0.28	0.070		
总和	69.49			
$R^2=0.984$；$R^2_{adj}=0.930$；$C.V=0.41\%$；$R_{Pred}=0.797$				

注：** 表示极显著因素（$P\leqslant0.01$）；* 表示极显著因素（$P\leqslant0.05$）；NS 表示不显著因素（$P>0.05$），下同。

拾净率的模型的 P 值<0.000 1，失拟项 P 值>0.05，表明此回归模型高度显著、不存在失拟因素。二阶响应模型决定系数 R^2 及校正决定系数 R^2_{adj} 分别为 0.984 和 0.930，预测决定系数 $R_{Pred}=0.797$，说明该回归模型极显著，能较好地对不同条件下的拾净率进行预测及寻优。根据回归方差分析结果，利用 Design-Expert 10.0.3 软件对表 7-18 的试验结果进行多元回归拟合分析，得到拾净率的二次多项式响应面回归模型为

$$y_{pr}=45.12-0.64x_1+4.32x_2-11.72x_3+0.015x_1x_2+0.13x_1x_3-0.14x_2x_3+0.000\ 045x_1^2-0.071x_2^2+6.46x_3^2 \tag{7-66}$$

②纯工作小时生产率方差分析结果。

表 7-19　纯工作小时生产率方差分析结果

方差来源	平方和	标准差	F 值	P 值
模型	1.13E-5	12 581.13	33.68	<0.000 1**
x_1	3 460.29	3 460.29	9.26	0.018 8*
x_2	44 640.72	44 640.72	119.51	<0.000 1**
x_3	7 170.03	7 170.03	19.19	0.003 2**
x_1x_2	15 647.51	15 647.51	41.89	0.000 3**
x_1x_3	159.52	159.52	0.43	0.534 3^{NS}

（续表）

方差来源	平方和	标准差	F 值	P 值
x_2x_3	3 060.30	3 060.30	8.19	0.024 3*
$x_1{}^2$	14 489.41	14 489.41	38.79	0.000 4**
$x_2{}^2$	15 750.72	15 750.72	42.17	0.000 3**
$x_3{}^2$	5 010.72	5 010.72	13.41	0.008 0**
残差	2 614.81	373.54		
失拟项	953.98	317.99	0.77	0.569 7^{NS}
误差	1 660.83	415.21		
总和	1.16×10^{-5}			
$R^2=0.977$；$R^2_{adj}=0.948$；$C.V=2.34\%$；$R_{Pred}=0.846$				

③破损率方差分析结果。破损率的模型 P 值<0.000 1，失拟项 P 值>0.05，表明此回归模型高度显著、不存在失拟因素。二阶响应模型决定系数 R^2 及校正决定系数 R^2_{adj} 分别为 0.992 和 0.986，预测决定系数 $R_{Pred}=0.969$，说明该回归模型极显著，能较好地对不同条件下的破损率进行预测及寻优。破损率的二次多项式响应面回归模型为

$$y_{da} = 21.31 + 0.024x_1 - 0.98x_2 - 26.02x_3 + 0.0020x_1x_2 - 0.15x_1x_3 - 0.69x_2x_3 + 0.00045x_1^2 + 0.027x_2^2 + 40.79x_3^2 \quad (7-67)$$

（3）交互因素对性能影响规律分析：剔除模型的不显著项后，得到捡拾率、纯工作小时生产率、破损率的二次多项式响应面回归模型分别为：

$$y_{pr} = 45.24 - 0.64x_1 + 4.17x_2 - 5.93x_3 + 0.015x_1x_2 + 0.13x_1x_3 - 0.070x_2^2 \quad (7-68)$$

$$y_{we} = -1551.24 - 2.00x_1 + 116.75x_2 + 616.79x_3 + 0.63x_1x_2 + 27.66x_2x_3 - 0.15x_1^2 - 2.45x_2^2 - 862.43x_3^2 \quad (7-69)$$

$$y_{da} = 16.46 + 0.095x_1 - 0.88x_2 - 26.40x_3 - 0.15x_1x_3 - 0.69x_2x_3 + 0.028x_2^2 + 41.03x_3^2 \quad (7-70)$$

固定试验因素中某个因素为中间水平，研究另外 2 个因素的交互作用对试验指标的影响，应用 Origin 2018 软件绘制交互因素影响的响应曲面（图 7-67、图 7-68 和图 7-69）。

①因素交互作用对拾净率的影响：图 7-67a 为吸头摆动速度处于中间水平时，吸

头距地面间距和气流速度的交互作用对拾净率的影响。当气流速度小于 33 m/s 时，拾净率随着吸头距地面间距的降低而呈现线性增加；当气流速度大于 33 m/s 时，随着吸头距地面间距的变化，拾净率没有显著改变。当吸头距地面间距小于 60 mm 时，拾净率随着气流速度的增加而缓慢增加，当吸头距地面间距大于 60 mm 时，拾净率随着气流速度的增加而快速增加。表明吸头距地面间距和气流速度的交互作用对拾净率影响显著。当气流速度较低时，吸头距地面间距越小，气流作用越集中，因此对拾净率影响也更显著。当气流速度达到一定值后，相比吸头距地面间距的变化，气流速度对红枣作用力更明显。

图 7-67b 为气流速度处于中间水平时，吸头距地面间距和吸头摆动速度的交互作用对拾净率的影响。当吸头距地面间距小于 50 mm 时，拾净率随着吸头摆动速度的增加略微降低；当吸头距地面间距小于 50 mm 时，拾净率随着吸头摆动速度的增加逐渐增加。随着吸头距地面间距的缩小，拾净率逐渐升高，并且吸头摆动速度越慢，该趋势越明显。当吸头距地面间距最小及吸头摆动速度最慢时，红枣受气流的作用力最大，作用时间最长，拾净率具有最大值。

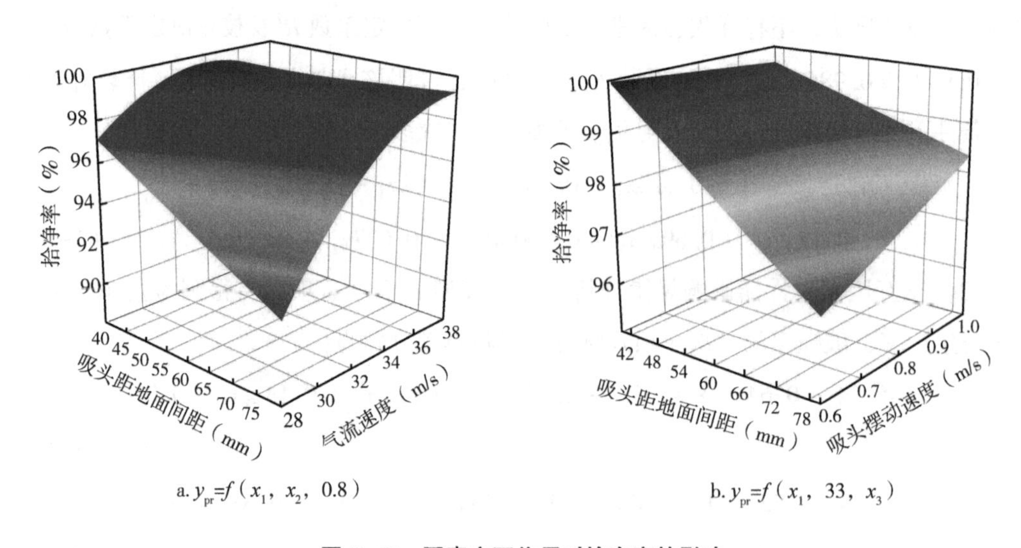

a. $y_{pr}=f(x_1, x_2, 0.8)$　　b. $y_{pr}=f(x_1, 33, x_3)$

图 7-67　因素交互作用对拾净率的影响

②因素交互作用对纯工作小时生产率的影响：图 7-68a 为吸头摆动速度处于中间水平时，吸头距地面间距和气流速度的交互作用对纯工作小时生产率的影响。其交互作用对纯工作小时生产率的影响较为显著，随着气流速度的增加，纯工作小时生产率先逐渐增加后趋于平稳。当气流速度小于 32 m/s 时，随着吸头距地面间距的增加，纯工作小时生产率先缓慢增加后逐渐下降；当气流速度大于 32 m/s 时，随着吸头距地面间距的增加，纯工作小时生产率先快速增加而后增速放缓。当吸头距地面间距处于一定范围

时，随着气流速度和吸头距地面间距的增加，气流作用与红枣的范围和作用力均增加，可以更多更快地吸拾起吸头作用区域的红枣，因此纯工作小时生产率也随之增加。当吸头距地面间距超过一定范围继续增加时，由于吸头处气流耗散增加，对红枣的作用区域减少，导致纯工作小时生产率随之下降。

图 7-68b 为气流速度处于中间水平时，吸头距地面间距和吸头摆动速度的交互作用对纯工作小时生产率的影响。纯工作小时生产率随着吸头摆动速度的增加和吸头距地面间距的增加，均呈现先快速增加而后趋于平稳的趋势。当吸头摆动速度约为 0.85 m/s、吸头距地面间距约为 66 mm 时，纯工作小时生产率具有最大值，约为 900 kg/h。随着吸头摆动速度的增加，在相同时间内捡拾区域越大，吸拾红枣越多，纯工作小时生产率也随之增加。

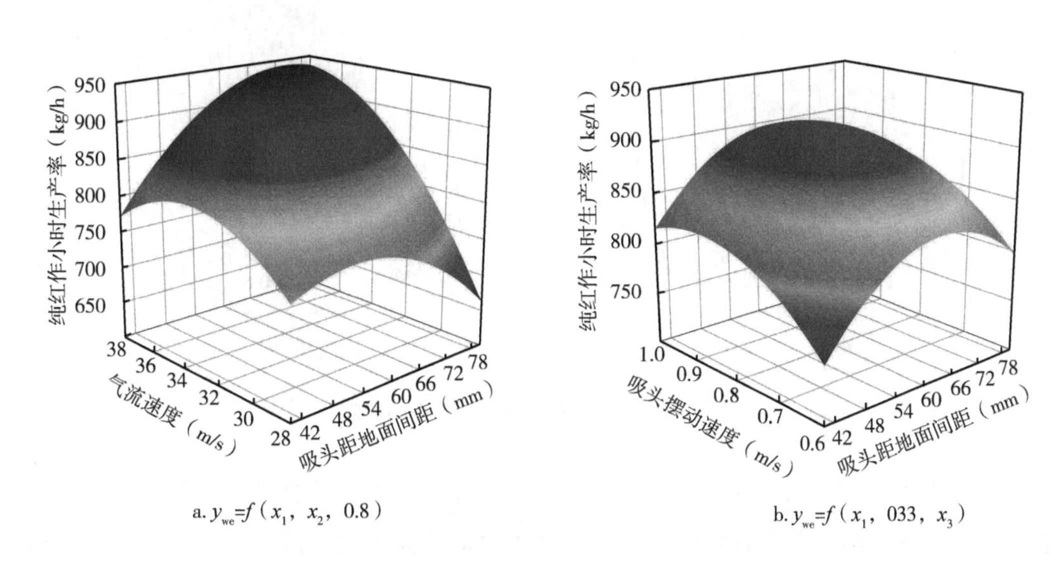

a. $y_{we}=f(x_1, x_2, 0.8)$　　b. $y_{we}=f(x_1, 033, x_3)$

图 7-68　因素交互作用对纯工作小时生产率的影响

③因素交互作用对破损率的影响：图 7-69a 为气流速度处于中间水平时，吸头距地面间距和吸头摆动速度的交互作用对破损率的影响。当吸头摆动速度小于 0.9 m/s 时，吸头距地面间距对破损率影响较为微弱；当吸头摆动速度大于 0.9 m/s 时，随着吸头距地面间距的减小，破损率逐渐升高。随着吸头摆动速度的增加，破损率先是变化不明显，而后逐渐升高，并且吸头距地面间距越小，该趋势越明显。随着吸头摆动速度增加，红枣与吸头的相对速度越大，并且吸头距地面间距越小气流对红枣作用力越大，共同作用导致破损率快速增加。

图 7-69b 为吸头距地面间距处于中间水平时，气流速度和吸头摆动速度的交互作用对破损率的影响。当吸头摆动速度小于 0.8 m/s 左右时，破损率随着气流速度的增加

快速从 1.0%左右增至 6.0%；当吸头摆动速度大于 0.8 m/s 左右时，破损率随着气流速度的增加先是变化不明显而后逐渐增加。当气流速度小于 33 m/s 左右时，破损率随着吸头摆动速度的增加而快速增加；当气流速度大于 33 m/s 左右时，破损率随着吸头摆动速度的增加先是微弱降低后逐渐升高。破损率最小值出现在当吸头摆动速度为 0.65 m/s，气流速度 33 m/s 左右时，其值约为 1%，而破损率最大值出现在吸头摆动速度最大和气流速度最大值时，其值约为 7.7%。气流速度越大对红枣作用力也越大，导致红枣速度增加，而吸头摆动速度增加，导致红枣与吸头相对速度增加，造成碰撞动能增加，红枣破速率随之增加。

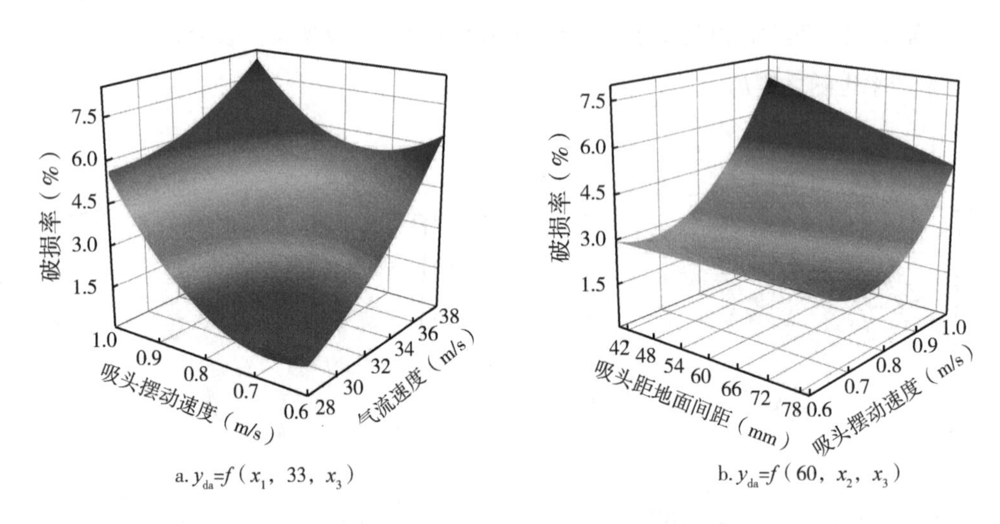

图 7-69　因素交互作用对破损率的影响

（4）参数优化：根据 4QS-120 型气吸式红枣捡拾机的作业性能要求和实际工作条件，以拾净率、纯工作小时生产率最高，破损率最低为优化目标。应用 Design-Expert 10.0.3 软件的 Optimization 模块对回归模型进行优化求解，试验因素的约束条件为：

$$\begin{cases} \max y_1 = f_1(x_1, x_2, x_3) \\ \max y_2 = f_2(x_1, x_2, x_3) \\ \min y_3 = f_3(x_1, x_2, x_3) \\ s.t.\begin{cases} x_1 \in (40, 80) \\ x_2 \in (28, 38) \\ x_3 \in (0.6, 1.0) \end{cases} \end{cases} \tag{7-71}$$

求解得到最优参数组合，当吸头距地面间距、气流速度和吸头摆动速度分别为 69.76 mm、34.60 m/s 和 0.80 m/s 时，拾净率、纯工作小时生产率和破损率分别为

99.65%、923.81 kg/h 和 3.20%。

（5）验证试验：结合样机实际作业情况，将优化后的参数进行调整，即吸头距地面间距、气流速度和吸头摆动速度分别取 70 mm、34.6 m/s 和 0.8 m/s，开展 5 次重复试验验证模型预测结果可靠性，结果取算数平均值，依照参数调整后的方案进行捡拾性能验证试验，试验过程与效果如图 7-70 所示，结果如表 7-20 所示。

图 7-70　试验过程及作业效果

表 7-20　试验验证结果

项目	评价指标		
	拾净率（%）	纯工作小时生产（kg/h）	破损率（%）
预测值	99.65	923.81	3.20
试验值	99.07	874.70	3.34
相对误差（%）	0.52	5.32	4.37

试验结果表明：捡拾率为 99.07%，纯工作小时生产率为 874.7 kg/h，破损率为 3.34%。试验结果与优化结果的相对误差均小于 6%，表明回归模型可以准确预测试验结果。

参考文献

毕倩倩，2019. 吕梁红枣产业融合发展研究［D］. 晋中：山西农业大学.

常有宏，吕晓兰，蔺经，等，2013. 我国果园机械化现状与发展思路［J］. 中国农机化学报，34（6）：21-26.

陈红玉，马光跃，杨俊强，等，2019. 山西省沿黄枣区红枣产业现状及发展对策［J］. 北方园艺（22）：155-158.

陈贻金，何祥生，陈漠林，1991. 中国枣树学概论［M］. 北京：中国科学技术出版社.

陈玉，朱晓玲，2020. 新疆红枣农户对价格波动的敏感性研究［J］. 产业与科技论坛，19（9）：69-73.

程智慧，2003. 园艺学概论［M］. 北京：中国农业出版社.

党凯锋，张鹏霞，杨震，等，2017. 一种气吸式红枣捡拾收获机的研制［J］. 农产品加工（下半月），438（16）：37-40.

丁凯，2019. 矮化密植红枣收获机激振装置参数优化及试验［D］. 石河子：石河子大学.

东莎莎，杨晓，王春燕，2015. 红枣营养成分及综合利用［J］. 中国果菜（12）：17-19.

范会鲜，王金水，张金海，等，2009. 冬枣优质丰产栽培技术要点［J］. 北京农业（9）：27-28.

范修文，张宏，李传峰，等，2013. 新疆红枣收获机械现状及发展建议［J］. 新疆农机化（6）：40-41.

范盈盈，胡东强，张锐利，等，2020. 黑斑病对新疆红枣营养成分的影响［J］. 食品科学，41（8）：303-307.

方珏，2013. 矮化密植枣园修枝剪的优化设计与可靠性分析［D］. 石河子：石河子大学.

付威，刘玉冬，坎杂，等，2017. 果园修剪机械的发展现状与趋势［J］. 农机化研究，39（10）：7-11.
付威，杨红英，王丽红，等，2012. 4ZZ-4 型自走式红枣收获机［J］. 湖南农机（5）：68-69.
高文海，2016. 我国红枣栽培技术发展历程及展望［J］. 陕西林业科技（2）：44-47.
葛云，方珏，王世龙，等，2013. 矮化密植枣园机械化修剪技术现状［J］. 农机化研究，35（7）：249-252.
耿增超，张立新，张朝阳，等，2004. 旱地果园水肥管理模式研究进展［J］. 水土保持研究，11（1）：101-105.
顾家冰，丁为民，邱威，等，2014. 果园变量施药机械及施药技术研究现状与趋势［J］. 果树学报，31（6）：1 154-1 157.
郭守斌，2013. 红枣酸枣直播建园栽培技术规程［J］. 农业科技与信息（21）：13-15.
郭晓成，李倩娥，2005. 枣树栽培新技术［M］. 杨凌：西北农林科技大学出版社.
郭裕新，单公华，杨茂林，2002. 我国枣树的区化栽培［J］. 中国果树（4）：46-48，53.
郭振华，陈换美，伊海涛，等，2019. 施肥机械研究现状与展望［J］. 新疆农机化（6）：22-25，31.
国家林业局，2008. 中国林业统计年鉴［M］. 北京：中国林业出版社.
韩丹，2018. 陕西红枣生产分析与发展对策研究［D］. 杨凌：西北农林科技大学.
韩俊，2007. 枣园管理技术［J］. 农业科技与信息（10）：25-26.
胡灿，鲁兵，侯书林，等，2016. 新疆红枣收获机械的研究现状与发展对策［J］. 中国农机化学报，37（7）：222-225，240.
黄鹏，肖莉娟，曹亚军，等，2020. 阿克苏地区红枣栽培保花保果管理技术［J］. 现代农村科技（2）：51-52.
卡米拉·莫明，吾尔尼沙·卡得尔，2009. 红枣嫁接技术［J］. 现代园艺（12）：18-19.
开沙尔·吐尔逊，2016. 浅析红枣嫁接技术与管理方法［J］. 农民致富之友（24）：101，134.
库尔曼别克·对山拜，2016. 2MBJ-1/6 型棉花超宽铺膜精量播种机的安装与调整使用［J］. 当代农机（11）：78-80.

李宝筏，2003. 农业机械学［M］. 北京：中国农业出版社.

李滨，崔东，2006. 小型农用旋耕机的设计［J］. 林业机械与木工设备（3）：30-32.

李传峰，万畅，弋晓康，等，2012. 矮化密植枣园模式下枣树修剪机的现状及发展趋势［J］. 新疆农机化（6）：12-13，27.

李飞，康礼玉，石晶，2020. 南疆地区红枣生产的比较优势分析［J］. 安徽农业科学，48（9）：237-239.

李慧杰，2014. 施肥对枣园土壤肥力及肥料利用率的影响［D］. 杨凌：西北农林科技大学.

李建平，高迎，王鹏飞，等，2016. 山地果园灌溉施肥轻简技术模式研究［J］. 农机化研究，38（8）：87-91.

李锦文，2020. 微小型旋耕机关键参数分析与改进设计［J］. 当代农机（7）：60-62.

李世葳，王述洋，王慧，等，2008. 树木整枝修剪机械现状及发展趋势［J］. 林业机械与木工设备（1）：15-16.

李昕昊，王鹏飞，李建平，等，2020. 果园风送喷雾机风送系统研究现状与发展趋势［J］. 现代农业科技（4）：152-153，158.

李占林，刘晓红，王雨，等，2017. 枣园肥水管理技术［J］. 农村科技（11）：45-46.

李震，何青海，孙宜田，等，2019. 国内外农用喷雾机的发展现状及趋势［J］. 农业装备与车辆工程，57（3）：23-26.

李壮，李敏，厉恩茂，2014. 介绍一种国外最新的果树机械窗式修剪机［J］. 果树实用技术与信息（8）：43-44.

梁鸿，2006. 中国红枣及红枣产业的发展现状、存在问题和对策的研究［D］. 西安：陕西师范大学.

蔺金龙，2016. 不同整形修剪对枣园微环境和枣果产量品质影响的研究［D］. 阿拉尔：塔里木大学.

刘彪，肖宏儒，宋志禹，等，2017. 果园施肥机械现状及发展趋势［J］. 农机化研究，39（11）：263-268.

刘海彬，谷新运，徐灿，等，2018. 气吸式育苗穴盘自动摆放机的设计与试验［J］. 农机化研究，40（9）：134-138.

刘江，刘朝宇，米强，等，2019. 南疆三地州红枣产区机械化发展现状及建议

[J]. 现代农业科技 (18): 123-125, 128.
刘金爱, 刘丽红, 2018. 我国红枣产业发展现状与对策 [J]. 林业经济, 40 (12): 57-59.
刘孟军, 1999. 韩国枣树的生产现状及主要科研成果 [J]. 河北林果研究 (1): 96-102.
刘孟军, 2000. 国内外枣树生产现状、存在问题和建议 [J]. 中国农业科技导报 (2): 76-80.
刘孟军, 2008. 中国红枣产业的现状与发展建议 [J]. 果业论坛 (3): 3-4, 26.
刘妮雅, 2018. 供给侧结构性改革背景下中国枣产业经济发展问题研究 [D]. 保定: 河北农业大学.
刘心心, 2019. 红枣黑斑病的发生与防治 [J]. 现代农业科技 (7): 95, 102.
刘玉冬, 2018. 枣树仿形修剪装置的设计研究 [D]. 石河子: 石河子大学.
刘昭祥, 2013. 枣园施肥方法探究 [J]. 甘肃农业 (12): 16-17.
龙魁, 2014. 往复式葡萄修剪机的设计与试验研究 [D]. 乌鲁木齐: 新疆农业大学.
龙魁, 刘进宝, 张静, 等, 2014. 葡萄修剪机械的发展现状和趋势 [J]. 农机化研究 (3): 246-248.
鲁兵, 2017. 电动自走式落地红枣清扫捡拾机的设计与试验研究 [D]. 阿拉尔: 塔里木大学.
鲁兵, 王旭峰, 张攀峰, 等, 2017. 新型落地红枣收获机的设计 [J]. 农机化研究, 39 (12): 68-72.
吕萌萌, 陆声链, 郭新宇, 2015. 果树虚拟修剪研究进展 [J]. 系统仿真学报, 27 (3): 448-460.
罗金刚, 付威, 潘俊兵, 等, 2017. 气吹式红枣捡拾机构的运动学分析 [J]. 新疆农机化 (2): 16-19.
马利云, 田毛提, 宋要斌, 等, 2015. 用于红枣收获机的拾捡器设计与研究 [J]. 现代制造技术与装备 (6): 9-10.
蒙贺伟, 李亚萍, 坎杂, 等, 2016. 1KF-40 型葡萄有机肥深施机的研制 [J]. 农机化研究, 38 (6): 155-158, 162.
孟祥金, 汤智辉, 沈从举, 等, 2013. 4YS-24 型红枣收获机 [J]. 新疆农机化, 20 (1): 13-14.
聂影, 安鹤峰, 章慧全, 等, 2020. 果园自走式施肥开沟机田间性能试验研究

[J]. 农业科技与装备（6）：21-22.
牛萌萌，段洁利，方会敏，等，2019. 果园施药技术研究进展［J］. 果树学报，36（1）：103-110.
潘俊兵，2018. 气吹式落地红枣捡拾装置设计与试验［D］. 石河子：石河子大学.
蒲敏，2008. 红枣直播建园新技术［J］. 新疆林业（3）：29，40.
曲泽洲，1963. 我国古代的枣树栽培［J］. 河北农业大学学报（2）：1-18.
任立瑞，陈福良，尹明明，2019. 静电喷雾技术理论与应用研究进展［J］. 现代农药，18（1）：1-6.
邵艳英，李忠新，杨莉玲，等，2011. 红枣直播机械化技术的推广应用［J］. 新疆农机化（3）：26-27.
沈从举，贾首星，张立新，等，2019. 履带自走式果园气爆深松施肥机研制［J］. 农业工程学报，35（17）：1-11.
沈美荣，罗佩珍，林素元，1983. 果园机械［M］. 上海：上海科学技术出版社.
史高昆，马少辉，2014. 气吸式红枣捡拾机设计与试验［J］. 农业工程（3）：109-112.
舒朝然，熊惠龙，陈国发，等，2002. 静电喷药技术应用研究的现状与发展［J］. 沈阳农业大学学报（3）：211-214.
苏彩霞，郭凯勋，刘晓红，2020. 我国红枣产业的现状、存在问题及对策［J］. 果农之友（2）：39-41.
苏子昊，兰峰，黎子明，等，2014. 国内外果园开沟施肥机械现状分析［J］. 农业机械（15）：134-137.
孙鸣仪，2016. 气吸式红枣捡拾机的结构参数优化及试验分析［D］. 阿拉尔：塔里木大学.
孙鸣仪，马少辉，2016. 自走式红枣捡拾机的设计与试验［J］. 农机化研究（5）：143-147.
汤智辉，贾首星，沈从举，等，2008. 新疆兵团林果业机械化现状与发展［J］. 农机化研究（11）：5-8.
王朝富，2011. 枣园的土肥水管理［J］. 中国林业（17）：41.
王成，2014. 山地果园滴灌系统建设与管理［J］. 现代农业科技（17）：226-227.
王芳，郭建民，鲍国红，等，2014. 果树矮化密植栽培技术［J］. 现代农业科技（17）：127，129.
王晋，蒋恩臣，杨华，等，2012. 手推式蔬菜种子播种机的设计［J］. 农机化研究，34（8）：61-64.

王静，2017. 新疆红枣收获机械的研究现状与发展对策［J］. 农业科技与装备（12）：61-63，66.

王蒙，谢峰，张宏文，等，2019. 我国植保喷雾装置发展现状［J］. 农业工程，9（12）：4-7.

王荣，1990. 植保机械学［M］. 北京：机械工业出版社.

王宪奎，2015. 施肥对灰枣枣园土壤和枣果品质的影响［D］. 乌鲁木齐：新疆大学.

王雨，李占林，斯琴，等，2019. 新疆红枣产业发展现状及今后发展思路［J］. 农村科技（3）：60-64.

王哲，王丽红，付威，等，2017. 酿酒葡萄修剪装置的设计［J］. 农机化研究（3）：105-110.

王震涛，牛浩，唐玉荣，等，2019. 果园喷雾机械及技术的研究现状［J］. 塔里木大学学报，31（3）：83-91.

魏朝晖，陈继红，2019. 且末县红枣产业发展现状及对策［J］. 现代园艺（21）：91-92.

吴萍，傅锡敏，丁素明，等，2009. 推车式离心雾化喷雾机性能试验研究［J］. 农业开发与装备（3）：5-8.

肖海云，2010. 红枣实生育苗及嫁接技术［J］. 陕西林业（4）：36.

肖莉娟，曹亚军，郑强卿，等，2019. 新型生长调节剂对不同品种红枣生长发育和产量品质的影响［J］. 安徽农业科学，47（19）：162-164，203.

新疆统计局，2019. 新疆统计年鉴［M］. 北京：中国统计出版社.

新疆维吾尔自治区统计局，2015. 新疆统计年鉴［M］. 北京：中国统计出版社.

徐家忠，潘俊兵，张志元，等，2019. 4ZQ-13 型落地红枣捡拾机的设计［J］. 西北农林科技大学学报（自然科学版），47（12）：147-154.

徐丽明，何绍林，邢洁洁，等，2015-04-22. 一种葡萄果实外部枝叶修剪机：北京，CN104521678A［P］.

徐朋飞，师广强，张厚东，等，2019. 新疆果园施肥机械研究现状及建议［J］. 中国农机化学报，40（3）：33-37.

徐亭，王丽红，坎杂，等 2019.. 红枣挑抛捡拾过程中机械碰撞有限元分析［J］. 食品工业，40（4）：176-180.

徐雅玲，2009. 红枣直播建园造林技术［J］. 现代园艺（5）：16-17.

闫友文，2012. 阿克苏地区红枣产业发展与对策［D］. 武汉：华中农业大学.
严海璘，张王斌，唐俊煜，等，2019. 新疆枣树腐烂病病原菌的鉴定［J］. 植物保护学报，46（6）：1 373-1 374.
杨红英，2013. 矮化密植红枣采收装置采收部件的设计及试验研究［D］. 石河子：石河子大学.
杨凯，张鹏飞，郭向红，等，2014. 山地果园滴灌系统的设备选型［J］. 山西农业科学，42（5）：490-492.
尹显锋，刘丹，2015. 红枣的功效及产品研发［J］. 北京农业（23）：176-178.
俞卫东，凌晓燕，2014. 现代农业果园滴灌系统设计［J］. 江苏农业科学，42（12）：432-433.
俞言琳，杨杰，赵好，2010. 谁捧“火”了新疆红枣［J］. 中国林业（1）：12-15.
贠鑫，吕猛，王文彬，等，2020. 果园除草机研究现状与发展趋势［J］. 农业工程，10（1）：18-21.
袁会珠，2004. 农药使用技术指南［M］. 北京：化学工业出版社.
袁火霞，谢方生，2007. 红枣直播建园技术探讨［J］. 新疆农垦科技（1）：21-23.
张斌，付威，沈从举，等，2021. 立体仿形红枣修剪装置设计及仿真［J］. 农机化研究，43（8）：1-6.
张斌，张宏文，肖宇星，等，2018. 果园株间除草机的设计［J］. 农机化研究，40（1）：63-67.
张德学，闵令强，李青江，等，2016. PJS-1 型两翼式葡萄剪枝机的设计［J］. 农业装备与车辆工程（2）：77-81.
张德智，2016. 矮化密植红枣枣园喷雾机的研究与设计［D］. 阿拉尔：塔里木大学.
张凤奎，于福锋，李忠杰，等，2020. 气吸式落地红枣捡拾机的设计与试验［J］. 果树学报，37（2）：278-285.
张杰，丁龙朋，李景彬，等，2019. 密植枣园枝条粉碎还田机设计与试验［J］. 农机化研究，41（2）：128-133.
张琦，2016. 南疆枣园施肥机的设计与研究［D］. 阿拉尔：塔里木大学.
张清博，周燕，秦婷婷，等，2020. 红枣收获果树喷药涂白多功能一体机的设计［J］. 农机化究，42（7）：150-154.
张任，张鹏程，邬欢欢，等，2018. 气象因子对南疆地区骏枣果实品质的影响［J］. 中国农业科技导报，20（7）：113-122.

张世延，2012. 枣园土壤管理技术要点［J］. 西北园艺（果树）（3）：17-18.

张喜英，2005. 山区果园软管灌溉系统和灌溉管理［J］. 河北水利（1）：27.

张学军，白圣贺，靳伟，等，2019. 矮化密植种植模式红枣物料特性试验研究［J］. 中国农机化学报，40（8）：68-72.

张学军，白圣贺，靳伟，等，2019. 气吸式落地红枣捡拾机的设计［J］. 甘肃农业大学学报，54（4）：169-174.

张学军，白圣贺，靳伟，等，2020. 气吸式红枣捡拾装置吸气室的设计及流场模拟［J］. 农机化研究，42（8）：91-95.

张亚欧，坎杂，李成松，等，2016. 矮化密植红枣收获机捡拾装置的设计［J］. 农机化研究（4）：71-75.

张志元，2019. 基于动力学相似理论的红枣激振器的优化设计与试验［D］. 石河子：石河子大学.

赵航，梁智，吴翠云，等，2019. 新疆南疆增温水滴灌对骏枣落花落果的规律研究［J］. 北方园艺（22）：71-76.

赵黎炜，郑楠，霍玲，2019. 新疆巴州地区林果业机械化产业发展现状［J］. 农业机械（9）：74-77.

赵颖彪，陈益，孙权，等，2015. 太阳能果树修枝锯的设计与试验［J］. 塔里木大学学报（1）：86-91.

赵元元，刘盼，2017. 浅谈南疆枣园标准化管理与提质增效［J］. 南方农机，48（5）：72.

郑攀，张衍林，2018. 气吸式藜蒿去叶机设计与试验［J］. 华中农业大学学报，37（2）：110-116.

中国农业年鉴编辑委员会，1980—2018. 中国农业年鉴［M］. 北京：中国农业出版社.

中国农业年鉴编辑委员会，2018. 中国农业年鉴 2017［M］. 北京：中国农业出版社.

周丽，王长柱，李新岗，2015. 新疆现代红枣栽培模式研究［J］. 西北林学院学报，30（2）：139-143.

周良富，薛新宇，周立新，等，2017. 果园变量喷雾技术研究现状与前景分析［J］. 农业工程学报，33（23）：80-92.

周荣飞，王海孝，2010. 红枣直播建园技术［J］. 农村科技（7）：77-78.

朱红祥，2019. 新疆阿克苏红枣产业发展中存在的问题及对策［J］. 果树实用技术与信息（7）：40-42.

庄腾飞，杨学军，董祥，等，2018. 大型自走式喷雾机喷杆研究现状及发展趋势分析［J］. 农业机械学报，49（S1）：189-198.

ABBAS M F，AL-NIAMI J H，AL-SAREH E A，1994. The effect of ethephon on the ripening of fruits of jujube［J］. Journal of Horticultural Science，69（3）：465-466.

ANIGLIULO R，TOMASONE R，2009. Operative performance and work quality of a hazelnut pick-up machine［J］. Acta Horticulturae，845（845）：425-430.

BORA G C，EHSANI R ，2009. Evaluation of a Self-Propelled Citrus Fruit Pick-Up Machine［J］. Applied Engineering in Agriculture，25（6）：863-868.

B. VELÁZQUEZ MARTÍ，E，2010. Fernάndez Gonzάlez The Influence of Mechanical Pruning in cost reduction，production of fruit，and biomass waste in citrus orchards［J］. Applied Engineering in Agriculture，26（4）：531-540.

CYONG J C，HANABUSA K，1980. Cyclic adenosine monophosphate in fruits of Zizyphus jujuba［J］. Phytochemistry，19（12）：2 747-2 748.

DOMOTO P A，1983. Pruning and Training Fruit Trees［M］. Cooperative Extension Service，Iowa State University.

ERODGAN D，GÜNER M，DURSUNE，et al.，2003. Mechanical Harvesting of Apricots［J］. Biosystems Engineering，85（1）：19-28.

FU L，AL-MALLAHI A，PENG J，et al.，2017. Harvesting technologies for Chinese jujube fruits：A review［J］. Engineering in agriculture，environment and food，10（3）：171-177.

JENSEN F，CHRISTENSEN L，BEEDE R，et al.，1980. Effects of mechanical pruning on grapes［J］. California Agriculture，34（7）：33-34.

MA C，MENG H W，KAN Z，et al.，2017. Design of jujube harvest test device based on self-excited vibration and force compensation［J］. Journal of Agricultural Mechanization Research，39：12-17.

MANUELLO BERTETTO A，RICCIU R，BADAS M G，2014. A mechanical saffron flower harvesting system［J］. Meccanica，49（12）：2 785-2 796.

METIN GÜNER，2003. Mechanical Behaviour of Hazelnut under Compression Loading［J］. Biosystems Engineering，85（4）：485-491.

YILDIZ T ，2016. Labor requirements and work efficiencies of hazelnut harvesting usingtraditional and mechanical pick-up methods [J]. Turkish Journal of Agriculture & Forestry, 40 (3): 301-310.

ZHANG B, FU W, WANG X F, et al., 2020. Bench test and parameter optimization of jujube pruning tools [J]. IAEJ, 29: 58-68.